音声工学

板橋　秀一　編著

赤羽　　誠　　石川　　泰　　大河内正明
粕谷　英樹　　桑原　尚夫　　田中　和世
新田　恒雄　　矢頭　　隆　　渡辺　隆夫
共　著

森北出版株式会社

■編著者

板橋　秀一　　筑波大学名誉教授
　　　　　　　産業技術総合研究所 客員研究員

■執筆者　　（50音順）

赤羽　　誠　　株式会社 ソニー・コンピュータエンタテインメント
　　　　　　　開発研究本部 アーキテクチャ研究部
石川　　泰　　三菱電機株式会社 情報技術総合研究所
　　　　　　　音声処理技術部
大河内正明　　日本アイ・ビー・エム株式会社
　　　　　　　テクニカル・リーダーシップ・オフィス
粕谷　英樹　　宇都宮大学 名誉教授
桑原　尚夫　　帝京科学大学 理工学部 電子・情報科学科
田中　和世　　筑波大学 大学院 図書館情報メディア研究科
新田　恒雄　　豊橋技術科学大学 名誉教授
矢頭　　隆　　沖電気工業株式会社 研究開発センター
渡辺　隆夫　　日本電気株式会社 メディア情報研究所

本書サポート情報を当社Webサイトに掲載する場合があります．下記のURLにアクセスしご確認ください．

https://www.morikita.co.jp/support

■本書を無断で複製（電子化を含む）することは，著作権法上での例外を除き，禁じられています．複写される場合は，そのつど事前に（一社）出版者著作権管理機構（電話03-5244-5088, FAX03-5244-5089, e-mail: info@jcopy.or.jp）の許諾を得てください．また，本書を代行業者等の第三者に依頼してスキャンやデジタル化をすることは，たとえ個人や家庭内での利用であっても一切認められておりません．

まえがき

　音声情報処理の分野は学際的で多岐に渡っているが，最近は伝統的な音声認識や音声合成の他に，話者認識，言語認識，音声対話処理，音声検索，音声要約，話題抽出，音源分離，声質変換，話速変換などもその仲間に入ってきている．音声情報処理の典型的な応用例としては，自動翻訳電話を上げることができよう．本書はこれらの中から，音声認識や合成に関連する基本的な事項をとりあげている．

　コンピュータの進歩により人間の音声を認識したり，その反対に合成音声で応えたり，画像を読み取って処理を行い，より見やすいものに変えて表示したりすることができるようになってきた．しかし，まだ，コンピュータは人間にとって使い易いものとはいえない．

　コンピュータの使い難さの一つの要因は情報の入力方式であろう．入力手段としてはキーボードやマウスあるいはペンタッチ方式等種々あるが，人間にとっては音声を使用するのが最も容易である．操作命令の入力が音声でできるようになればコンピュータの応用範囲が広がり，一般人の利用が一層増大することが期待される．これまでは人間がコンピュータに合わせてきたが，これからはコンピュータが人間に合わせる時代である．

　音声入力の典型的な応用例としては，音声タイプライタがある．これは音声を入力すると文字に変換して出力するものであるが，音声入力の応用はこれだけではない．音声ワープロ等は一部実用化レベルに達しているが，任意の人が発声した連続音声あるいは会話音声の認識はまだ研究段階にあるといえる．音声出力に関しては，文章をキーボードから文字として入力するとそれに対応する音声を合成する装置は製品化のレベルに達しているが，その音質はまだ不十分である．さらに任意の人の声質で音声を合成することはやはり研究段階にある．これからの情報化社会において，音声入出力のメリットがますます生かされる方向に進むものと思われる．

まえがき

　自動翻訳電話の実現を目指した研究所が日本に設立されて，精力的に研究が進められている．音声研究の分野において日本の研究者の果たした役割は大きい．古くは千葉・梶山両氏の音響学的音声研究があり，また音声分析・合成においては PARCOR 方式に代表される板倉氏の一連の研究，音声認識における動的計画法の定式化を行った迫江氏らがあげられる．

　編者は音声の基礎から応用までを分かりやすく解説した本の構想を以前から持っていたが，多忙と怠慢からなかなか実現しないでいた．それがこのたび，編者がたまたま世話役をしていた音声入出力に関する委員会メンバーによる分担執筆の形で実現する運びとなった．多数の分担執筆であることから，内容・記述にある程度の重複や不統一のあることは免れないが，その代わり，各分野に詳しい方々に担当していただくことができたと考えている．本書の執筆分担は下記の通りであるが，とりまとめは＊印の 7 名で行い，用語や表現の最終的な調整は編著者が行った．なお，執筆の過程でお世話になった，刑部義雄，鬼頭淳悟，桜井穆，佐藤康雄，中谷奉文，中島邦男，野村哲也，畑岡信夫，藤本好司，森戸誠の各氏に深甚の感謝の意を表する．

　　板橋　秀一＊　：まえがき，第 1 章，2.1，2.3
　　粕谷　英樹　　：2.2，3.2.1
　　田中　和世＊　：2.3.5，第 4 章，7.1
　　桑原　尚夫　　：3.1，3.2.3〜3.2.5
　　石川　　泰＊　：3.2.2，7.7
　　赤羽　　誠＊　：第 5 章
　　矢頭　　隆＊　：第 6 章
　　新田　恒雄＊　：7.2，7.5
　　渡辺　隆夫　　：7.3
　　大河内正明＊　：7.4，7.6

2004 年 10 月

　　　　　　　　　　　　　　　　　　　　　　　　　　　　板橋　秀一

目　　次

第 1 章　序　　論　　1
  1.1　音声と情報　　1
  1.2　音声工学　　2
  1.3　本書の構成　　3
      全般の参考文献　　4

第 2 章　音声の基本的性質　　6
  2.1　音声と言語　　6
      2.1.1　音声・音素・音節　　6
      2.1.2　アクセント・イントネーション　　10
      2.1.3　単語・文・文章　　11
  2.2　音声の生成　　12
      2.2.1　音声器官　　12
      2.2.2　発声機構　　14
      2.2.3　調音機構　　15
  2.3　音声の音響的性質　　16
      2.3.1　音声波　　17
      2.3.2　音声の振幅　　19
      2.3.3　音声の長時間スペクトル　　21
      2.3.4　母音の性質　　23
      2.3.5　子音の性質　　26
      2.3.6　音声の基本周波数　　33
      2.3.7　音声の時間長　　36
  第 2 章の参考文献　　36
  演習問題 2　　37

第 3 章　音声の知覚と生成モデル　　39
  3.1　聴覚と知覚　　39

3.1.1　聴覚の器官と性質 39
　　　3.1.2　音の大きさと高さ 44
　　　3.1.3　マスキングと臨界帯域 46
　　　3.1.4　音声の知覚 50
　3.2　音声の生成モデル 55
　　　3.2.1　音源モデル 55
　　　3.2.2　韻律の制御 58
　　　3.2.3　声道モデル 63
　　　3.2.4　調音モデル 65
　　　3.2.5　調音結合モデル 66
　第3章の参考文献 71
　演習問題3 74

第4章　音声の分析　　　　　　　　　　　　　　　　　75

　4.1　音声信号のディジタル化 76
　　　4.1.1　標本化と量子化 76
　　　4.1.2　ラプラス変換とz変換 79
　4.2　短時間周波数分析 81
　　　4.2.1　フーリエ変換 81
　　　4.2.2　離散フーリエ変換 (DFT) 83
　　　4.2.3　分析における時間窓 84
　4.3　ケプストラム分析 86
　4.4　零交叉数と自己相関関数 87
　　　4.4.1　零交叉波と零交叉数 89
　　　4.4.2　自己相関関数 89
　4.5　線形予測法 90
　　　4.5.1　音声波の線形予測分析 90
　　　4.5.2　全極型モデルの解法 92
　　　4.5.3　PARCOR係数 96
　　　4.5.4　声道断面積関数の推定 98
　　　4.5.5　線スペクトル対分析 102
　4.6　基本周波数の抽出 104
　　　4.6.1　自己相関法 104
　　　4.6.2　ケプストラム法 106
　4.7　パワースペクトル包絡の抽出 107

		4.7.1	フィルタバンク	108
		4.7.2	サウンドスペクトログラフ	109
		4.7.3	FFTとケプストラムによる方法	110
		4.7.4	線形予測分析による方法	111
		4.7.5	周波数尺度の変換とメルケプストラム	114
	4.8	ホルマント抽出		115
		4.8.1	ピークピッキングとモーメント法	116
		4.8.2	合成による分析 (AbS) 法	116
		4.8.3	線形予測法	117
	第4章の参考文献			118
	演習問題4			121

第5章 音声の符号化　　122

	5.1	符号化技術の流れと分類		122
	5.2	量子化		125
		5.2.1	非直線量子化	125
		5.2.2	適応量子化	126
		5.2.3	ベクトル量子化	127
	5.3	波形符号化		131
		5.3.1	適応予測符号化 (APC)	131
		5.3.2	適応差分 PCM(ADPCM)	132
		5.3.3	サブバンド符号化 (SBC)	133
		5.3.4	変換符号化	134
		5.3.5	MPEG オーディオ	135
		5.3.6	ノイズシェイピング	136
	5.4	スペクトル符号化方式		136
		5.4.1	音声の生成モデルと符号化	136
		5.4.2	線形予測符号化法	138
		5.4.3	ケプストラム法	141
	5.5	ハイブリッド符号化方式		142
		5.5.1	ハイブリッド符号化方式の原理	142
		5.5.2	符号励振線形予測法	143
	5.6	品質評価		145
	第5章の参考文献			147
	演習問題5			149

第6章 音声合成　　150
- 6.1 音声合成の分類 151
  - 6.1.1 録音編集 151
  - 6.1.2 規則合成 152
  - 6.1.3 テキスト音声合成 153
- 6.2 テキスト音声合成 154
  - 6.2.1 テキスト解析 154
  - 6.2.2 韻律制御 158
  - 6.2.3 音声合成単位 162
  - 6.2.4 音声生成方式 166
- 6.3 音声加工 170
  - 6.3.1 話速変換 171
  - 6.3.2 声質変換 171
- 第6章の参考文献 174
- 演習問題 6 177

第7章 音声認識　　178
- 7.1 音響特徴量と分析条件 180
  - 7.1.1 音響特徴量 180
- 7.2 距離尺度 183
  - 7.2.1 特徴ベクトル間距離 183
  - 7.2.2 統計的距離尺度 185
- 7.3 DPマッチング 191
  - 7.3.1 時間軸の正規化 191
  - 7.3.2 DPマッチングの原理 192
  - 7.3.3 連続単語認識とDPマッチング . 194
- 7.4 隠れマルコフモデル (HMM) 197
  - 7.4.1 HMMによる音声認識の原理 ... 197
  - 7.4.2 HMMの基本アルゴリズム 202
  - 7.4.3 連続分布HMM 206
  - 7.4.4 HMMの基礎的改善 208
- 7.5 言語処理 210
  - 7.5.1 音形規則・単語辞書の利用 211
  - 7.5.2 構文情報の利用 212
  - 7.5.3 意味情報の利用 214

	7.5.4	統計的言語モデル 215
	7.5.5	統計的言語モデルの比較・評価 216
7.6	大語彙連続音声認識システム 217
	7.6.1	大語彙音声認識の流れ 217
	7.6.2	サブワード HMM の結合による音声認識 218
	7.6.3	単語系列の探索法 219
7.7	ロバストな音声認識 220
	7.7.1	不特定話者への対処と話者適応 221
	7.7.2	環境騒音への対処 224
	第 7 章の参考文献 226
	演習問題 7 230

演習問題解答   **233**

索　引   **239**

第1章

序　　論

音声と情報

　古代から現代に至る間，人間は様々な文明を発展させてきた．科学技術の面では主として人間の能力を機械によって代行させるという方向に進んできたが，これまでは交通機関のように，もっぱら人間の運動能力の代行に力が注がれてきた．一方，人間は言葉を発声し，また言葉を聞いて理解することができる．人間は言葉によって互いに意志を伝え合う．言葉は声によって相手に伝えることができるが，文字を用いることにより時間的，空間的に離れた相手に対しても意志を伝えることができるようになった．印刷技術の発達により文字や図形の記録・伝達が広範囲にできるようになり，録音技術の発達によって音声や音楽が記録・再生できるようになった．やがて，機械で人間の声を作ったり，機械に人間の言葉を理解させることができないかと考えるようになった．音声合成と音声認識である．

　音声には言語情報の他に個人性情報が含まれている．また，話し手の感情を表現する情緒に関する情報等も含まれている．音声信号を**分析**してこれらの情報を表す種々の**特徴パラメータ**を取り出し，それに基づいて合成や認識等を行うことを一般に**音声情報処理**と呼んでいる．音声波から言語情報を取り出すことが狭義の**音声認識**であり，個人性情報を取り出すことは**話者認識**と呼ばれる．言語情報を入力として音声を作り出すのが**音声合成**である．音声情報を圧縮し

て記憶・伝送する**圧縮・符号化**は応用として重要な分野である．

音声に関する研究はいくつかの広い学問分野にかかわっている．人間の発声器官や聴覚のメカニズムを知るには生理学の知識が必要である．音声は言葉の表現であるから，言語学，中でも音声学との関連が深い．人間が言語を聴いたときに脳の中で行われる処理に関しては心理学の知見が参考になる．音声の分析・認識・合成装置を工学的に実現しようとする分野は情報処理工学に属する．

音声 (自動) 認識の問題は，音声タイプライタという名称でかなり以前からしばしば話題として取り上げられてきたが，その名前にふさわしいものはまだ実現していない．音声合成の目標は，与えられた文字テキストに従って，任意の人の声で自然な (人間らしい) 音声を発声させることであるが，これもその目標からはまだ遠い段階にある．現在のような形の音声研究が行われるようになったのは，ベル研究所のダッドレー (H. Dudley) がボコーダ (5.4.1 参照) を発明した 1939 年にさかのぼることができる．その後 60 年以上にわたって，アメリカ，ヨーロッパ，日本で勢力的に研究が進められて来たにもかかわらず，昔日の夢はまだ実現していない．現在，音声認識・合成とも，ある程度の実用化が行われているが，それは限定された分野・用途に限られている．

音声認識 (装置) の動機は音声タイプライタであったが，情報化社会での利用はそれに留まらない．コンピュータの処理能力は飛躍的に増大したが，使い易さという点ではまだまだであり，一般の人が気軽に使えるという状態にはなっていない．計算機の耳 (音声入力) と目 (画像入力) がさらに発達すれば，はるかに使い易くなるであろうことは想像に難くない．

 音声工学

音声に関する分野は，広く音声情報処理と呼ばれていることを前節で述べた．英語では Speech Processing (音声処理) が普通である．これはどちらかというと音声の工学的取り扱いを指すことが多いようであり，実際，音声情報処理工学という名称も用いられている．これに対して，音声の生成・知覚機構の解明等，より人間に近づいた取り扱いをする場合は音声科学という捉え方をすることができる．

本書は工学的な立場に立っている点では前者に近いが，その場合でも，人間の知覚上の性質を無視することはできないとの配慮から，音声知覚に関する節を設けてある．また工学では，複雑な現象を解析するために，単純化したモデルに基づいて行うことが多い．そこで，音声の生成モデルに関する節を設けた．もちろん，これは確立されたものばかりではないので，今後変わり得るものであるが，現時点で多くの人に認められ，引用されているものを選んだつもりである．以上のことを考慮して本書は音声工学という名称を用いることにした．

1.3　本書の構成

　音声情報処理に関する参考書はここ数年間，多数出版されるようになった．編者が音声研究を始めた頃は英語版・日本語版それぞれ2種類しかなかったのに比べると隔世の感がある．

　音声工学は発展途中の学問分野であるから，まだ必ずしも学問体系や方法論が完成しているとはいえない．そのため，本書は基本的なことがらに重点を置いて，音声処理技術の基礎となり今後も使われるであろう手法をとり上げている．本書は7章から構成されている．第1章は序論である．第2章では音声の基本的性質について述べる．第3章では聴覚の機能や音声知覚および音声の生成モデルを取り上げている．第4章では音声の分析および特徴抽出について述べる．第5章は音声の符号化の方法を取り上げ，品質評価や標準化の動向についても触れる．第6章は音声合成を扱っているが，話速変換や声質変換等の音声加工も取り上げている．第7章では音声認識を扱い，DPマッチングやHMMを中心として，大語彙音声認識やロバスト処理について述べる．各章間の関連を，図1.1に示す．

　本書は主として大学や大学院の教科書・参考書として使われることを予想しているが，第一線の研究者の参考書としても役立つものと思う．内容としては音声情報処理の主な分野を含んでいるが，音声の言語学的な側面や，発声・聴覚器官の生理学的記述，通話品質・明瞭度等の電話系に関連したことは含まれていない．これらについては各章末の参考文献を参照されたい．

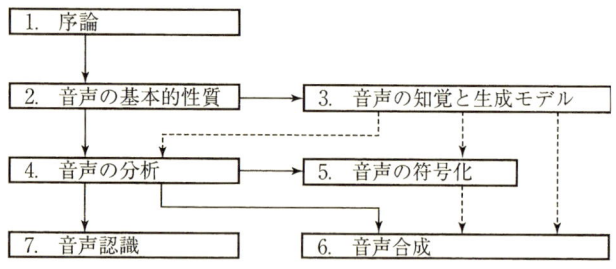

図 1.1　各章の関連

全般の参考文献

[A1] T. Chiba, M. Kajiyama: "The Vowel: Its Nature and Structure", Tokyo-Kaiseikan, Tokyo (1942); reprinted by Phonetic Society of Japan, Tokyo (1958)
　　杉藤美代子・本多清志訳：「母音―その性質と構造―」岩波書店 (2003)
[A2] 服部四郎：「音声学」岩波全書 (1951, 1963)
[A3] G. Fant: "Acoustic Theory of Speech Production", Mouton, s'Gravenhage (1960, 1970)
[A4] J. L. Flanagan: "Speech Analysis, Synthesis and Perception", Springer-Verlag (1965, 1972)
[A5] ピーター B. デニッシュ，エリオット N. ピンソン著，切替一郎・藤村靖監訳：神山五郎・戸塚元吉共訳：「話しことばの科学」東京大学出版会 (1966)
[A6] 大泉充郎監修・藤村靖編著：「音声科学」東京大学出版会 (1972)
[A7] 比企静雄編：「音声情報処理」東京大学出版会 (1973)
[A8] A. V. Oppenheim, R. W. Schafer: "Digital Signal Processing", Prentice-Hall (1975)
　　伊達玄訳：「ディジタル信号処理 (上・下)」コロナ社 (1978)
[A9] 中田和男：「音声」コロナ社 (1977)
[A10] L. R. Rabiner, R. W. Schafer: "Digital Processing of Speech Signals", Prentice-Hall (1978)

鈴木久喜訳:「音声のディジタル信号処理 (上・下)」コロナ社 (1983)
[A11] J. D. Markel, A. H. Gray: "Linear Prediction of Speech", Springer Verlag (1976)
鈴木久喜訳:「音声の線形予測」コロナ社 (1980)
[A12] 新美康永:「音声認識」共立出版 (1979)
[A13] 中田和男:「音声の合成と認識」総合電子出版社 (1980)
[A14] 三浦種敏監修・電子通信学会編:「新版 聴覚と音声」電子通信学会 (1980)
電気通信学会編:「聴覚と音声」電気通信学会 (1966)
[A15] G. J. ボーデン, K. S. ハリス著, 広瀬肇訳:「ことばの科学入門」MRC メディカルリサーチセンター (1984)
[A16] 難波誠一郎編:「聴覚ハンドブック」ナカニシヤ出版 (1984)
[A17] 古井貞熙:「ディジタル音声処理」東海大学出版会 (1985)
[A18] 小池恒彦, 筧一彦, 古井貞熙, 北脇信彦, 東倉洋一:「音声情報工学」NTT 技術移転 (株) (1987)
[A19] 中川聖一:「確率モデルによる音声認識」電子情報通信学会 (1988)
[A20] L. R. Rabiner, B.-H. Juang: "Fundamentals of Speech Recognition", PTR Prentice-Hall, Inc. (1993)
古井貞熙監訳:「音声認識の基礎 (上・下)」NTT アドバンステクノロジ (1995)
[A21] 古井貞熙:「音声情報処理」森北出版 (1998)
[A22] 鹿野清宏, 伊藤克亘, 河原達也, 武田一哉, 山本幹雄編著:「音声認識システム」オーム社 (2001)

第2章

音声の基本的性質

本章では音声のいくつかの基本的性質について説明する．まず音声を記述するための種々の言語学的単位をあげ，韻律の扱いについて述べる．次に発声器官や音源など，音声の生成過程の説明を行う．さらに音声の振幅やスペクトル，母音や子音のスペクトル，基本周波数など音声の基本的な物理的性質について述べる．

 ## 音声と言語

2.1.1 音声・音素・音節

日本語をローマ字で書き表すと，例えば，朝/asa/，汗/ase/のようになる．この二つの言葉(単語，word)はローマ字の第3文字の/a/と/e/の違いによって区別される．このようにある言語においてその言語を理解する人が区別している音声の(最小)単位を**音素**(phoneme)[*1]という[A2]．音素は大きく**母音**(vowel)，**子音**(consonant)，**半母音**(semi-vowel)に分けることができる．母音は日本語では/a, i, u, e, o/の5種類，子音は/k, s, t, n, h, m, r, g, z, d, b, p/等，半母音は/y, w/の2種類である．/ /で囲まれたローマ字を**音素記号**(phonemic

---

[*1] 音素の代わりに音韻という用語を用いることがある．おおまかには，音韻＝音素＋韻律要素(アクセント，イントネーション，持続時間)と考えてよい．英語ではいずれも phoneme である．phonemics は音素論，phonology を音韻論と訳すことが多いようである．詳細は文献 A2 を参照のこと．以下では音素と音韻を特に区別しないで用いる．

symbol) と呼ぶ．日本語では 23 種類ほどあり，英語では 40 種余りになる．母音と子音が組み合わされた/ka, so, de/等は**音節** (syllable) と呼ばれ，日本語では約 100 種ある (より正確には拍 (後述) の数)．これに対して各音素を実際に発声したときの音は**単音** (phone) と呼ばれ，**音声記号** (phonetic symbol) で [a] のように表される．単音を表すには普通，国際音声記号 (IPA) を用いる (**表 2.1** 参照)．

表 2.1 子音の分類 [A6]

調音方式	調音位置						
	唇音	歯音	硬口蓋音	軟口蓋音	口蓋垂音	声門音
破裂音	p b	t d	c ɟ	k g	q G	ʔ
鼻音	m	n		ŋ	N	
側音		l				
ふるえ音		r			R	
はじき音		ɾ				
摩擦音	ɸ	s z	ç	x ɣ	χ	h
	f v	θ ð	ʃ ʒ			
半母音	w		j			

表で 2 列になっている欄は左側が無声音，右側が有声音である．破擦音 [ts, dz, tʃ, tz] は表中にないが，破裂音と摩擦音が続いて調音されたものである．

例えば日本語の音素/a/は実際の発音では環境によって [a]，[æ]，[ʌ]，[ə] 等の音声として現れる．これらの音を**異音** (allophone) (同じ音素に属する異なる単音) という．したがって，音素という概念は音声記号に比べると，より抽象度が高いものということができる．

音声は大きく有声音と無声音に分けられる．**有声音**は発声の際に声帯の振動が関与するもので母音/a, i, u, e, o/ などがこれに該当する．一方，**無声音**には口中の狭めを空気が無理に通るときの音 (**摩擦音**/s, ʃ/ 等) や，口がいったん閉じて急に開くときの音 (**閉鎖音**または**破裂音**/p, t, k/ 等) がある．有声音の中で音が鼻から出るものを**鼻音** (/m, n, ŋ/ 等) という．口の中に強い狭めを形成して発声されるものを子音 (閉鎖音，摩擦音等) といい，そうでないものを母音という．両者の中間的な狭めを形成するものとして半母音/j, w/ がある．母音，半母音は普通，有声音として発声される．無声母音は「ささやき声」の場合に

観察される．子音には有声，無声の両方がある．日本語に関連した音声の分類を表 2.1 と図 **2.1** に示す．有声閉鎖音/b, d, g/や有声摩擦音/z/では，口中に狭めや閉鎖が形成され，同時に声帯も振動する．破裂音/t, d/と/s, z/を続けて発音すると，**破擦音** /ts, dz/となる．

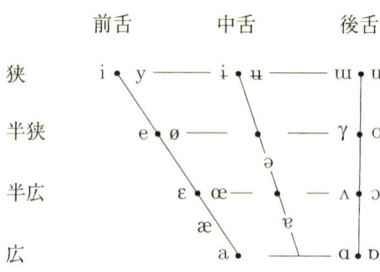

図 **2.1** 母音の分類

音素や単音がそれ以上分解できない最終の単位かというと，そうではない．例えば子音の/k, s, t, h, p/ は声帯が振動しない (無声音) という性質を共有し/a, i, u, e, o, y, w, m, n, r, g, z, d, b/ は有声音という性質を共有している．/s, t, d, n, r/ を発声するときは舌先が重要な役割を果たしている．このようにいくつかの音素に共通の性質を取り出して体系化したものを**弁別素性**(distinctive features) と呼んでいる．これには主に聴覚的な印象に基づいたものと発声上の特徴に基づいて分類されたものとがある．弁別素性の例を日本語の場合について**表 2.2** に示す [A7]．これは音素に関する体系であり，実際の音声からこのような素性が抽出できることは必ずしも期待できないが，この素性を用いることによって音声学上の種々の性質が適切に記述できることが知られている．

9 種の子音/p, t, k; b, d, g; m, n, ŋ/は発声の方法が共通するいくつかのグループに分けることができる．/p, t, k/は無声音，/b, d, g/は有声音，それに鼻が関係する鼻音/m, n, ŋ/に分けられる．一方，/p, b, m/は発声の際に両唇を閉じるもの，/t, d, n/は舌先が歯茎に近付くもの，/k, g, ŋ/は舌の奥が軟口蓋に近付くものとなっている．音声を発声 (調音) する際，舌の一部が口蓋に最も近付くところがある．その点を**調音点**(または**調音位置**, place of articulation) という．これは/p, t, k/の違い等に対応する．これに対して/p, b, m/の違いは音源に関係するもので，**調音様式** (manner of articulation) と呼ばれる．子音に

表 2.2　日本語の弁別素性 [A7]

	p	b	t	d	k	g	s	z	m	n	r	'	w	y	i	e	a	o	u
モーラ性 (mora)	(-)	(-)	(-)	(-)	(-)	(-)	(-)	(-)	(-)	(-)	(-)	(-)	(-)	(-)	(+)	(+)	(+)	(+)	(+)
母音性 (vocalic)	(-)	(-)	(-)	(-)	(-)	(-)	(-)	(-)	(-)	(-)	(+)	-	-	-	+	+	+	+	+
子音性 (consonantal)	+	+	+	+	+	+	+	+	+	+	+	+	-	-	-	-	-	-	-
高舌性 (high)	(-)	(-)	(-)	(-)	(+)	(+)	(-)	(-)	(-)	(-)	(-)	-	+	+	+	-	-	-	+
後方性 (back)	(-)	(-)	(-)	(-)	(+)	(+)	(-)	(-)	(-)	(-)	(-)	(-)	+	-	-	-	(+)	+	+
低舌性 (low)	(-)	(-)	(-)	(-)	(-)	(-)	(-)	(-)	(-)	(-)	(+)	(-)	(-)	(-)	-	-	+	-	(-)
前方性 (anterior)	+	+	(+)	(+)	-	-	(+)	(+)	(+)	(+)	(+)	(+)	(-)	(-)	(-)	(-)	(-)	(-)	(-)
舌端性 (coronal)	-	-	+	+	-	-	+	+	-	+	(+)	(-)	(-)	(-)	(-)	(-)	(-)	(-)	(-)
遮音性 (obstruent)	+	+	+	+	+	+	+	+	-	-	-	(-)	(-)	(-)	(-)	(-)	(-)	(-)	(-)
有声性 (voiced)	-	+	-	+	-	+	-	+	(+)	(+)	(+)	(+)	(+)	(+)	(+)	(+)	(+)	(+)	(+)
連続性 (continuant)	(-)	(-)	-	-	(-)	(-)	+	+	(-)	(-)	(+)	(+)	(+)	(+)	(+)	(+)	(+)	(+)	(+)
鼻音性 (nasal)	(-)	(-)	(-)	(-)	(-)	(-)	(-)	(-)	+	+	(-)	-	(-)	(-)	(-)	(-)	(-)	(-)	(-)

は表にあげた他に摩擦音/s, z/, 破裂音 (閉鎖音)/p, t, k, b, d, g/, 弾音/r/ 等がある．さらに，日本語には特別な音素として撥音/N/「ん」と促音/Q/「っ」がある．/N/ は後続する子音によってその表す音が変化する (**表 2.3** 参照)．/Q/ は後続音が摩擦音の場合にはその長さを，閉鎖音の場合はその閉鎖区間 (無音の区間) を延長するという働きをもつ．長音記号の働きもこれに似ている．これらを合わせて**副モーラ** (あるいは**モーラ音素**) という．

表 2.3　撥音/N/, 促音/Q/の後続音による変化

音素	音声	後続音	例
N	m	p,b,m	反発，3本，暗黙
	n	t,d,n	4点，仙台，困難
	ŋ	k,g,ŋ	三角，メタンガス，検眼
Q	無音	p,t,k	札幌，発達，錯覚
	s	s	傑作

音節は母音を中心とした概念で，/saN/，/kaQpa/ はそれぞれ 1 音節，2 音節であるが，かな書きでは「さん」，「かっぱ」と 2 文字および 3 文字で書かれ，俳句や短歌などでもそれぞれ 2 拍と 3 拍のリズムをもつとして数えられる．このように，ほぼかな 1 文字に対応する音の (長さの) 単位を**拍 (モーラ)** と呼ぶ．

単音がいくつか連なって単語や文を形成するが，その場合，各単音は前後の単音によって影響を受け，単独の場合とはその性質が異なってくる．この現象を**調音結合**(coarticulation) という．例えば/aoi/ 青いというときの/a/ は/aida/「間」というときの/a/ とは調音点がかなり違っている．前者では後続音の/o/ に近い奥舌音であり，後者では後続音の/i/ に近い前寄りの調音となる．これは**同化**(assimilation) と呼ばれる現象の例である．その他の代表的な現象としては，同化の一種であるが特に鼻音の前後の母音が**鼻音化** (例/namae/) されたり，無声子音にはさまれた/i, u/ が**無声化** (例/akita/, /yakusyo/) される場合等がある．

2.1.2　アクセント・イントネーション

音声言語を区別する要素として音素や音節は重要なものであるが，この他にアクセント，イントネーション，持続時間等の韻律要素を忘れてはならない．例えば同じ音素の並びでもアクセントが違えば単語の意味が違ってくることは良く知られている (例えば，箸と橋)．同じ文でも文末を高い調子にすると疑問を表すことになる．また，音素や音節等が実際に音声として実現されるときには一定の時間的な長さをもち，母音は子音より長いのが普通である．

日本語のアクセントは**高さアクセント**と呼ばれ，それが主として音声の高さ(**ピッチ**) に反映される．これに対して英語等では**強さアクセント**と呼ばれ，主としてそれが音声の強度に反映される．しかし，音声の高さと強さとは通常かなり相関がある．

東京方言では，単語 (またはそれがいくつか連なったアクセント単位または音調区分) の語頭にアクセントがある場合を除いて，原則として第 1 モーラのピッチは低く，2 モーラ目から高くなる．アクセントのある位置 (語頭から数えたモーラの番号) を過ぎると再びピッチが下降に向かう．下降の起きない (アクセントのない) 単語 (平板型アクセント) もある．したがって，

n 個のモーラからなる単語は $n+1$ 個のアクセント型をとり得る.
イントネーション (音調) に関しては種々の研究が報告されているが，アクセントほど明確にはされていない．イントネーションは疑問等の文の意味を表す他に強調や驚き等，発声者の感情と関連する面があるので，主観にかかわる面も多く，その工学的な取り扱いは困難である．

前節で述べた音素は**分節音素** (segmental phoneme) と呼ばれる．アクセントやイントネーション，音の長さ等も一種の音素と見ることができるが，これらは，ある特定の分節音素の特徴としては決定することができない．むしろ，いくつかの連続した分節音素にまたがっているので**超分節音素** (suprasegmental phoneme) と呼ばれる．音声にはこれらの言語情報の他に，個人性のような非言語情報があり，さらに意図や強調を表す**パラ言語情報**と呼ばれるものがある[*1]．これは離散的なカテゴリーを形成するが，その内部で連続的な変化が可能である点が言語情報と区別される．言語情報は主として音声の分節的特徴に，パラ言語情報は主に韻律的特徴に表れる．

2.1.3 単語・文・文章

音素や音節がいくつか連なって単語が形成される．単語は一般的には意味をもつ最小の単位である (より厳密には単語より少し小さい形態素と呼ばれる単位がある)．単語がいくつか連なって文ができる．特別な場合として単語一つだけからなる文もある．文はかなり独立した単位であり，単独で一つの考えを表現することができる．文がいくつか集まってまとまった考えを表しているものを文章と呼び，文と区別することにしよう．

文や文章という場合，普通は書いたものを指すことが多い．一方，人間同士が直接意志の伝達を行う場合は音声を使うのが普通であり，その場合はアクセントやイントネーションも重要な役割を果たすので，書き言葉とは異なる面がある．話し言葉には書き言葉と比べて次のような特徴があると考えられる．

1) 文が比較的短い．
2) 主語等の省略が多い．

[*1] パラ言語 (周辺言語ともいう) 情報については，意図や強調の他に感情も含むとするもの等いくつかの考え方がある．

3) 短縮形 (したので → したんで) がよく使われる．
4) ね，さ，よ，等の終助詞が文末につくことが多い．
5) 同じ言葉の繰り返しが多い．
6) 複雑な構文を避ける．
7) 時間的要素 (忘却等) が関与する．
8) えー，あー，うーなどの言い淀みがある．
9) 言い誤り，言い直しが多い．

　音声合成の場合，入力として与えるものは書かれたテキストであるから，将来は，書き言葉を話し言葉に変換することも必要になろう．

　音素や音節を対象とする場合は，韻律情報の中の持続時間が主として関与し，アクセントやイントネーションは普通，関与しない．単語を対象とする場合はアクセントを考慮しなければならない．単語より長い句，節，文では，さらにイントネーションが関係してくる．単語より長い文を普通に発声した連続音声の認識や合成を行う場合，これらの韻律情報を適切に扱う必要がある．

音声の生成

2.2.1　音声器官

　音声の生成過程は極めて複雑な階層構造をなしている．図 2.2 に示すように，中枢で成立した思考が言語学的過程を経て離散的な言語単位に変換され，次に運動中枢において胸部の呼吸筋，喉頭，下顎，舌，口唇，口蓋帆などの音声の生成に関与する器官 (音声器官 [1]，図 2.3) の運動を制御する**神経指令**が組み立てられる．それが末消に伝えられて音声器官の筋活動をうながし，それに応じた音声器官の複雑な運動によって**呼気流**エネルギーが音響エネルギーに変換され，空中に放射されて音声波になる．また，音声器官の筋活動は知覚受容器を経由して運動中枢にフィードバックされたり，空中に放射された音声波が聴覚中枢を経由して言語中枢にフィードバックされるなど，全体として閉じたループを形成している．言語中枢–運動中枢–音声器官の運動–音声波–聴覚中枢–言語中枢という一連の過程を**ことばの鎖** (speech chain) ということがある [A5]．

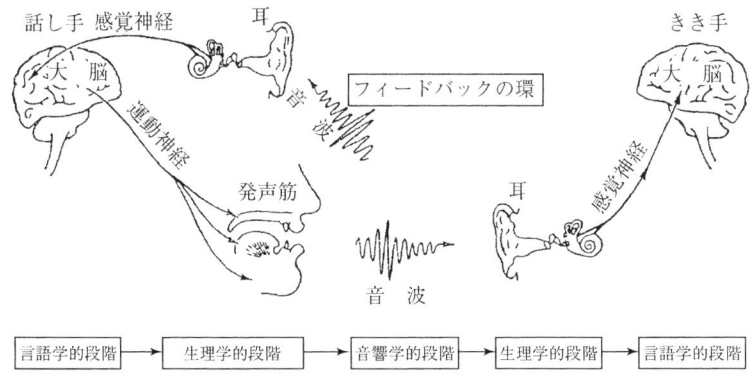

図 2.2 言葉の鎖．話し手の伝えたいことが話ことばとして聞き手に理解されるまでのいろいろな現象．[A5]

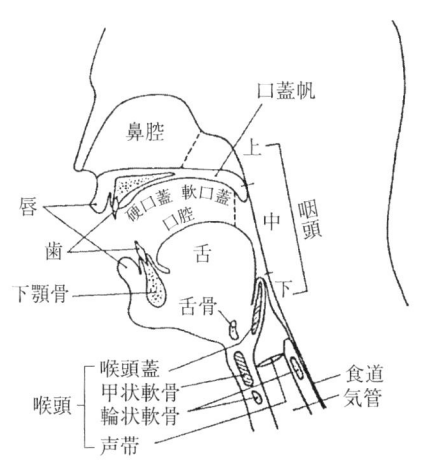

図 2.3 音声器官の正中断面図 [1]

　以下では，末消レベルでの音声生成の生理学的しくみについて概観するが，その前に用語を定義しておこう．**発音**を音声生成と同義で用いる．**発声**は，通常喉頭で呼気流を音響エネルギーに変換する過程を意味し [2]，声帯の振動を引き起こす過程をいうことが多いが，ここではそればかりでなく，音声言語の生成に関連した，喉頭や声道の狭めで乱流を発生する過程や一時的に閉鎖した声道の一部を急激に解放して，いわゆる破裂性の音を作る過程も含めることにす

る．**調音**は発声過程で生成された音響現象に言語としての音響的特性を付与する過程をいう．発声に関与する器官を**発声器官**，調音に寄与する器官を**調音器官**，両者をまとめて**音声器官**という．声帯を含む喉頭部位は重要な発声器官であり，[s] などの乱流の生成に寄与する舌・歯茎などは発声器官と調音器官の両方の役割を演ずる．喉頭内の二つの**声帯**の間隙を**声門**という．それでは，発声器官と調音器官の順にそれらの生理学的しくみと役割について見てみよう．

2.2.2 発声機構

発声は音響学的には**調音**のもとになる音を作ること，すなわち**音源**を形成することである．音源の種類は日本語の場合，声帯の振動によるもの (有声音源)，喉頭や声道途中の狭めによって発生する乱流によるもの (乱流音源)，舌尖などの声道の一部の閉鎖に伴う口腔内圧の上昇とそれに引き続く急激な解放によって生じる破裂性音源，の 3 種類に大別される．さらに乱流音源のうち喉頭の狭めによるものを**気息性雑音源**(aspiration noise source)，声道途中の狭めによるものを**摩擦性雑音源** (frication noise source) ともいう．

有声音源である声帯の振動について，石坂・松平 [3] は声帯の自励振動機構を 2 質量モデルとして初めて数理的に説明することに成功した．

図 2.4 は正常な声帯の振動の様子を模式的に示したものであるが，上唇と下唇の位相差の関係が良く理解されるであろう．この位相差を説明できるように，声帯を上唇と下唇の二つの質量に分け，さらに二つの質量をばねで結合したモデルが 2 質量 (自由度) モデルである．2 質量モデルによる声帯の自励振動機構については 3.2 節で述べる．

乱流音源の生成機構についてはいくつかの説明が試みられているが，同様に，詳細は 3.2.1 項に譲る．

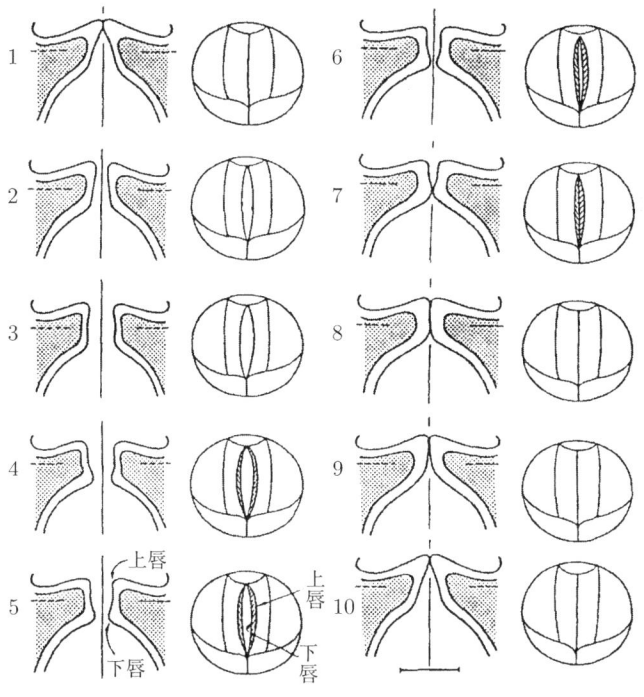

図 2.4 声帯振動の模式図 [1]

2.2.3 調音機構

調音は調音器官の運動によって実現されるが，調音の結果生成される音声の音響的性質は声道の形状 (と音源の性質) によって決まる．調音は咽頭・口腔・鼻腔によって行われる．このうち声門から咽頭・口腔 (鼻腔) を経て口唇開口部 (鼻孔) に至る管腔全体を**声道**という．管腔は物理学的には音響管として機能し，その音響特性は主として管腔の形状によって決まる．形状を随意的に変化させる運動に関与する調音器官として，下顎・舌・口唇・口蓋帆がある．声道の長さの典型的な値は，成人男性で 17.5 cm，成人女性で 15.2 cm，子供 (8 歳) で 12.2 cm である [A1]．しかし，声道形状を決める咽頭・口腔それぞれの長さの割合は成人男性，成人女性，子供の間でかなり異なる．例えば，咽頭の長さを 1

にしたとき，硬口蓋の長さは，成人男性では 0.49，成人女性では 0.60，子供では 0.66 というように，女性と子供では声道全体の長さに占める口腔の割合が大きく，管腔の構造は三つの話者グループ間で非一様な関係にある [4]．このような非一様性にもかかわらず母音などの言語音に存在する不変量 (invariants) は何かについて，十分明らかになっているわけではない．

　下顎の運動は，下顎骨の後端が頭蓋と連結する顎関節を軸とする回転運動と見なすことができる．下顎を開くときには下顎と舌骨を結ぶ筋群が，また閉じるときには下顎と頭蓋を連結する筋群が活動する．下顎の回転運動は多くの場合舌の運動にほぼ同期し，舌が上方に移動すると下顎も閉じ，下方に運動すると開く．舌の運動は主として外舌筋と内舌筋の活動によって支配される．外舌筋には下顎骨に連結するおとがい舌筋，舌骨から発する舌骨舌筋，頭蓋の茎状突起から下方に向かって舌に入る茎突舌筋の 3 種類があり，舌全体の上下，前後，左右の運動に関与する．前舌母音 /i, e/ の調音には主としておとがい舌筋が，後舌母音の /a, o/ の調音には舌骨舌筋が関与し，それぞれの筋が収縮して舌を前後に移動させる．それに対して内舌筋は内部に終始する筋群であり，舌の形状，特に舌尖の形を微妙に変化させる運動に関与しており，子音の調音において特に重要な役割を担っている．

　口唇は顔面筋によって制御され，閉鎖・丸め・突き出し・横開きなどの運動によって母音や子音の調音に関与する．一方，口蓋帆の運動は口蓋帆挙筋の活動によって支配されている (図 2.3)．安静呼吸時は同筋が弛緩して口蓋帆が下降し，鼻腔への通路が形成される．同筋が活動すると口蓋帆は後上方に引き上げられて，咽頭と鼻腔との通路が閉鎖し，いわゆる非鼻音化音が生成される．また，同筋の活動が抑制されると筋が弛緩して口蓋帆が下降し，鼻腔への通路ができ，鼻子音や鼻音化母音などの鼻音化音が調音される．このように，口蓋帆の調音における役割は，筋活動によって挙上して鼻腔との通路を閉鎖し，鼻音化しない言語音の生成にあずかることである．口蓋帆の運動は他の調音器官の運動に比べて遅いため，鼻子音の前後に発音される母音も鼻音化することが多い．

音声の音響的性質

2.3.1 音声波

　発声器官の働きによって口から放射された音は，空気の粗密波として伝播するが，通常はそれをマイクロホンで受けて，電気信号に変換し，電流または電圧波形として観測する．

　音声波は厳密には非定常的な波であるが，ある時間範囲内ではほぼ周期的な波とみなすことができる．このような波は一般に概周期波と呼ばれ，母音の定常部などがほぼこれに相当する．これに対して音声波には雑音のような，周期性のない波も含まれ，子音部分がほぼこれに相当する．一般に，波の振幅は音声の強さに，周波数は高さに関係し，周波数スペクトルは音色に関係する．後者が主として音韻の違いを反映している．

　音声波の典型的な例を図 2.5 に示す．図は男声の /sa/ を示しているが，/a/ の部分はほぼ一定周期で類似した波形が繰り返しているのが見られる．この中の 1 周期を取り出し，その区間を周期とする周期関数と見なせばフーリエ級数

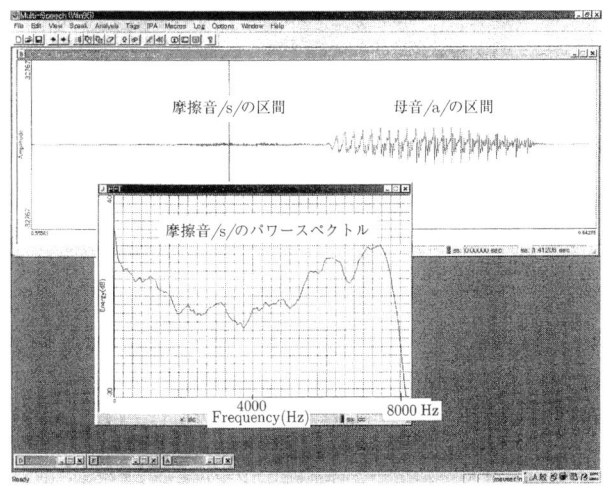

図 2.5　摩擦音 /sa/ の音声波形と /s/ の部分の音声スペクトル

に展開することができる．

$$f(t) = \sum_{n=0}^{\infty} A_n \cos(2\pi n F_0 t + \theta_n), \qquad F_0 = 1/T_0$$

F_0 を**基本周波数**といい，声の高さ (**ピッチ**) に相当し，声帯の振動周期に対応する．声帯が振動する有声音では，その周波数スペクトルは F_0 間隔の線スペクトルで表すことができる．無声音の場合は一定の周期がないので，連続スペクトルで表される．一般に母音の振幅は子音の振幅より大きい．単母音の波形を図 **2.6** に示す．

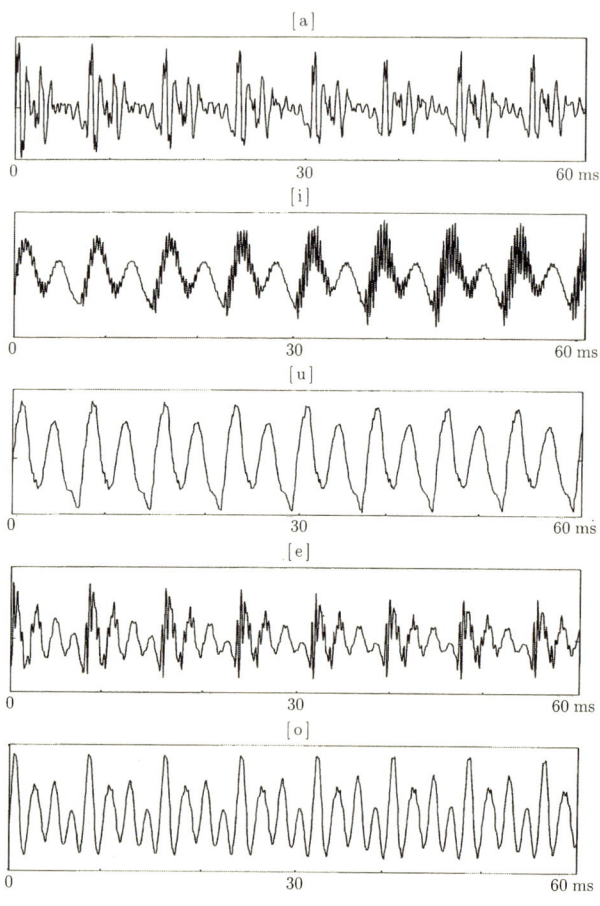

図 **2.6** 単母音の波形

2.3.2 音声の振幅[A14]

音声の強さは耳の最小可聴パワー値 (10^{-16}W/cm^2) あるいはこれに対応する最小可聴音圧値 (0.0002 dyn/cm^2=20 μPa *1) を基準とする dB[注1] 値で表す. 前者はインテンシティレベル, 後者は**音圧レベル**(Sound Pressure Level, S.P.L) と呼ばれる[注2]. 会話音声でのレベルを測定する場合は, 話者の唇から 1 m の点でのインテンシティレベルを用い, これを**話者のレベル**(β_t) と呼んでいる.

[**注1**] デシベル (dB) は, 二つのパワー P_1, P_0 の比の対数で定義される.
$$d = 10 \log_{10}(P_1/P_0)$$
電圧 (V) または電流 (I)(音波の音圧または粒子速度・体積速度でもよい) の比はパワー比の平方根に比例するので次のようになる.
$$d = 20 \log_{10}(V_1/V_0) \text{ または } 20 \log_{10}(I_1/I_0)$$

例.
dB	P_1/P_0	V_1/V_0 (I_1/I_0)
10	10	$\sqrt{10}$
6	4	2
3	2	$\sqrt{2}$
0	1	1
−3	1/2	$1/\sqrt{2}$

[**注2**] 音声パワー (単位時間当たりのエネルギー) を Q [W/cm^2], 音圧を q [μPa] とすると
インテンシティレベル : $10 \log_{10}(Q/10^{-16})$
音圧レベル : $20 \log_{10}(q/20)$

音声の強さは時間的に変化するので音声信号の強さを表す量として次のようなものが用いられている.

1) 瞬時音声パワー (P_i) : 任意の瞬間に放射される音響パワー
2) 平均音声パワー (P_a) : ある時間長 T 内に放射される全パワーを T で割った量
3) ピークパワー (P_{max}) : 着目する区間内での P_i の最大値

---
*1 圧力の単位 : パスカル [Pa]=[N/m^2]=10[dyn/cm^2], μ は 10^{-6} を表す.

普通の大きさで発声したときの会話音声の話者のレベル (β_t) は，発声者や発声環境，言語によって異なる．一般に男性では女性より約 4.5 dB 大きく，また日本語より米語の方が大きい．β_t の平均は 60 dB 前後である．できるだけ強く発声した場合，β_t は約 86 dB となり，できるだけ弱く発声すると約 46 dB となるが，ささやき声ではさらに低下する．最も弱い声から最強の音声までのレベルの範囲は 60 dB に達する [A14]．

音声振幅の瞬時レベル分布は日本語について**図 2.7** のようになる．曲線の二つの山は母音と子音のレベルに対応すると考えることができよう．

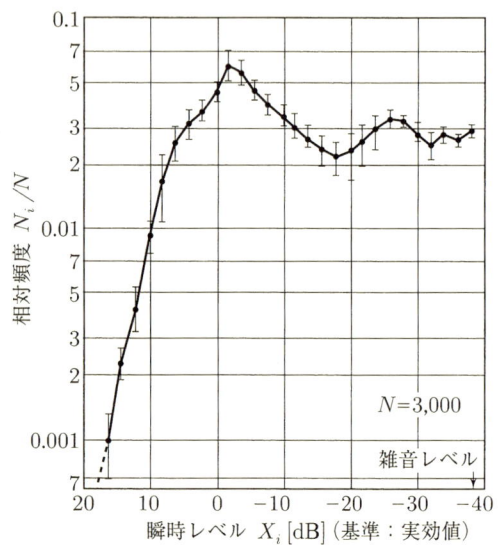

図 2.7 会話音声 (文章) 瞬時レベル確率分布 (5 人の女声の平均．三浦，川越による．)[A14]

図 2.7 を累積することにより，累積レベル分布が得られる (**図 2.8**)．累積頻度が 1 ％の振幅レベル分布と長時間実効値の差は**ピーク係数**と呼ばれ，12 dB 前後となっている．これは波形の鋭さを反映する．累積曲線を直線近似し，上下に延長して確率が 0 および 1 となるレベルの範囲は**ダイナミックレンジ**と呼ばれ，日本語・米語ともに 50 dB 前後となっている．日本語と米語の違いの理由としては母音と子音の出現頻度の違い等が考えられる [A14]．

2.3 音声の音響的性質

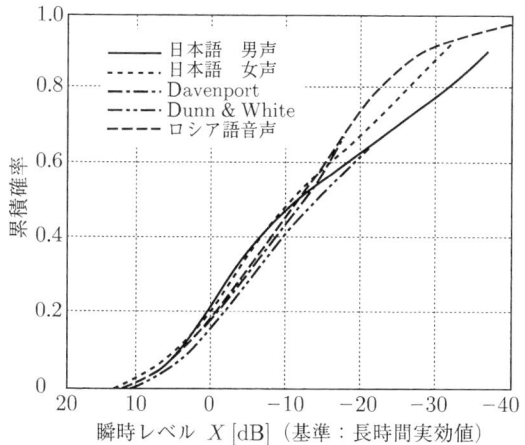

図 2.8 音声レベルの累積分布 [A14]

確率 1 %以下のものをピークとし 1～99 %の範囲をダイナミックレンジと考えるとピークファクタは日米いずれもほぼ 12 dB 前後，ダイナミックレンジは 45～55 dB となる．長時間実効値を基準とした標準偏差は 3.8 dB となる．

2.3.3 音声の長時間スペクトル [A14]

音声の周波数スペクトルは一般には時間とともに変化しているが，十分長い時間をかけて観測すれば長時間統計スペクトルを得ることができる．10 分間以上の連続音声の分析結果から次のことが分かっている．

1) 個人による有意差はない．
2) 160 Hz 以上の帯域では性別による違いはない．
3) 音声サンプルによる違いはない．
4) 唇からマイクロホンまでの距離による差 (3 cm と 35 cm) は 160 Hz 以上ではそれ程大きくない．
5) 言語によって本質的に大きな差があるとはいえない．

図 2.9 は図 2.6 に対応する周波数スペクトルである．母音のスペクトルは一般に右下がりとなること (子音では逆に右上がりとなる) が見られる．

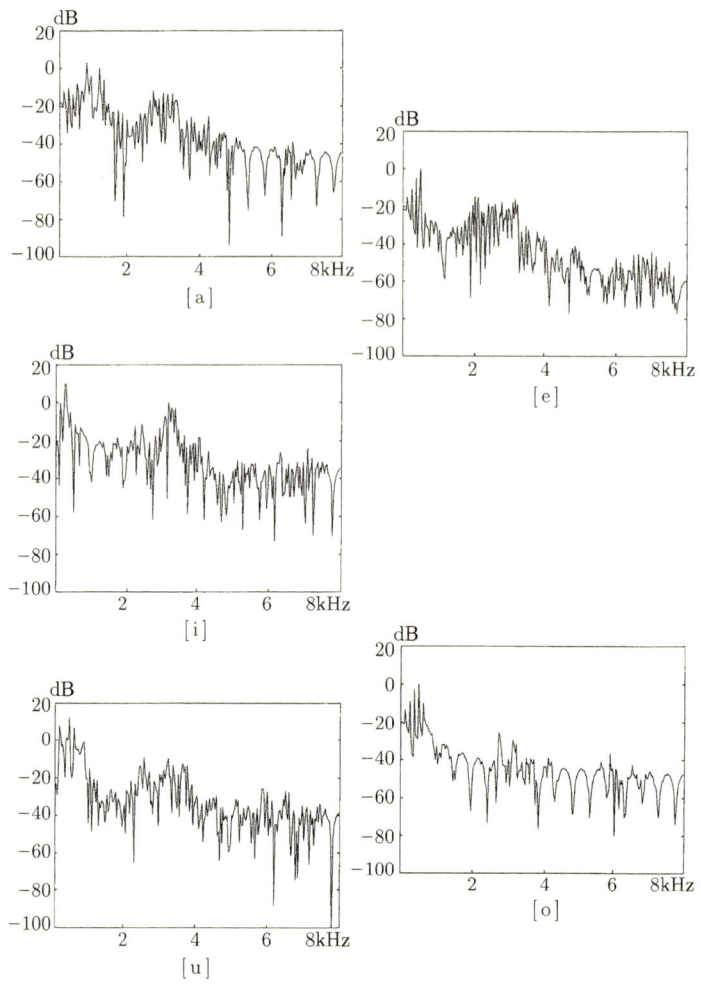

図 2.9　単母音のスペクトル

音声スペクトルを長時間にわたって平均したものを図 2.10 に示す．音声中では，母音の振幅が大きくかつ持続時間が長く，また出現頻度も高いので，長時間スペクトルには母音スペクトルの傾向が反映され，800 Hz 以下ではほぼ平坦でそれ以上では右下がりとなっている（$f > 800$ Hz で -10 dB/oct）．160 Hz 以上では男女差は考えなくてもよい [A14]．

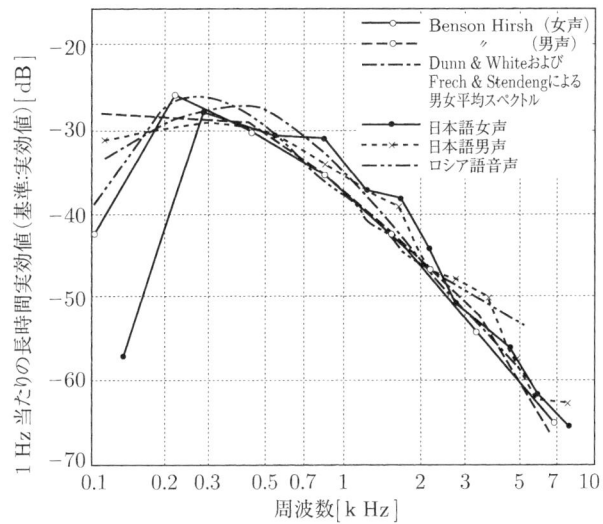

図 2.10 会話音声スペクトル

2.3.4 母音の性質

図 2.6 に示した単母音の波形に対応した単母音のスペクトルを図 2.9 に示した．音声スペクトルには音韻によって特徴的な山谷が見られる．音声のスペクトルの山の部分を**ホルマント**といい，その代表周波数 (ピークの周波数) を**ホルマント周波数**という．山の高さがピークよりも 3 dB 下がったところの周波数の範囲を**ホルマント帯域幅**という．より厳密には後の章で述べるように，ホルマントは声道の共振周波数として定義される．

スペクトルの谷は反共振によって生じ，**アンチホルマント**と呼ばれる．音韻は主にホルマント，アンチホルマントの周波数で規定され，中でも母音は低い方の 2〜3 個のホルマント周波数で特徴づけられる．ホルマント周波数を音声から取り出す方法にはいくつかの方法が考えられているが，その中の主な自動抽出法については 4.8 節で述べる．一方，完全に自動的ではないが，音声のスペクトログラム (ソナグラム) から，人間が視察によってホルマント周波数を読みとるスペクトルリーディングという方法もある．この方法は，ある程度の訓練を積めば，人間の能力を利用しているため極端な誤りをおかすことが少なく，研究用として利用されている．

24　第2章　音声の基本的性質

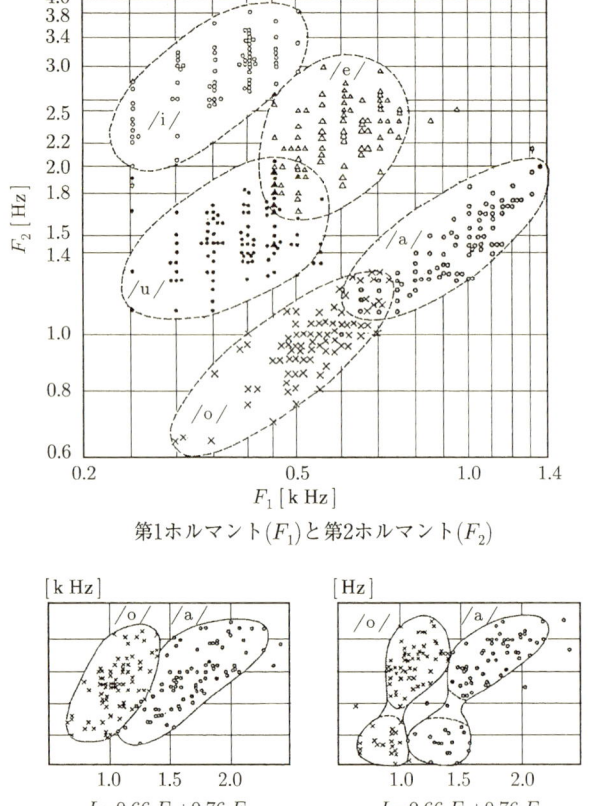

第1ホルマント(F_1)と第2ホルマント(F_2)

（a）$L-F_3$平面上の/a/と/o/の分布

（b）$L-F_0$平面上の/a/と/o/の分布

図 2.11　日本語単母音のホルマント周波数 [5]

　ホルマント周波数は音韻によって異なることはもちろんであるが，年齢・性別によっても変化する．7歳から成人までの男女について，ソナグラムの読みから測定した日本語単母音のホルマント周波数を**図 2.11**に示す [5]．全体的な傾向としては，子供，女性，男性の順にホルマント周波数が低くなり，また年齢の上昇につれて低くなっている．図 2.11 においては大きく三つのグループ /a, o/, /e, u/, /i/ に分けることができる．成人男性の /a/ は子供の /o/ と重なっており，/e/ と /u/ についても同様のことがいえる．したがって，成人，子供

の区別が分かっていれば,第 1, 第 2 ホルマント (F_1, F_2) だけからでも母音を区別することができる.年齢・性別にかかわらず母音を区別するためには,さらにもう一つのパラメータとして第 3 ホルマントあるいは基本周波数を加える必要がある.

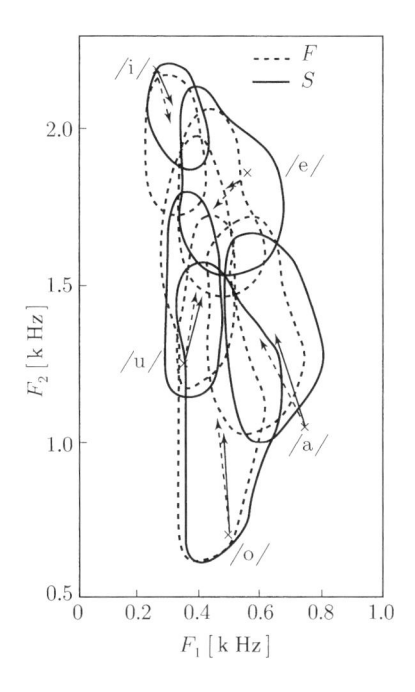

図 2.12 連続音声の F_1-F_2 空間上での母音の領域.発声の速さはゆっくり (S) と早めに (F) である.単独母音 (×印) から領域の重心まで引いた線を矢で示す [6].

連続音声中の母音になると,前後の音韻の影響を受けて単独母音とは異なったホルマントの値をとり,一人の話者であっても大幅に変化する.男性アナウンサーによる天気予報文の音声資料 (約 1 分間) についての結果を図 2.12 に示す [6].これによると,一人の話者が連続音声を発声したときの母音ホルマントは,多数の話者による単母音の場合と同様に,かなり広い領域にわたって分布していることが分かる.また,その状況は発声速度によって異なり,母音によっても領域の広がり方が異なっている.図 2.12 で /i/ の領域が小さく,/a, o/ の領域が大きいのは前後の影響 (調音結合) の受け方の違いによるものと考えられ,/i/

は/a, o/に比べると調音結合による変動が小さいことを示している.

連続音声中の母音の定常部分 (第 2 ホルマントが定常的な部分, ただし定常部分がないときは中心部分) のホルマント周波数だけを取りだしてみると, ゆっくり発声した場合は, F_1-F_2 平面上で母音領域は完全に分離している. 早く発声した場合は/i/と/e/, /o/と/a, /u/と/o/ の間で重なる部分がある. これらは第 3 ホルマントを考慮しても分離できない. しかし, ゆっくり発声した場合は, 連続音声中の母音の定常部分を取り出すと, F_1 と F_2 だけを用いて母音の識別が (一人の話者については) 可能である.

母音全体を含めた第 1～第 3 ホルマント周波数の出現確率をみると, F_2 の出現確率には資料中の母音の出現頻度の偏りによる効果が現れて, /a/ に相当する部分 (1300 Hz 付近) に顕著な山がある. F_3 の方はそのようなことはなく, ほぼ正規分布近似できる. ゆっくり発声したときは, 音韻による影響がある程度見られるが, 早く発声するとその効果は少なくなっている. これは発声速度が早くなるにつれて調音が目標値まで到達しなくなり, 中性化するためである.

一方ホルマント帯域幅は, 周波数に比べると測定が難しく, それ程多くの測定の報告はない. 一般に, ホルマント周波数が 2 kHz を越えると, 周波数とともに帯域幅が急に広くなって行く傾向が見られる [7].

2.3.5 子音の性質

子音は, 母音のような定常的な性質をもたないものが多く, 声道の途中に強い狭め (閉鎖) があって, 音源がこの狭め付近で生成され, その音源の特性も様々である. また, 鼻音のように声道に分岐管ができる場合がある. 以上のような点で音響理論的扱いが難しく, スペクトルの特徴も解析的な形では明解に記述できない場合が多い. 子音の音響的特性は, 音源の形態や声道の分岐, 声道の閉鎖 (狭め) の強さなどに相当する調音様式と, 声道の狭めの位置にあたる調音点とによって大きく分類される. ここでは, 日本語の主な子音について, それらの識別という観点に重点をおいて, 音響分析的特徴を明らかにする.

(1) 半母音

半母音にはヤ行音/j/とワ行音/w/がある. 調音位置での声道の狭めが母音よりやや強いが, 音響理論的には母音と同様に扱える. ただし, その特徴の記述は

時間軸を含めて考える必要がある．/j/と/w/は，調音の構えとしては母音の/i/と/u/に類似しているが，典型的な発声の場合には調音位置での狭めが強い結果，/j/では F_1 と F_2 の間が幾分広くなり，F_2 が弱くなる傾向がある．/w/では，F_2 が/u/よりやや低くなる．しかし，通常の発話中の特性は前後の音韻に影響される．例えば，/aja/と発声したときの/j/に相当する区間の F_1, F_2 の特性は/i/より/e/のそれに近い．半母音としての特徴は，調音に基づく直観からは，F_1, F_2 の時間変化パターン，特に両者の位相関係にあると考えられるが，定量的な結果を示して検証した例は少ない [8]．なお，過渡的な部分とは別に，半母音に相当する区間長あるいは後続母音の定常的な区間が短い場合に半母音と知覚される傾向もある．

(2) 破裂音

破裂音には，無声破裂音/p, t, k/と有声破裂音/b, d, g/がある．前者について音響現象を時間軸に沿って観察すると，先行母音からの過渡部，無音部 (閉鎖部)，破裂部，気音部，母音への過渡部 (有声音区間) と続く．これに対して有声破裂音は破裂の時点で声帯が振動している音であり，典型的には先行母音からの過渡部，声帯のバズ音 (閉鎖部)，次に破裂部，母音への過度部が現れる．無声破裂音/ka/と有声破裂音/de/の波形を**図 2.13**に示す．無声破裂音と有声破裂音の差異は，基本的には破裂の瞬間から声帯が振動を始めるまでの時間 voice

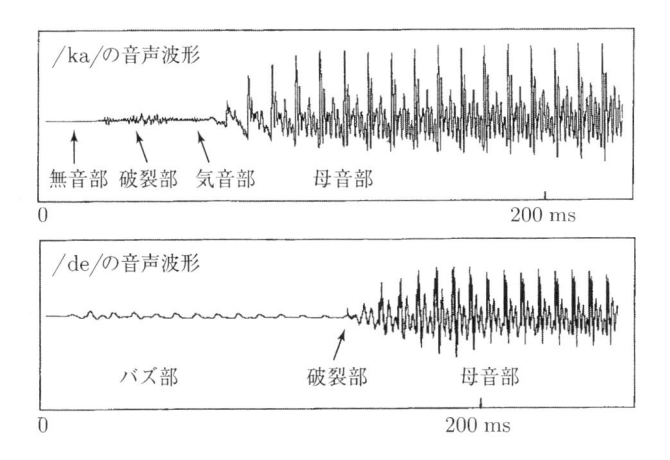

図 2.13 無声破裂音と有声破裂音を含む単音節音声の波形

onset time (VOT) にあり，欧米語では，VOT が 20 ミリ秒付近を境にして，これより長い場合が無声破裂，短い場合が有声破裂とされる．しかし，日本語の通常の発声では必ずしもこの数値は当てはまらず，VOT が 10 ミリ秒前後の (気音部が認められない) 無声破裂音も /p/ などに多い．

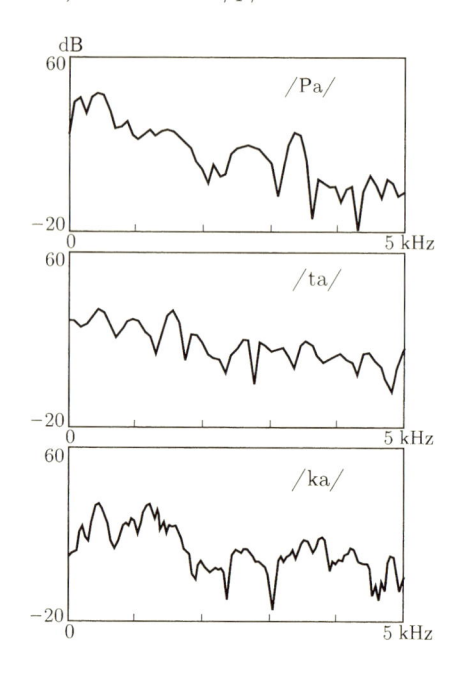

図 2.14　後続母音が /a/ のときの無声破裂音の破裂部のスペクトル

破裂音群内での互いの区別は，調音点の差異に起因するパワースペクトルパターンの特性に依存する．ただし，これらは前後の音韻環境に影響を受ける．声道の共振モードを考慮すると調音点の違いが後続母音への渡りの部分にも現れると考えられるが，音響分析によれば無声破裂音では特徴の主要な差異は破裂部分にある．図 2.14 にこの破裂部分のパワースペクトルのサンプル例を示す．無声破裂音のスペクトル概形の特徴をまとめると次のようになる [9][10]．

① /k/ のスペクトルの特徴は，スペクトルが集約的であること，すなわち，後続する母音の F_2 に接続する付近の帯域に強いスペクトルのピークが現れる．

② /t/のスペクトルは拡散的であり，特に強いピークはもたない．
③ /p/は/t/，/k/に比べ相対的に低い帯域の成分が強い．

また，無声音区間長について観ると，/p/，/t/が/k/に比較して概ね短い．無声破裂音を精度良く類別するには，後述する有声破裂音の場合のように前後の母音に依存して特徴を記述する必要がある．

有声破裂音/b, d, g/の特性は，それらの調音点が/p, t, k/の場合に類似しているので類別的特徴も似ている．しかし，自動的に類別するのは無声破裂音の場合より幾分困難になる．有声破裂音は，F_2，F_3の後続母音への遷移パターンに差異があるとされるが，前後の音韻環境を考慮する必要がある．図 **2.15** に後続母音が/a/の場合のスペクトログラムのサンプル例を示す．後続母音別に，その特徴を述べると次のようになる [11]．

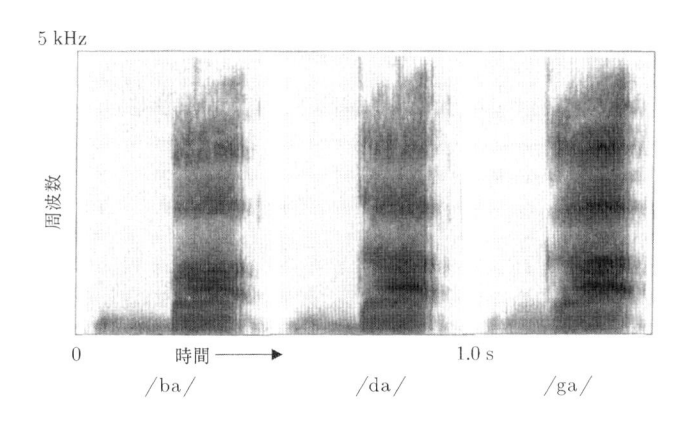

図 **2.15** 有声破裂音を含む単音節 /ba/, /da/, /ga/ のスペクトル

④ 後続母音が/i/の場合．/g/の破裂部分からのF_2の軌跡（F_2ローカスと呼ぶ）は，/i/のF_2よりも高く，定常的な部分が数十ミリ秒ある．これに対して/b/のF_2は低い方から始まり，急な変化をする．/d/は特性的には両者の中間であるが，日本語共通語では口蓋化して［dzi］（破擦音「ジ」）となる．
⑤ 後続母音が/e/の場合．/g/に関しては/i/の場合と同様，ただし，F_2がやや低い．/b/ではF_2ローカスは/e/のF_2よりやや低い方から始まる

が，変化量は少ない．/d/は，/b/に比べローカスが幾分高いが，ほぼ同じ傾向で，両者の差異は小さい．

⑥ 後続母音が/a/の場合．/g/と/d/は，共に F_2 ローカスが/a/の F_2 より高いが，/d/の方がより高いところから始まり/a/の定常部に向かって下がる．/b/は相対的に F_2 が低い．

⑦ 後続母音が/o/の場合．/g/と/b/の F_2 ローカスは，共に，/o/の F_2 とほぼ同位置であるが，/g/の F_2 の方がやや強い．/d/の F_2 ローカスは高く，/o/の定常部に向かって下る．

⑧ 後続母音が/u/の場合．/g/と/b/の F_2 については，/o/の場合と同様である．ただし，全体にやや高い．/d/の F_2 ローカスは相対的に高いところが下がるが，日本語共通語の発声では [dzu] ないし [zu] の音になる．

なお，上記のいずれの場合にも，F_1 は低い周波数から母音に向かって上がる．また，/g/の F_2 は後続母音の F_2, F_3 に分かれる傾向が見られ，これは調音と声道の共振モードに関する考察からも推測されるが，音響的には必ずしも明確には観測できない．

(3) 鼻子音

鼻子音には，マ行音/m/，ナ行音/n/および鼻濁音/ŋ/がある．他に「ん」に相当する撥音/N/がある．鼻子音の音響現象は，まず，先行母音からの入り渡り，ほぼ定常的な鼻音部 (nasal murmur)，母音への出渡りと続く．ただし，鼻音化の現象 (口蓋帆が開いている状態) 自体は，鼻子音の区間のみに限定的に生起するものではなく後続する母音などの区間に持続することが多い．鼻音部のパワースペクトルは，**図 2.16** に示すように，口腔から鼻腔への分岐に起因する反共振により零点ができる [12]．この周波数位置は口蓋帆から口腔の調音点までの長さに関係するため，この長さが短い n/の方が/m/より/高くなる．成人男性の声では，/m/では概ね 0.8 kHz 以下，/n/ではそれより高い位置にある．

音響的特徴に基づいて鼻子音群を識別するのは，一般に，かなり困難である．上述したスペクトルの零点を自動的に抽出するのは難しく，通常はスペクトル包絡の概形やホルマント周波数を用いる．合成音を用いた知覚実験の結果などからは，/m/, /n/などの違いは，主に母音への渡り部にあるが，鼻音部にあると考えられる場合もある．/m, n, ŋ /について，渡り部の第 1, 2 ホルマントの

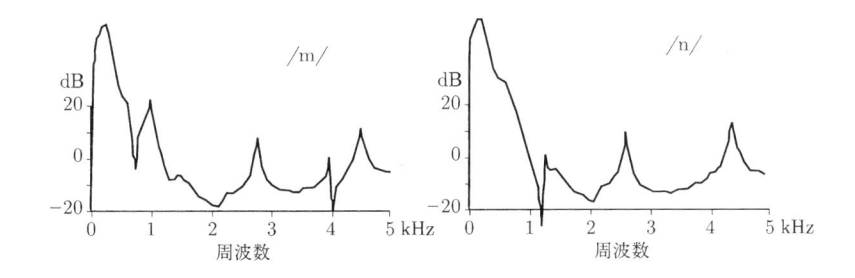

図 2.16 鼻子音 /m/ と /n/ の典型的なスペクトル.声道断面モデルから計算したもの [12]

動きは,(2) で述べた有声破裂音/b, d, g/の場合にほぼ対応している.

/N/は,他の鼻子音に比べ,前後の音韻の影響を受け易く,典型的には後続子音の調音点に依存する.例えば,後続子音が/p/,/b/のときは/m/に近く,/t/,/d/のときは/n/に近い音になる.また,終端では先行母音の特性に鼻音化が重畳されているように見える場合もある.なお,鼻音化母音の特徴は,反共振の影響によって見かけ上,本来の母音ホルマントに加えて新たにピークが生じたように見える特性を示す.

(4) 摩擦音

摩擦音には,無声摩擦音であるサ行音/s/とハ行音/h/,有声摩擦音のザ行音/z/がある.音響現象的には,調音点に音源があり,定常的で比較的安定している.サ行音の音素/s/には,[s] と後続母音が/i/の場合の [ʃ] がある.後者は日本語の音素表記として2音で表す/sj/(シャ行音) とほぼ同じで,/sj/は,音声的には2連音というよりは単音 [ʃ] と見てよい.[s] や [ʃ] のパワースペクトルは,概ね,調音点より唇側の共振特性によって表される.その例を図 **2.17** に示す.この図から分かるように,3 kHz 以上の高域にパワー成分の現れる周波数が唇から調音点までの長さに概ね反比例するので,両者の差異がこの周波数位置の違いに現れ,[s] の方がこの位置が相対的に高い [13].

ハ行音の子音/h/は,後続母音が/u/の場合を除くと,後続母音の声道の狭め付近に摩擦音源ができる.このため,後続母音が/a, o/のときはこれらの母音の F_1, F_2 の中間付近,/i, e/の場合は同じく F_2, F_3 の中間付近にスペクトルのピークができる./hu/は,「フ」に対応する音素表記であるが,音響的には

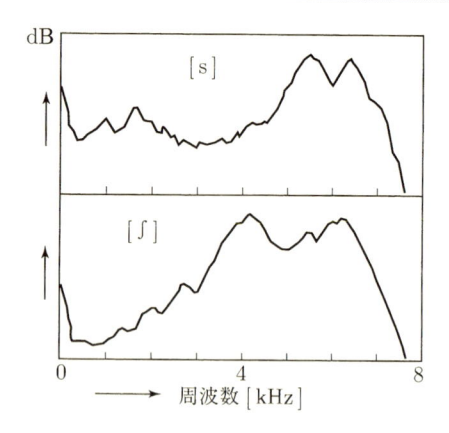

図 2.17 無声摩擦音 [s] と [ʃ] のスペクトル

「ファ」などに対応する表記/fa/の/f/に近く，発声の個人差などによる特性の変動も大きい．

有声摩擦音は，通常，バズ音が先行し，これに摩擦性の音が重畳し，後続母音へと移行する．/s/と同様に後続母音が/i/の場合，口蓋化して「ジ」[dzi] になる．「ジ」は，単独で発声されるときは概略，有声破擦音のカテゴリーに入るが，語中などでは前後の環境に依存する．一般に，/z/では声帯音源も重畳されるので，/s/と同様な高い周波数成分に加えて，500 Hz より低い帯域にパワー成分が現れる．

(5) ラ行音

日本語のラ行音/r/は，音素としての生起頻度は/k/などと共に高いが，その音響的特性の研究は比較的少ない．音声学的には，弾き音 (flapped)，側面音 (lateral)，ふるえ音 (trill) などに分類される．音韻環境や人によって特性が大きく変わり，連続音声中では音響的変化が小さく検出が難しい場合もある．調音点の類似から音響的特性が/n/，/d/と近く，それらとの類別はかなり困難である．定性的には，舌先が口蓋に接する閉鎖時間が短く，この閉鎖区間への入り渡り，出渡りのホルマントパターン，パワーディップに特徴を見いだすことができる [14]．

2.3.6　音声の基本周波数

音声の基本周波数は常に変動している．会話音声について発声者ごとにその統計的性質を調べてみると，女声では男声に比べて，その平均値・標準偏差が約 2 倍になっている．一方，多数の発声者による基本周波数の分布を見ると図 **2.18** に示すように，対数周波数軸上でほぼ正規分布をなしている [A21]．基本周波数の平均値および標準偏差は男声の場合 125 Hz と 20.5 Hz となっており，女声ではそれぞれ男声の約 2 倍となっている．

基本周波数の時間的変動パターンはほぼ，「へ」の字型をなしている．その時間的変化は比較的ゆっくりしていて，その変動周波数は 10 Hz 以下程度である．

母音等の有声音は周期的な波形をもち，その繰り返し周波数 (基本周波数) が通常，音声の高さ (ピッチ) に対応する．これを F_0 で表すことが多い．

音声中の基本周波数の変化の例を図 **2.19** に示す．F_0 はアクセント，イントネーション，強調などによって影響を受けるが，おおまかには「へ」の字型のパターンを示す．

年齢・性別による変化は図 **2.20** に示す通りである [5]．男性の F_0 が変声期以後，それ以前に比べて約半分の高さに下降しているのが分かる．平均基本周波数を知ることにより，男声と女声のおおまかな区別をすることができる．

一方，長時間の平均値，標準偏差とも，女声では男声 (平均 125 Hz, σ=20.5 Hz) の約 2 倍になっている．

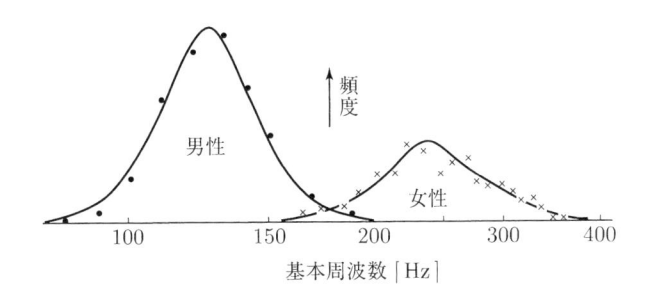

図 **2.18**　発声音による基本周波数の分布 [A17]

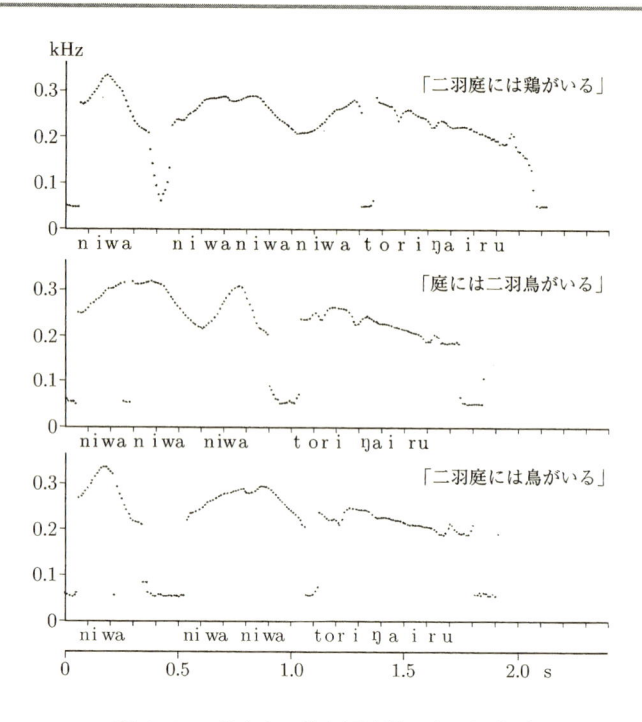

図 **2.19** 音声中の基本周波数の変化例 [16]

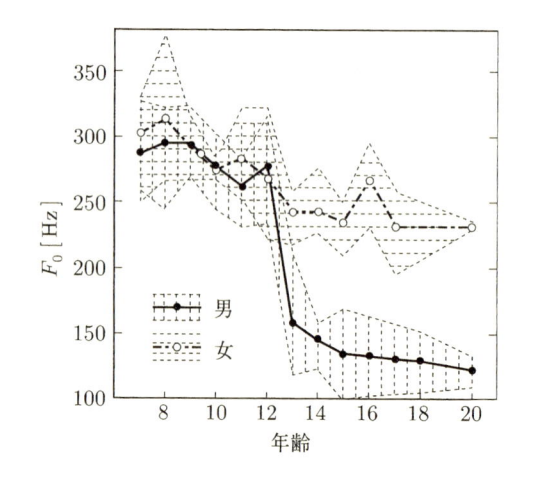

図 **2.20** 話者の年齢と基本周波数 (F_0) の関係 [5]

2.3 音声の音響的性質

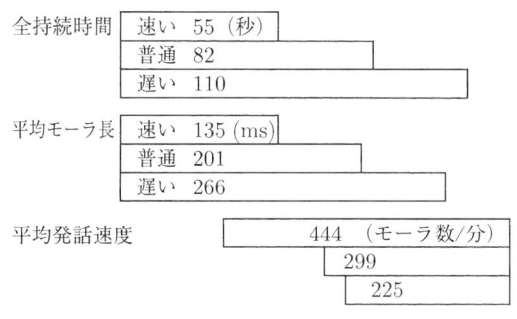

(a) 全持続時間, 平均モーラ長, 平均発話速度 (モーラ数/分)

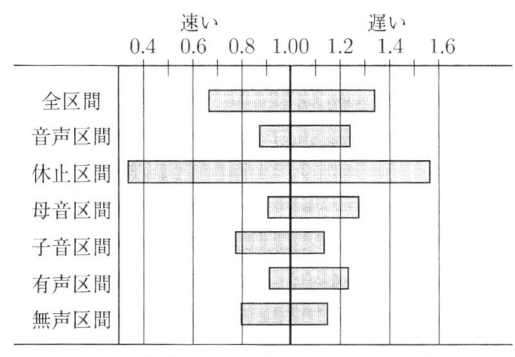

全持続時間　速い 55（秒）
　　　　　　普通 82
　　　　　　遅い 110

平均モーラ長　速い 135（ms）
　　　　　　　普通 201
　　　　　　　遅い 266

平均発話速度　444（モーラ数/分）
　　　　　　　299
　　　　　　　225

(b) 各種区分の発声速度による伸縮率

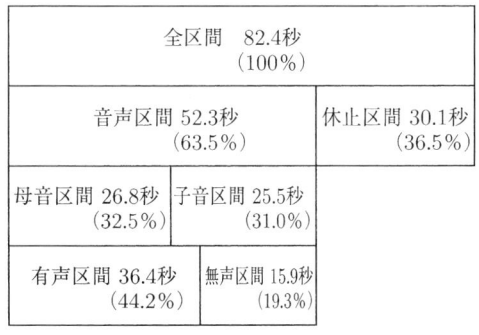

速い　　　遅い
0.4 0.6 0.8 1.00 1.2 1.4 1.6

全区間
音声区間
休止区間
母音区間
子音区間
有声区間
無声区間

(c) 普通の速さの場合の各種区分の持続時間（秒）とその割合（%）

全区間 82.4秒 (100%)		
音声区間 52.3秒 (63.5%)		休止区間 30.1秒 (36.5%)
母音区間 26.8秒 (32.5%)	子音区間 25.5秒 (31.0%)	
有声区間 36.4秒 (44.2%)	無声区間 15.9秒 (19.3%)	

図 2.21　連続音声中の各種区分の持続時間の発声速度による変化 (文献 [15] の表を図にしたもの)

2.3.7 音声の時間長

連続して発声した音声には，音声を発声していない休止(無音)区間がかなりの割合で存在する．天気予報文を男性アナウンサーが発声速度を変えて読んだ場合の各種区分の時間長の変化の概要は**図 2.21**の通りである [15].

図2.21によると，休止区間の長さの全体に対する割合はアナウンス文では約30％となっている．音声区間の中では母音区間と子音区間とがその約1/2づつを占めており，また有声区間が約2/3，無声区間が約1/3となっている．発声速度を変えた場合，音声区間よりも休止区間の伸縮の方が大きい．これは，発声速度を変える場合，音声区間はあまり伸縮させず，主に休止区間を伸縮させることによって全体の時間を調節していると見ることができる．音声区間，母音区間，有声区間では，伸張率＞短縮率であり，休止区間，子音区間，無声区間では伸張率＜短縮率となっている．

各音素の時間長はその前後環境によって変動する．母音では平均75 ms(最短25 ms, 最長145 ms)である．子音はその種類によってかなり差があるが10〜140 msの範囲を変動する．子音と母音の組合せからなる日本語の音節の持続時間は75〜200 msの範囲を変動し，その平均は約130 msとなっている．発声速度を変化させた場合の時間長の伸縮は，子音よりも母音の方が大きくなっている．

アクセントがあると，一般に母音はアクセントがない場合よりも長くなる．

アクセントの有無により，母音の長さは全体の平均に対して10%伸縮する．

第2章の参考文献

[1] 日本音声言語医学会編「声の検査法」基礎編，応用編，第2版, 医歯薬出版 (1994)

[2] 廣瀬肇: "発音の生理としくみ"(宮地他編，講座日本語と日本語教育，第2巻日本語の音声・音韻(上))，明治書院, p.64, (1989)

[3] K. Ishizaka and M. Matsudaira: "What makes the vocal cords vibrate?", Proc. of 6th International Congress on Acoustics, Paper B-1-3, pp. B-9 - B-12, Tokyo, Aug.(1968)

[4] 東文生: "構音機構の年令的発達に関する研究", 耳鼻臨床, 59巻, pp.41-67 (1966)

[5] 粕谷，鈴木，城戸: "年齢，性別による日本語5母音のピッチ周波数とホルマント周波数の変化"，日本音響学会誌, Vol. 24, No. 6, pp. 355-364 (1968)
[6] 金森吉成:"連続音声のホルマント周波数パターンの母音別および統計的特徴" 電気通信学会論文誌, Vol. 58-D, No. 1, pp. 23-30 (1975)
[7] H. K. Dunn: "Methods of Measuring Vowel Formant Bandwidths", JASA. Vol. 33, No. 12, pp. 1737-1746 (1961)
[8] 太田耕三，岩松聡: "声道断面積関数推定値に基づく線形調音モデルと半母音の調音運動の観察"，日本音響学会音声研究会資料 S76-05 (1976-6)
[9] S. E. Blumstein, K. N. Stevens: "Perceptual Invariance and onset spectra for stop consonants in different vowel environments", J. Acoust. Soc. Am. Vol.67, No.2, pp. 648-772 (1980).
[10] Tanaka: "A dynamic processing approach to phoneme recognition (Part 1): Feature extraction", IEEE Trans. Acoust., Speech and Sig. Proc. (ASSP) Vol.27, No.6, pp. 596-608 (1979-12)
[11] 田中和世: "音素的単位による音声の自動認識に関する基礎的研究"，電総研研究報告 841 (1984-3)
[12] 大村浩，中島隆之: "反射係数による子音声道伝達関数の計算法"，日本音響学会誌，Vol. 46, No. 1, pp.18-27 (1990)
[13] 田中和世: "日本語無声摩擦子音の分析と自動識別"，日本音響学会誌 Vol. 38, No. 6, pp. 330-338 (1982-6).
[14] 大村浩: "日本語/r/の音響的特徴"，日本音響学会誌, Vol. 44, No. 8, pp. 566-574 (1988)
[15] 比企静雄，金森吉成，大泉充郎: "連続音声中の音韻区分の持続時間の性質"，電子通信学会誌，Vol. 50, No. 5, pp. 849-856 (1967)
[16] 渕一博，中島隆之: "音声認識はどこまで来たか"，日経エレクトロニクス, 1月27日号, pp. 169-193 (1975)

演習問題 2

2.1 男女声の区別に有効なパラメータは何か．また，それを用いてどのようにして男女声を区別するか．

2.2 次の文を音素表記し，無声化される母音を括弧で囲んで示せ．

「風が強いですが，あしたは秋田に行きます.」

2.3 音声分析において，前処理として 6 dB/oct 程度の高域強調をするのが普通であるが，その理由を説明せよ．

2.4 図 2.22 は 3 つの単語 (a),(b),(c) のスペクトログラムを示す．スペクトログラムは時間を横軸 (2.3 秒) に，周波数を縦軸 (8kHz) にとり，周波数成分の強い部分が黒く表示される．子音を C，母音をV，撥音を N で表すと，単語 (a),(b) は $/C_1V_1NC_2V_1/$，単語 (c) は $/C_1V_1NC_2V_1C_3V_2/$ の形をしている（C_1,V_1,N は 3 単語で同一である）．図 2.15 と 2.3.5(3),(4) を参照して，C_1,V_1,N がそれぞれどのような音素に相当するか考察せよ．

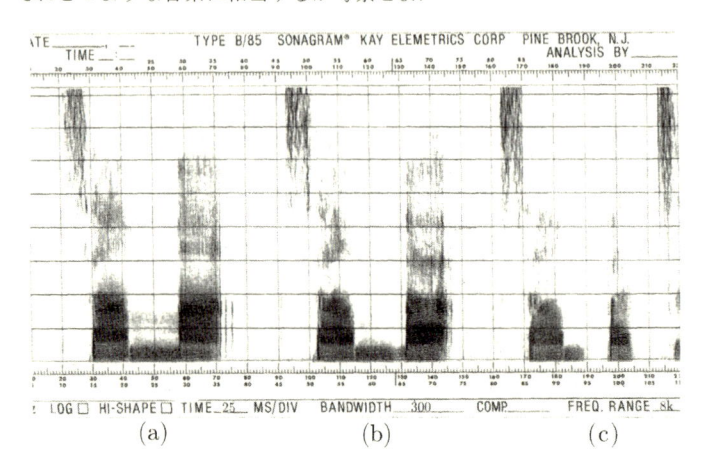

図 **2.22** 三つの単語 (a),(b),(c) のスペクトログラム

2.5 次に示す各音素グループに共通する調音上の特徴を示せ．
(1) /p, t, k, s, h/　　(2) /b, d, g, m, n, ŋ, z, r/　　(3) /p, t, k, b, d, g/
(4) /m, n, ŋ/　　(5) /p, b, m/　　(6) /t, d, n/　　(7) /k, g, ŋ/

第3章

音声の知覚と生成モデル

本章では聴覚器官および音声の知覚や生成に関する代表的なモデルをとりあげて説明する．音声の生成モデルとしては，音源に関するものを2種類，韻律の制御に関するもの，声道のモデル，調音モデル，調音結合モデルなどをとり上げる．音声の知覚モデルとしては，代表的と思われるものをとりあげている．なお，主として音声の工学的取り扱いに興味のある読者は本章をとばしてもよい．

3.1 聴覚と知覚

3.1.1 聴覚の器官と性質

人間の聴覚器官は，**図3.1**に示すように**外耳**，**中耳**，**内耳**からなっている．音響信号は，耳介，外耳道を経て外耳道のつきあたり，すなわち，外耳と中耳との境界にある鼓膜を振動させる．鼓膜の内側は**鼓室**と呼ばれ，空気で満たされている．その中に，耳小骨と呼ばれる3種類の骨（ツチ骨，**キヌタ骨**およびアブミ骨当たりが関節状につながっており，鼓膜の振動を内耳に伝搬する．**ツチ骨**は鼓膜の内側に接し，**アブミ骨**の底部は蝸牛の前庭窓に接している．この耳小骨によって，鼓膜に生じた振動は，アブミ骨底を介して蝸牛内のリンパ液に伝えられる．これによって，蝸牛の基底膜に進行波を生じる．

内耳は三半規管，前庭，および**蝸牛**からなっており，このうち，音の伝搬には蝸牛が最も重要な役割を果たしている．'かたつむり'のように渦を巻いている

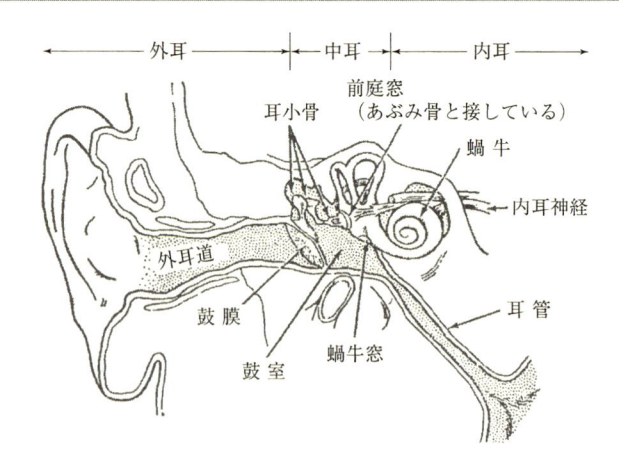

図 3.1 聴覚器官の構造 [A5]

ためこの名が付けられているが，渦を巻いていることに本質的意味はなく，機能的には引き伸ばして考えても差し支えない．蝸牛管の長さはおよそ 35 mm 程度であるが，内部は蝸牛軸から突き出した薄い骨の**基底膜**と呼ばれる膜によって二分されている．蝸牛の内部はリンパ液で満たされている．**図 3.2** は蝸牛を引き伸ばして，横から見た様子を表している．

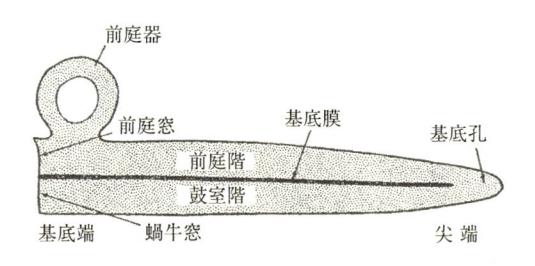

図 3.2 蝸牛を横に引き伸ばした断面図 [A5]

図 3.3 は蝸牛管の断面図である．蝸牛管を二分する基底膜の上には**コルチ器**が乗っており，信号伝達の上で重要な役割を果たす**有毛細胞**およびその**支持細胞**などからなっている．蝸牛管内の非伸縮性のリンパ液は，耳小骨の振動を受けて，前進，後退を交互に繰り返し，弾性体である基底膜に変位を生じる．これによっ

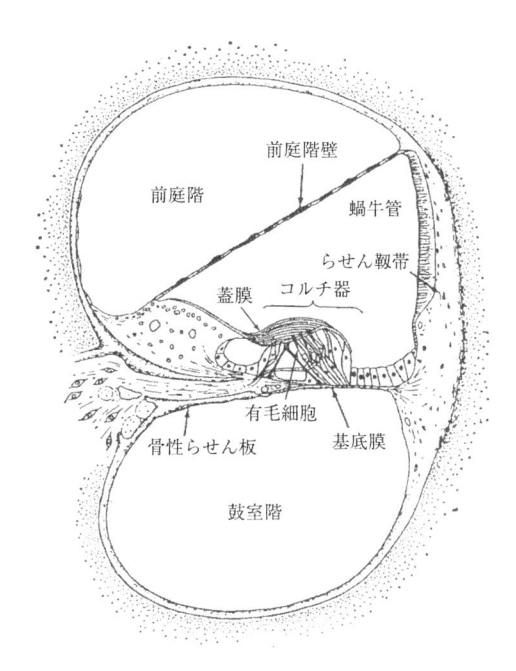

図 3.3 蝸牛管の断面図 [A5]

て，基底膜の運動が起こる．ベケシー (G. von Bekesy)[1] により，この運動は蝸牛先端部に向かう進行波になることが明らかにされている．音の周波数が低いほど運動が先端にまで及び，周波数が高くなるほど進行波は途中で減衰する．このような観察から，基底膜の周波数特性は**図 3.4** のようになり，電子回路的には，それぞれ広い帯域幅をもつ帯域通過フィルターからなるフィルターバンクで近似することができる．基底膜に進行波が起こると，その上にあるコルチ器に運動が伝わり，その中の有毛細胞の毛は歪みを受ける [2]．進行波の発生により基底膜と**蓋膜**との間に機械的なずれが生じる．基底膜が上方へ変位したときは，有毛細胞の毛が曲げられ，毛のたわみが有毛細胞を刺激して電気生理的な電位変化の形で，**聴覚神経**を刺激すると考えられている．逆に，基底膜が下方に変位したときには毛に圧力が加わらず，神経細胞を刺激しないため電位変化はなく，このため有毛細胞では，入力信号は半波整流されることが観察されている [3]．有毛細胞以降では，入力信号はディジタル信号に変換され，神経インパルスとして中枢へ送られる．

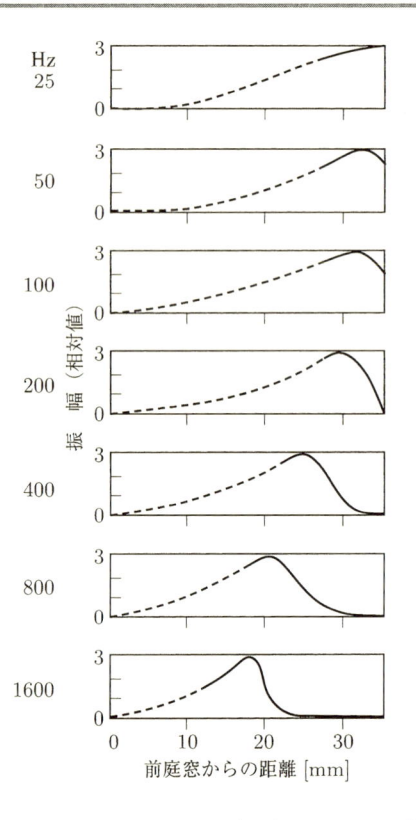

図 3.4　正弦波に対する基底幕の振動パターン [A5]

　中枢に至る聴神経経路には，**図 3.5** に示すように四つの中継所がある [4]．蝸牛を出た神経繊維は**第 1 次ニューロン**と呼ばれ，間脳の**内側膝状体**に至るまでに**第 4 次ニューロン**までの区別が与えられている．細胞体で発生したパルスは**軸索**に伝わり**シナプス**を経て次のニューロンに伝えられる．シナプスには，**興奮性**と**抑制性**の 2 種類があり，興奮性のシナプスに達したパルスはニューロンに正の電気変位を，抑制性シナプスに達した場合には負の電気変位を引き起こす．各ニューロンは，他の多数のニューロンと興奮性および抑制性シナプス結合をしており，入力信号を時間空間的に積分し，細胞体の電位がある閾値を越すとパルスが発生する非線形素子である．各ニューロンにはそれぞれ固有の，最も感度の高い周波数が存在し，音の強さと周波数に対して，そのニューロンが発火する固有の領域が存在する [5]．この領域を**応答野**と呼ぶ．1 次ニューロンの

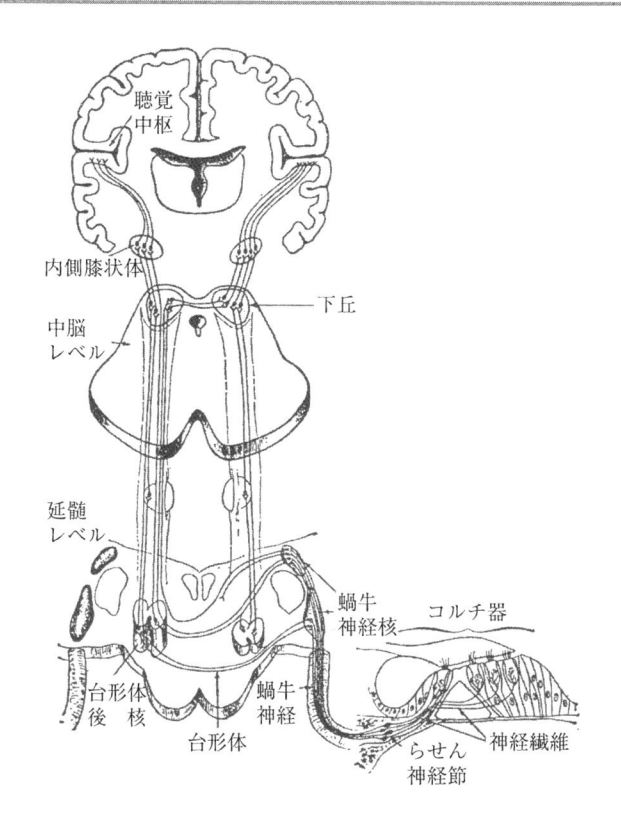

図 3.5 基底膜から大脳に至る聴覚神経経路 [4]

応答野は，基底膜そのものを反映していると考えられ，ニューロンに固有の周波数特性は現れないが，2次，3次と上位のニューロンになるほど周波数に対する特異性が強くなり，応答野の形が狭くなる [6]．ニューロンの放電パターンは，上位に行くに従って持続性のものは次第に減少し，音の立ち上がり部分にのみ反応するもの (ON型)，立ち下がり部分に反応するもの (OFF型)，あるいは両者にのみ反応するもの (ON-OFF型) などの**過度応答型**のニューロンが増加する [7]．これと関連して，**周波数変化にのみ反応する**もの (FM型)，**振幅変化にのみ反応**するもの (AM型) などは，変化音に敏感なニューロン単体の性質というよりもむしろ周囲のニューロンとの干渉作用によって，つまり，神経回路網に特有の**側抑制機構**によって抑制作用を受けるために生じるものと解釈されている [8]．

3.1.2 音の大きさと高さ

感覚的な量である音の大きさや高さは，それらを表現する物理的な量であるデシベルや周波数とは，単調な関係にあるものの，直線的な関係にはないことはよく知られている．また，物理的には同一レベルの純音でも，周波数によって，その感覚的な大きさが異なる．音の大きさまたは高さには，カテゴリー値が存在しないため，それらの感覚量を測定するためには，ある基準となる音を用意し，それとの比較を行う必要がある．

音の大きさに関してよく知られているのは**等ラウドネス曲線**である [9]．ある大きさ (10 db 毎) の 1 kHz の純音を基準とし，それと等しい大きさに聞こえる他の周波数の純音のレベルを測定したものである．そのときの 1 kHz の**最小可聴限**の音圧が 20 μPa(0.0002 μbar) であったため，それが音圧レベルの基準に用いられるようになった．この等ラウドネス曲線は**フレッチャー・マンソン曲線** (Fletcher-Munson curve) と呼ばれ，音の大きさのレベルを表す基準として長い間親しまれてきた．現在では，1950 年代にロビンソン-ダドソンによって測定された等感曲線が国際的に認められ，広く利用されている [10]．**図 3.6** はロビンソン-ダドソン (Robinson-Dadson) による自由音場平面波の**等感曲線**である．各曲線は，そのパラメータ値で示された大きさの 1 kHz 純音を基準にしたとき，各周波数に対して，基準音と等しく聞こえる音圧レベルをプロットしたものである．ラウドネスの単位を**ホン**(phon) で表している．したがって，一つのカーブは，同一ホンの音の大きさを表している．ただし，最小可聴限は 0 ホンではなく 4 ホンとしている．我々の耳は中音域，特に 3～4 kHz 付近が最も敏感であることが分かる．

一方，音の大きさを表す単位として**ソーン**(sone) がある．これは，1 kHz, 40 dB の音の大きさを 1 ソーンと定めている．一般に，感覚量と物理量の間には**べき乗法則**が成り立つことが知られている．ホン (P) とソーン (S) については，P が 20～120 ホンの範囲で，実験的に次のような単純な関係にあることが知られている [11]．

$$S = 2^{(P-40)/10} \tag{3.1.1}$$

または

$$\log S = 0.03(P-40) \tag{3.1.2}$$

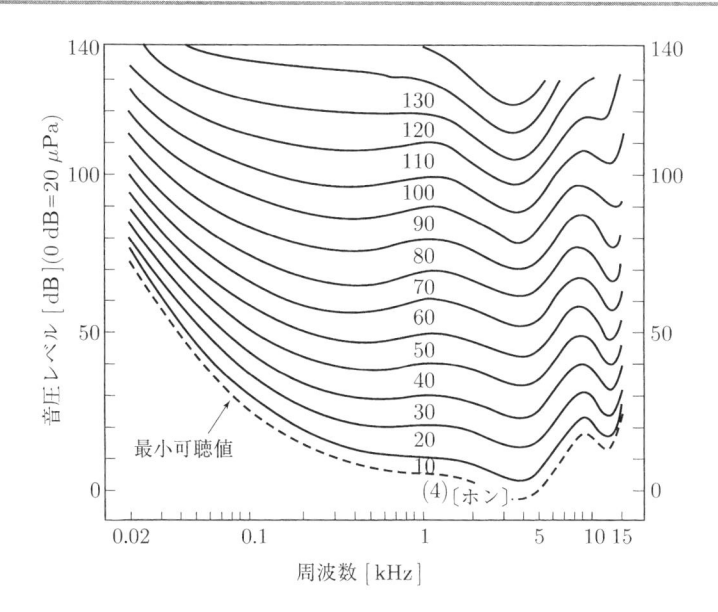

図 3.6 ロビンソン-ダドソンによる等感曲線 [10]

音の高さについても，音の大きさと同様，周波数と感覚的な高さとの間には非直線的な関係がある．これは，スティーブンス (S.S. Stevens) による次のような実験に基づいている [12]．音の高さの心理尺度を求めるために，周波数の異なる二つの純音を与え，感覚的に等しくなるように，その間を 2 分割する周波数を求める実験を行った．図 3.7 はその結果を示している．横軸の周波数に対して，縦軸は感覚を表す量 (メル) であり，数値が倍になれば 2 倍高く感じることを表している．ただし，1 kHz，40 ホンの純音の高さを 1000 メルと定めている．また，各周波数に対し，基底膜上の共振点 (蝸牛頂からの距離) をプロットすると，そのカーブは**メル尺度**上のカーブと極めて良い一致を示すことが知られている．このことは，我々の音の感覚は，基底膜の場所に対応して音の高さが定まることを意味している．メル尺度の近似値としては次式がよく用いられる．

$$m = 1000 \log_2(1 + f/1000) \tag{3.1.3}$$

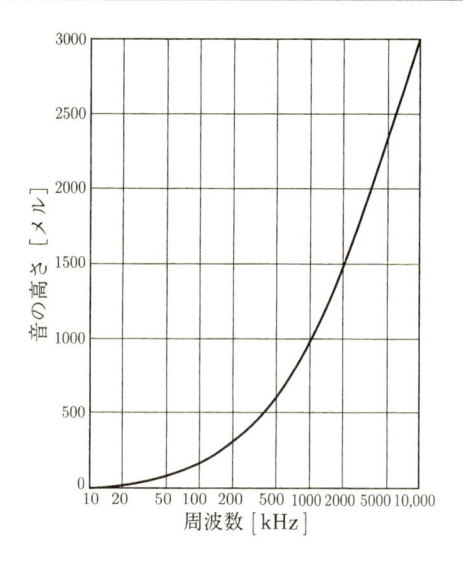

図 3.7　感覚的な音の高さ (メル) と周波数の関係 [12]

3.1.3　マスキングと臨界帯域

(1) マスキング

　マスキングとは，物理的に音が存在していても，他の，より大きい音のために，実際にはその音が聞こえないことをいう．マスキングのうち最も単純なのものは，周波数の異なる二つの音を同時に提示したとき，一方の音が他の音にマスクされる現象である．**図 3.8** は，1.2 kHz，80 dB の音を第1音として提示しておき，第2音に周波数，レベルの異なる音を提示して，第2音が第1音によってマスクされるレベルを，各周波数に対してプロットしたものである [13]．第1音のようにマスクする音を**マスカー**と呼び，第2音のようにマスクされる音は**マスキー**と呼ばれる．このマスキングパターンは，最小可聴限の曲線とはかなり異なるものであり，また，マスカーの周波数によっても当然異なる．2音が接近しているときには，その差の周波数に対応する**うなり**(ビート) が聞こえる．この'うなり'は，マスカーの周波数の高調波の位置にも現れる．

　マスカーが純音でなく，ノイズの場合にはマスキングパターンはかなり違った様子になる．**図 3.9** は，種々のレベルの狭帯域ノイズ (365-455 Hz) をマスカーとして用いたときの純音マスキングパターンを示している [14]．マスカー

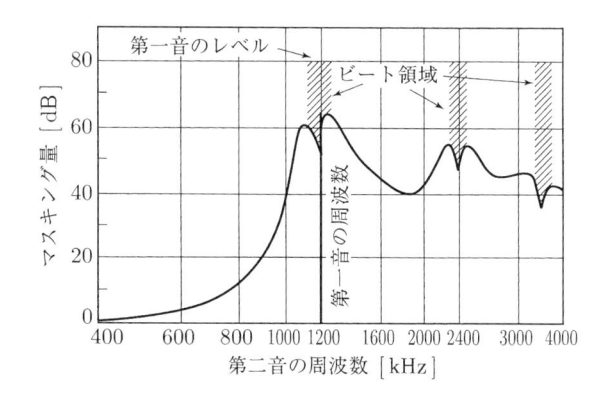

図 3.8　純音対純音の同時マスキング．第 1 音 (マスカー) : 1.2 kHz, 80 dB[13]

のレベルによらず，その中心周波数付近でマスキング量が最も多く，中心から離れるに従ってマスクされる量が減少する．聴覚内部での神経興奮パターンの非対称性を反映して，マスキングパターンも左右非対称である．ノイズ周波数の帯域外でも，かなりの量のマスキングがあり，マスキングパターンは高い周波数まで尾を引いているのが特徴的である．また，マスカーが白色雑音の場合には，周波数成分は全帯域にまで及んでいるため，マスキングパターンはもっと平坦になり，図 3.6 のような等ラウドネス曲線に近くなる．

マスキングは，マスカーとマスキーが時間的にずれていても起こる．これを**継時マスキング**と呼ぶ．マスカーがマスキーに先行する場合－すなわち，先行音が終わった直後に後続音が提示されたとき，後続音が先行音によってマスクされる現象をフォワードマスキングと呼び，その逆の現象をバックワードマスキングと呼ぶ．これに対して，上で述べたような時間的なズレがない場合のマスキングを**同時マスキング**と呼ぶことがある．図 **3.10** に継時マスキングの例を示す [15]．これは，マスカーとして 50 ms の白色雑音，マスキーとして 1 kHz, 5 ms の純音を用い，マスカーとマスキーの間の時間間隔を変化させたときの純音のマスキングパターンを示したものである．ここで注目すべき点は，時間間隔が短い場合，フォワードマスキングに比べてバックワードマスキングの量が極めて大きいことである．時間を溯ってマスクするのは常識的には考えにくいが，このメカニズムは恐らく，聴覚神経系の特性に起因しているものと思われる．すなわち，神経細胞には**潜時**と呼ぶ，刺激が加わってから発火するまでの

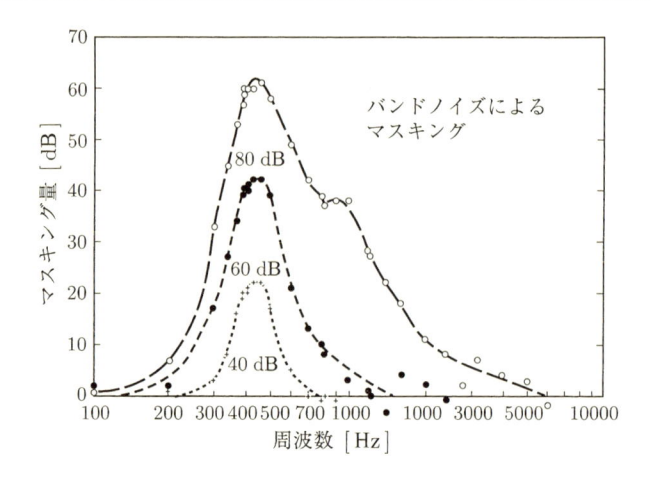

図 3.9 狭帯域ノイズ (中心周波数 410 Hz，バンド幅 90 Hz) をマスカーとして用いたときの純音同時マスキング [14]

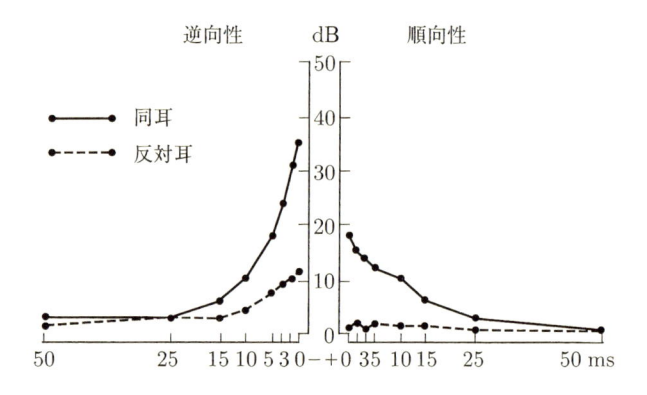

図 3.10 継時マスキングパターン．マスカー：50 ms 白色雑音，マスキー：5 ms，1 kHz 純音 [15]

遅れ時間が存在するためである．この潜時は，通常，刺激が強ければ長く，弱ければ短い．また，一度発火した神経細胞は，刺激が終わっても直ちに発火を停止することなく，活動がしばらく尾を引く．このため，第 2 音の活動が埋もれてしまうことになる．これがバックワードマスキングの原因と考えられる．

(2) 臨界帯域

臨界帯域 (critical band) は上で述べたマスキング現象からきたものであり，フレッチャー (H. Fletcher) によって導入された概念である．彼は，雑音が純音をマスクする場合，純音の周波数を中心とした狭い帯域だけがマスキングに貢献しており，その帯域幅は音圧には関係しないと仮定した．すなわち，我々の聴覚機構の内部には，ある帯域幅のバンドパスフィルターが並んでおり，この仮想的なフィルターバンクにより周波数分析が行われるとするものである [16]．この仮想フィルターの帯域を臨界帯域と呼んでいる．図 3.11 は，可聴周波数範囲に於ける臨界帯域幅と周波数の関係を表したものである．約 500 Hz 以下の低域では臨界帯域幅が 100 Hz 一定である．また，1 kHz で 160 Hz, 2 kHz でほぼ 1/4 オクターブとなる．

様々な心理実験の結果，人間の可聴周波数帯域は 24 チャンネルのバンドパスフィルターに分割され，500 Hz 以下の低域では臨界帯域幅はほぼ一定 (100 Hz) であり，それ以上では対数等間隔的に帯域幅が大きくなる．基底膜上では約 1.5 mm の間隔が 1 臨界帯域幅に対応し，基底膜全体で 24 個の点がとれる

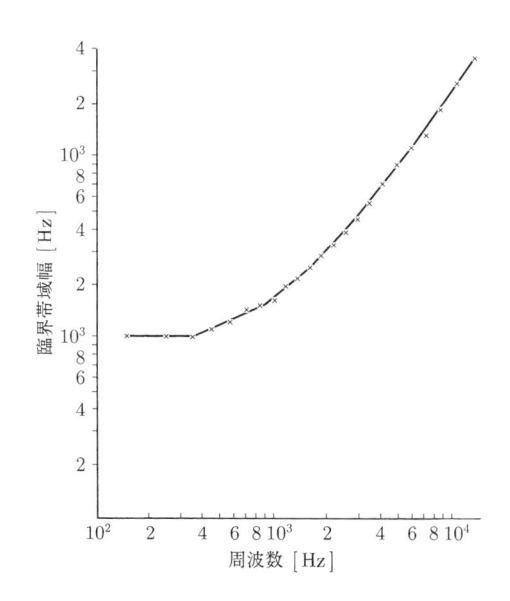

図 3.11 可聴周波数範囲における臨界帯域幅と周波数の関係．([17] の表を図にしたもの)

ことになる．また，臨界帯域幅に基づいた**バーク**(bark) と呼ばれる心理尺度があり，これは，臨界帯域幅の比として定義される．このバークは，臨界帯域で測った心理的な周波数と物理的な周波数との関係を示すもので，1 バークは 1 臨界帯域幅をカバーする．実験的に，周波数 f (kHz) と臨界帯域比 z (bark) との間には次のような関係があることが示された [17]．

$$z = 13.0 \arctan(0.76f) + 3.5 \arctan(f/7.5) \qquad (3.1.4)$$

3.1.4 音声の知覚

　音声は言語音であるため，音声知覚過程は一般の音響刺激とは違った特別なものであり，その最も大きな違いは**カテゴリー判断**であろう．すなわち，言語音に対しては，入力刺激が物理的に変化しても，その変化がある範囲内であれば，音質の違いにもかかわらず，我々はそれらの刺激に同一のラベルを付けることができる．つまり，カテゴリーとして判断することができる．これは，言語の習得過程において，学習によって獲得されたものである．

　知覚過程のモデルとして最初に提案されたのが，**調音参照説** (articulatory reference theory) である [18]．これは，音声知覚という心理現象と，調音運動という発声現象とのあいだには完全な対応があるとするものである．すなわち，我々が音声を聴取するとき，我々自身がその音声を発声するとしたらどのように調音するかをまねてみて，その運動感覚に基づいて音声を判断するという説である．

　しかし，調音運動の結果生じた音声には，音素との一対一の関係がすでに崩れており，それに基づく運動感覚から音素を判断するには無理が生じる．そこで，この因果関係をもう一歩さかのぼって，調音運動を起こさせる調音器官への運動神経指令を，音素同定における参考基準と考えたのが，**運動指令説** (motor theory) である [19]．

　以上の理論では，音声知覚は一般の音響刺激の知覚とは異なった過程であること，さらに，聞く人の積極的な参加を必要とする能動的な知覚過程であることを仮定している．**合成による分析** (analysis-by-synthesis) モデルも能動的な音声知覚過程モデルの一つである [20]．このモデルは，ハレとスティーブンス (M. Halle & K. N. Stevens) によって提唱されたものであり，聞き手は，頭の

中にある規則に従って音声パターンを合成し,合成されたパターンと入力パターンとを比較し,何らかの基準によって入力パターンとの誤差が最小になるように合成パターンを変更しながら整合を行うという方法である．このモデルの特徴は,単に音声知覚過程のモデルというだけでなく,考え方として,実際の音声分析や特徴抽出にとって有力な方法であり,現在もしばしば参照される．

(1) 明瞭度と了解度

　人間同士が音声でコミュニケーションを行うとき,お互いの意志を相手に通じさせることが先決である．面と向かって会話を交わすこと以外にも,電話その他を通して間接的にコミュニケーションを行う場合も同様である．通信系を通して運ばれる音声信号の品質を,客観的に評価したものを通話品質と呼んでいる．通話品質を測る評価尺度として,明瞭度,了解度,ラウドネス,反復度,自然度など,いくつかの尺度が用いられている．ここでは,その中で最もよく用いられている明瞭度と了解度について簡単に述べてみよう．

　明瞭度は,無意味音節を送話したとき,受話者がそれを何パーセント正しく受け取ったかを示す尺度である．特に,単音節に対する受話者側の正答率を**音節明瞭度**と呼び,音節をさらに分解して,子音と母音,あるいはその他の単音に対する正答率を求めたものを**単音明瞭度**と呼んでいる．明瞭度の試験には,通常,熟練した評定者を用い,試験を実施するときの方法や音節表の構成については,一定の規約を定めておくのが普通である．

　明瞭度が無意味音節の評価であるのに対し,**了解度**は,言語として意味のある単語あるいは短文が,どれだけ正確に相手に伝わったかを測る尺度である．単語に対しては単語了解度,文章に対しては文章了解度と呼ばれている．了解度試験では,したがって,送話すべき内容が重要であり,内容によって評価の値が異なることが当然考えられる．送話リストの構成については,今の所はっきりした基準がない．

　明瞭度を客観的に評価するため,試験結果の統計処理に様々な工夫が加えられ,音声伝送系の周波数特性,妨害雑音や騒音の特性を考慮した明瞭度計算方法の研究が進められている．その端緒は,1920年代にイギリスにおいて開かれ,主にイギリスとアメリカで多くの研究がなされ,改良が重ねられている．日本では,三浦らによって研究が着手され,その成果は電話の通話品質の測定に大

いに活用されている．1950年代に，フレッチャーによって明瞭度指数なる概念が導入され，明瞭度を評価する尺度として，現在共通に使われるようになった．すなわち，単音明瞭度を S とすると，明瞭度指数 A は $\log(1-S)$ に比例する量として次式のように表される．

$$A = -(Q/P)\log(1-S) \tag{3.1.5}$$

ここで Q は，明瞭度試験にもちいる音節の種類などによって定まる比例定数であり，言語によって異なる．また，P は明瞭度試験員の熟練度を表す係数で，十分な訓練を受けた試験員では $P=1$ となる．日本語においては，三浦らによって $Q=0.43$ と決定され，米語では，フレッチャーによって $Q=0.55$ の値が発表されている．

(2) 知覚単位と文脈

日常，我々は音声を通して直接あるいは間接的に他人とコミュニケーションを行っている．他人の言葉を理解している以上，少なくとも，一つの文の単位では頭の中で処理されており，もっと短いフレーズあるいは単語といった単位でも間違いなく認識が成立しており，これらを '知覚単位' と呼ぶには恐らく大き過ぎる単位であろう．では，音声の知覚単位とは一対何であろうか．

この問題に関しては，古くから様々な実験が行われてきたが，結論として，知覚単位と呼べるようなはっきりした，不変な単位は存在しないといったほうがよさそうである．しかし，知覚すべき単位が全く存在しないということにはならない．我々の聴覚系の内部では，音声と非音声とでは違った処理がなされていると考えられるため，知覚単位として，それらは異なっているであろう．また，同じ音声でも，時々刻々の変化の中で，その時点毎に異なった単位で処理されているのかも知れない．

母音 (V)，子音 (C) のような言語学的な単位が知覚単位としてきれいに対応しているであろうか．あるいは，最も素直な考え方として，発声の最小単位 (日本語では CV 音節) がそのまま知覚単位になっているであろうか．恐らく両方とも否であろう．例えば，明瞭に発声された連続音声中から CV 音節を切り出して，被験者に，何と発声しているかを判断させた実験がある [21]．その結果，正しく認識されたのは半数以下であった．また，その音節の前後に 1 音節づつを含めた 3 音節の単位で切り出したときにはほぼ 100 ％の正確さで音節の認識

が可能であった．この結果を直ちに知覚単位と結び付けるのはやや難があるが，もし知覚単位と呼べるものがあるとすれば，それは恐らく 1 音節と 3 音節の間くらいにあるであろう．

母音の認識には文脈の影響が強く，時間的にかなり離れた位置にある音韻が母音の知覚に大きく影響する [22]．このような文脈の影響を含めるとすれば，知覚単位としては相当大きな単位となる．一方，音声を音響信号の一部とみなせば，心理実験によって測定された応答潜時に基づく値 100〜200 ms も一つの知覚的処理単位とみなすことができる [23]．

(3) カテゴリー知覚

世の中の様々な物や現象に対し，すべての人が認めるような同一の性質，あるいは同一の使用目的等でグループ分けしたとき，それぞれのグループに名前，すなわち'ラベル'を付与することができる．そのようにラベル付けされたものを'カテゴリー'と呼ぶ．音声には，'ア'，'イ'，'ウ'のようにラベルを付けることのできるカテゴリーが存在し，一つのカテゴリーに含まれる音には共通の性質がある．すなわち，'ア'には誰が聞いても /ア/ と判断できる性質があり，それらは共通のホルマント構造をもっている．外界の刺激に対し，このように，ラベルを付与することのできる知覚過程を**カテゴリー知覚**と呼ぶ．

音声には様々な形のカテゴリー知覚が存在する．音声波形は物理的には連続信号であり，我々が音声を認識することは，この連続信号を離散的なシンボル系列に変換する過程であるといえる．音声に対してはカテゴリー知覚が存在するため，このことが可能となるのである．これに対し，純音や雑音のような音響刺激に対してはカテゴリー知覚が存在せず，連続的知覚となる．すなわち，刺激の (物理的) 連続的変化に対し，高さあるいは強さ等の我々の (心理的) 感覚は連続的な量であり，そのような感覚に対してはラベルを付けることができない．音声信号の場合，特徴パラメータのある値から急激に他のカテゴリーへの知覚が起こる．

非カテゴリー知覚に於いては，通常，刺激の連続的変化に対して，知覚も心理尺度上に於いて連続的に変化する．カテゴリー知覚に於いては，刺激連続体上で，物理的には連続変化であっても，感覚的にはある時点で不連続な知覚が生じる．例えば，英語の破裂子音の知覚に於いて，**VOT** (Voice Onset Time:

破裂時点から母音の立ち上がりまでの継続時間) は, 有声子音–無声子音の判断に最も重要な cue (手掛り) を与える. すなわち, VOT が短い場合には有声子音が知覚され, 長い場合, ある時点で急に無声子音の知覚が起こる. このとき, カテゴリーの境界付近では, 人間の感覚は刺激の変化に敏感になる.

子音がカテゴリー知覚であることは早い時点から実験的に確かめられていたが, 母音に対しては, カテゴリー知覚が成立しないと長い間信じられてきた. 実験的な確証が得られなかったためである. 藤崎らは, 日本語の母音に対しても明らかにカテゴリー知覚が成立することを実験的に示した [24]. 図 **3.12** がその実験結果である. 第 1, 第 2 ホルマント平面上で, /i/ から /e/ の領域にわたってホルマント周波数を等間隔に変化させたとき, 母音の同定 (下図) と弁別感度 (上図) を第 1 ホルマント周波数を横軸にとって図示したものである. 母音判断の境界付近で, 等間隔の刺激変化にも拘らず, 明らかに感度の上昇が見られる. 弁別実験は通常 ABX テスト[*1] に基づいて行われるが, 藤崎らはこの実験結果

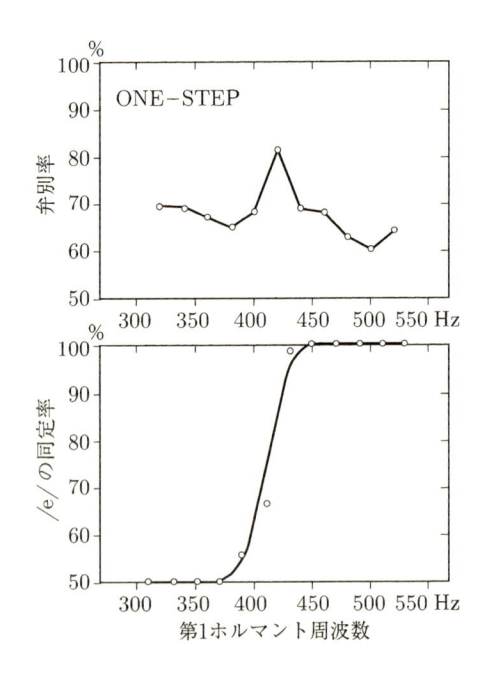

図 **3.12** 母音の同定と弁別 [24]

[*1] ABX テストは刺激 X が, 刺激 A,B のどちらと同じかどうかを判断する心理テストである.

を基に，ABX テストに含まれる音声知覚過程のモデルを提案した．そのモデルによれば音質の知覚と音韻判断が並行して行われ，短期記憶に蓄えられる．A と B が同一カテゴリーに属すると判断された場合は，連続知覚のモードになり，別のカテゴリーと判断された場合はその結果に基づいて弁別が行われる．すなわち，同定が弁別に先行するというモデルである．

3.2 音声の生成モデル

3.2.1 音源モデル

音声の生成における音源は，2.2.2 項で述べたように声帯振動によって生じる**有声音源**，喉頭や声道の狭めによって生じる**乱流雑音源**，それに破裂の際に生じるパルス的な**破裂音源**に分けられる．有声音源のモデルとしては，実際の声帯の機械的振動と声門での流体との相互作用を考慮にいれたいわゆる**実体モデル**と，声門体積流波形を関数で表現したり，線形系の適当な入力に対する応答で近似するいわゆる**記述的モデル**がある．前者の典型的な例が石坂・松平 ([25]) の 2 質量モデルである．後者は音源特性を考慮した音声分析法の開発 [26] や高品質な音声合成のための音源モデルを簡便に実現する目的で研究されてきた [27][28]．本節では，まず 2 質量モデルについて概観した後に，記述的モデルの例を紹介する．また，乱流雑音源については，スポイラーモデルにもとづいたモデル [29] を紹介しよう．

(1) 声帯の 2 質量モデル

石坂・松平は 2.2.2 項で述べたように，それまで自身らも含めた多くの研究者によって数理的に解析されてきた，いわゆる 1 質量モデルの不具合を克服するために，2 質量モデルという画期的な着想を得て，声帯の振動機構に関する近似度の良いモデルを提案した．そして，その計算機シミュレーションから実際の振動の様子を非常によく説明できることを示した (第 2 章文献 [3])[25]．

気流の圧力と声門面積変化に関する関係式が，声帯の持続振動にどのように寄与するかについて考えてみよう [30]．**図 3.13** に示すように，声帯を上唇と下唇に分け，2 質量 m_1, m_2 がばね (スチフネス s_3) で結合している声帯の 2 質量

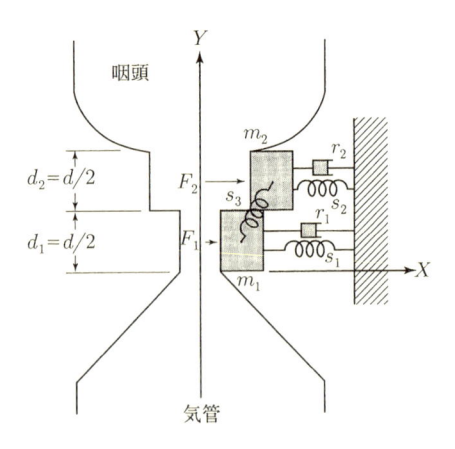

56 第 3 章 音声の知覚と生成モデル

図 3.13 声帯の 2 質量モデル [30]

モデルを考える．

両側声帯 m_1, m_2 の平衡点からの微少変位を x_1, x_2 とする．m_1, m_2 の内側の表面積 S_1, S_2 に働く力，F_1, F_2 は (3.2.1)，(3.2.2) のように近似できる．

$$F_1 = \phi(x_1 - x_2) \tag{3.2.1}$$

$$F_2 = 0 \tag{3.2.2}$$

ただし ϕ は石坂・松平が導入した空気力学的等価スチフネスで，声門下圧の変化と声帯の長さに比例し，両声帯間の距離に反比例する量である．

(3.2.1)，(3.2.2) の力 F_1, F_2 が 図 3.13 の m_1, m_2 に加わることから，次の運動方程式が成り立つ．ただし r_1, r_2 は摩擦抵抗を示す．

$$\frac{m_1 d^2 x_1}{dt^2} + \frac{r_1 dx_1}{dt} + s_1 x_1 + (s_3 - \phi)(x_1 - x_2) = 0 \tag{3.2.3}$$

$$\frac{m_2 d^2 x_2}{dt^2} + \frac{r_2 dx_2}{dt} + s_2 x_2 + s_3 (x_2 - x_1) = 0 \tag{3.2.4}$$

この力学系が不安定解をもつ条件を求め，物理的実現性を考慮すると，振動が持続するための必要条件として次式が得られる．

$$s_1 + s_3 > \phi > s_3 \tag{3.2.5}$$

(3.2.5) から，振動が持続するためには，流体力学的スチフネス ϕ が 2 質量の結合ばねのスチフネス s_3 より大きくなければならず，また s_3 は大きすぎてはい

けないことを意味している．ちなみに s_3 の非常に大きい場合が 1 質量モデルに相当する．また，2 質量モデルを発展させた 3 質量モデルや連続体モデル等も考えられている [31]．

(2) 記述的モデル

ここでは記述的モデルの例として Rosenberg-Klatt モデル (RK モデルと略称) を紹介しよう [27]．

RK モデルは，基本となる有声音源波形生成部とそれに続く低域フィルタ (LPF) からなる．口唇での放射特性を微分特性で近似し，その放射特性を含めた微分有声音源波形の生成モデルを考えている．RK モデルの微分基本波形 $U_b'(t)$ は次式で与えられる (**図 3.14**)．

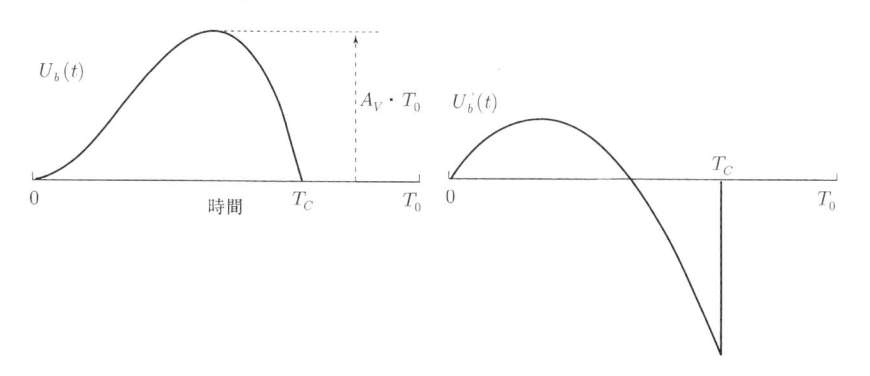

図 3.14 Rosenberg-Klatt の有声音源基本波形

$$U_b'(t) = \begin{cases} 2at - 3bt^2, & 0 < t \leqq T_0 O_Q \\ 0, & T_0 O_Q < t \leqq T_0 \end{cases} \quad (3.2.6)$$

$$a = 27A_V/4O_Q^2 T_0, \quad b = 27A_V/4O_Q^3 T_0^2, \quad O_Q = T_C/T_0$$

ここで T_0 は基本周期，O_Q はモデルの声門開放率 ($U(t)$ の開放率とは違うことに注意) で T_C/T_0 で与えられる．また，A_V は基本波形 $U_b(t)$ の振幅パラメータであり，$U_b(t)$ の最大値は $A_V \cdot T_0$ で与えられる．$U_b'(t)$ はスペクトル傾斜パラメータ T_L をもつ LPF を通って最終的な有声音源波形になる．T_L は LPF のスペクトル傾斜パラメータで，具体的には零周波数 (直流) に極をもつ 2 次共振器の振幅特性の 0 Hz と 3 kHz でのレベル差 (dB) である．

(3) 乱流生成モデル

摩擦音は喉頭や声道途中の狭めによって生じる乱流雑音を音源として生成される．音声生成の観点から我々が知りたいことは，乱流雑音の発生条件，乱流雑音源の位置，その強さ，周波数スペクトル特性，である．乱流の発生条件については，**レイノルズ数** $R_e (= \rho V_c h / \mu)$ が臨界レイノルズ数 R_{ec}(約 2000) を超えるということである．ここに，ρ は空気密度，V_c は狭めでの空気の粒子速度，h は狭めの実効径，μ は空気の粘性係数である．発生する乱流雑音の位置と大きさについては種々の研究がある．

マイヤー-エップラー (Meyer-Eppler) はモデル実験を行って，狭めからの放射音圧はレイノルズ数の 2 乗に比例するという実験式を得た [32]．また，放射音圧は $V_c^2 A_c$ に比例するとした．ここで，A_c は狭めの実効面積である．ファント (G. Fant) は乱流雑音源を回路に直列に音圧源として挿入した等価回路を初めて与え，雑音源の位置は狭め付近と考えた．また，雑音源の大きさは狭めでの粒子速度 V_c^2 に比例し，狭めの面積 A_c には依存しないとした．一方，スティーブンス (K.N. Stevens) は飛行機に使われるスポイラーモデルを考え，流体音響学に関するそれまでの理論的および実験的検討結果を参考にして，音圧源の大きさ P_s は，

$$P_s \sim V_c^3 \sqrt{A_c} \tag{3.2.7}$$

で与えた [29]．また，音源の位置は狭めの前方に空間的に分布すると考えた方が摩擦性音声のスペクトルを説明するのに都合がよいことを見いだした．雑音源の周波数スペクトルは模型実験で測定されており，約 −8 dB/oct 程度の右下がりの傾向を示す [33]．

3.2.2 韻律の制御

音声の特徴のうち，イントネーション，アクセント，リズムを韻律的特徴と呼ぶ．**韻律** (prosody) は，言語の弁別的特徴を付与する役割と，発話者の意図や態度といったパラ言語情報，さらに感情，情動などの非言語情報を伝達する役割を担っている．したがって，韻律の分析，制御，モデル化は，

- 音声生成の立場から，調音器官の動作をモデル化し，韻律生成の機構を

解明する.
- 音声合成の立場から，韻律的特徴と言語情報の関係を表すモデルを構築し，文に対する韻律パラメータの制御を行う.
- 音声認識の立場から，韻律的特徴を利用して，認識の結果のあいまい性を除去する.
- 音声合成の品質を多様化させたいという立場，および談話の理解分析など，パラ言語情報や非言語情報と韻律特徴の関係を究明する.

など，種々の目的があり，その目的に応じた方法が提案，研究されている．音声合成のための韻律制御では，合成システムで利用可能な情報と実際の韻律特徴の関係を数理的に求めることが一般に行われるが，これは第6章で述べる．ここでは，音声生成や，聴取機構を考慮した韻律制御・モデル化について紹介する.

(1) 基本周波数軌跡の制御

音声の周期性はすでに説明した声門波形の周期性により生成され，その周波数は基本周波数 (fundamental frequency, F_0) またはピッチ (pitch), と呼ばれ，この時間変化パターンすなわち基本周波数軌跡 (F_0 contour) によって，イントネーション，アクセントが知覚される．基本周波数軌跡を決定する要因は，言語情報やパラ言語情報など極めて多種多様であり，音声合成の立場では，これらの要因と観測される基本周波数パターンとの関係に関する規則化あるいはモデル化が必要である．最近では，扱えるデータ量が増えたこともあり，数量化I類などに代表される要因とパターンの関連の統計的数理モデルがよく用いられている.

一方，生成過程を機能的に近似するモデルとしては，藤崎モデルが代表的である [34]．**図 3.15** に示すこのモデルでは，対数基本周波数パターンが，文頭から文末に向かう緩やかな下降に対応する**フレーズ成分**(phrase component) と，局所的な起伏に対応する**アクセント成分**(accent component) の和として表現されるとしたうえで，フレーズ成分，およびアクセント成分を，それぞれ臨界制動2次線形系のインパルス応答とステップ応答で近似している．対数基本周波数 $\ln F_0$ は，時刻 t の関数として次式で与えられる.

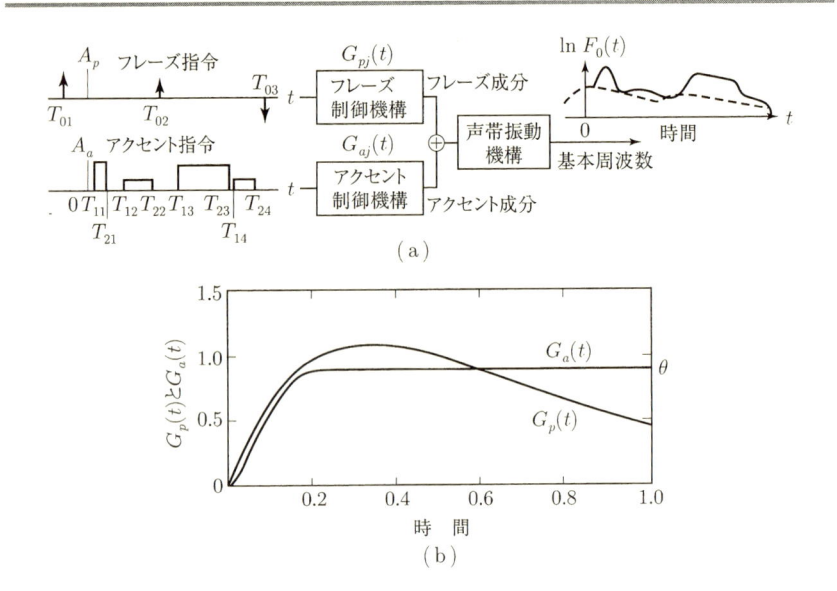

図 3.15 文音声のピッチパターンの生成. (b) はフレーズ成分 $G_p(t)$ およびアクセント成分 $G_a(t)$. [35]

$$\ln F_0 = \ln F_{\min} + \sum_{i=1}^{I} A_{p_i} G_{p_i}(t - T_{0_i})$$

$$+ \sum_{j=1}^{J} A_{a_j} \{G_{a_j}(t - T_{1_j}) - G_{a_j}(t - T_{2_j})\} \qquad (3.2.8)$$

A_{p_i} ：文中の i 番目のフレーズ指令の大きさ
A_{a_j} ：文中の j 番目のアクセント指令の大きさ
$F_{\min}$ ：基底周波数
I ：1文中のフレーズ指令の数
J ：1文中のアクセント指令の数
T_{0_i} ：i 番目のフレーズ指令の開始点
T_{1_j} ：j 番目のアクセント指令の開始時点
T_{2_j} ：j 番目のアクセント指令の終了時点

ここで $G_{p_i}(t)$, $G_{a_j}(t)$ は，それぞれフレーズ制御機構のインパルス応答関数，アクセント制御機構のステップ応答関数であり，次式で与えられる．

$$G_{p_i}(t) = \begin{cases} \alpha_i^2 t \exp(-\alpha_i t) & (t \geq 0) \\ 0 & (t < 0) \end{cases} \tag{3.2.9}$$

$$G_{a_j}(t) = \begin{cases} \min[1 - (1 + \beta_j t)\exp(-\beta_j t), \theta_j] & (t \geq 0) \\ 0 & (t < 0) \end{cases} \tag{3.2.10}$$

α_i ： i 番目のフレーズ指令に対するフレーズ制御機構の固有角周波数
β_j ： j 番目のアクセント指令に対するアクセント制御機構の固有角周波数
θ ： アクセント制御機構のステップ応答関数の上限値の固有角周波数

これらのパラメータのうちフレーズ/アクセント指令の大きさ，タイミングは発話内容により大きく変化し，$F_{\min}$ は話者の性別・年齢により大きく変わるが，$\alpha_i, \beta_j, \theta$ は，話者，発話内容によらずほぼ一定の値をとる．これらを含めたパラメータを適当に選ぶことにより，基本周波数パターンの近似を行う．

実音声から藤崎モデルのパラメータを求めるには，言語情報を制約条件として，Analysis-by-Synthesis(**AbS**) 法によって逐次近似が用いられる．ただし，観測基本周波数パターンは，フレーズ／アクセント成分が重畳した結果であり，パラメータ数も多いことから適切な言語的制約を考慮しないと，両者の分離が困難になる場合がある．

さらに詳細なモデル化を目指し，藤崎モデルで表現がやや困難となる基本周波数の下降をモデル化する，ダウンステップ (downstep) モデルなどの検討がなされているが，生成機構に基づいた手法で，日本語のピッチパターンの良好な近似が得られる藤崎モデルは，原型の提案から 30 年が経つ現在でも日本語音声合成の基本周波数制御モデルとして広く利用されている [34]．

(2) 音韻時間長の制御

日本語の音韻時間長で最も顕著な特徴は，「モーラ」(mora) と呼ばれる拍が言語の弁別に利用されることである．「おじさん」と「おじいさん」，「異端」と「一旦」は音素特徴系列としては同じであり，その相違は，音韻時間長の相違による．音韻時間長制御の課題は，基本周波数軌跡の制御と同様，音声合成における自然な時間構造の再現課題として取り組まれることが多い．音声合成における韻律制御では，言語的な特徴や発話スタイルなどの要因を直接扱わず，それらを含むデータベースから，制御可能な要因と音素の時間長との関連を数理的

に求めることが一般的に行われ，調音機構に基づくモデル化の研究例は少ない．

その中で言語・非言語情報の入力から音声信号が生成されるまでのモデルである C/D モデルは，時間構造を含めた音声生成全体をモデル化している数少ない例である (**図 3.16** 参照 [36])．C/D モデルでは，音節系列や文の構造に対応する入力から音素特徴などのレベルの特徴に変換する Converter(変換器)，その特徴から調音の特徴を出力する Distributor(分配器)，実際の調音機構の動作パラメータを出力する actuator，音声信号を出力する generator により，音声生成機構を表現しており，時間構造は，母音的特徴の変化などを含むゆっくりとした時間変化の上に，子音等の指定により生じる速い調音動作が重畳することで表現している．

音韻時間長の変化についての知覚特性，音韻間の相互作用を実験により明らかにし，それを音韻時間長モデルの評価尺度として利用する研究など，知覚の観点からの韻律の研究が進んでいる．さらに近年の計測技術の進歩によって，発話時の調音器官の 3 次元計測が精度よく行えるようになっている．今後，調音機構，知覚特性に基づいた韻律のモデル化の新たな研究も進んでいくことが予想される．

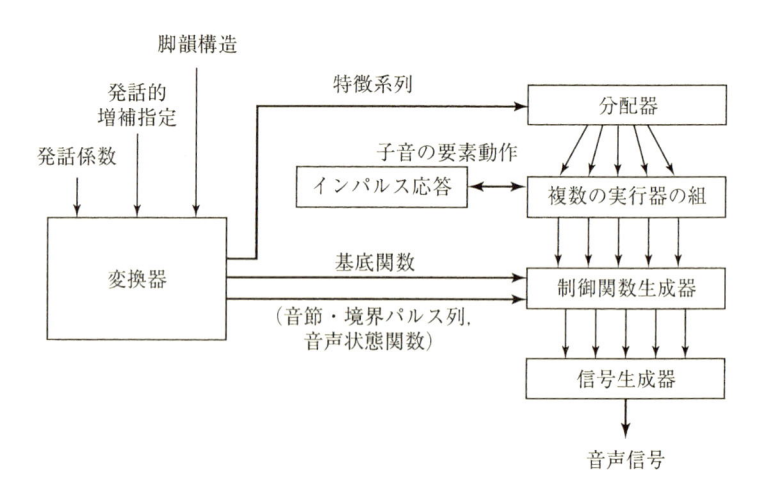

図 3.16 C/D モデルの概念 [35]

3.2.3 声道モデル

音声波形は，発生源が人間の口という特殊な音響器官から生成されたものであるが，一般の音響振動の一部として扱うことができる．したがって，音声の生成と伝搬および性質を記述するための基礎となるのは，通常の物理学的法則である．特に，流体力学や熱力学の諸法則が音波の解析に有力な手段を提供する．声道は一種の**音響管**であるが，音響管モデルを用いて精密な音声の音響理論を組み立てるためには次の点を考慮しなければならない．(1) 声道形における不均一性，(2) 声道形状の時間的変化，(3) 声道壁の粘性および弾性，(4) 声道内壁における粘性摩擦による熱損失，(5) 鼻腔の関与，(6) 唇からの放射特性，(7) 子音発声における音源の位置および励振，などである．これらをすべて考慮した音声生成モデルを構成するのは極めて困難であり，現在の理論やモデルは，声道の形状やエネルギーの損失に関して極めて簡略化された仮定のもとに構成されている．

上で述べたように，音声生成のモデルは，実際の生成過程をできるだけ精度よく近似するため，適当な仮定のもとに簡略化を行っている．さらに，現在の音声情報処理技術の基礎となっているのは音声生成の線形モデルである．すなわち，音源の生成と声道の共鳴を分離し，両者を互いに独立な過程であると見なして，おのおのを電気的等価回路で表現するものである．このようなモデル化は，近似的ではあるが，現実の音声現象を理解するには極めて有用な手段であり，ファントによる音声生成の音響理論 [A3] 以来，音声の分析から合成や認識に至るまで，今日の実用的な音声情報処理技術の基礎になっているといっても過言ではない．

声道の最も簡単なモデルは，**図 3.17** に示すような断面積が一様でなく，しかも時間的に変化する音響管であると考えることができる．音波の波長が管の太さに比べて十分長い場合には，軸方向に平面波が伝搬すると仮定してよく[*1] さらに，管壁での粘性や熱伝導による損失がないものと仮定すると，エネルギー保存則などの物理法則から，管内の音波は次の方程式を満足することが知られている [37]．

[*1] 注音声のもつ言語・個人性などの情報はほとんど 4,000 Hz 以下の周波数に含まれているが，そのような低い周波数帯域では声道断面の実効径が波長に比べて十分小さいので，声道内を伝搬する音波は平面波とみなすことができ，声道内の音圧と体積速度の分布は声道の長さ方向だけに依存する．

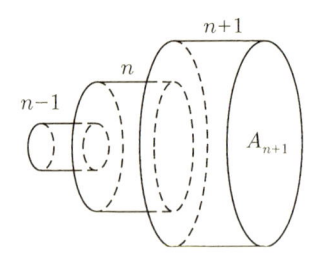

図 **3.17** 直円筒による声道近似

$$-\frac{du}{dx} = \frac{1}{\rho c^2}\frac{dpA}{dt} + \frac{dA}{dt} \tag{3.2.11}$$

$$-\frac{dp}{dx} = \rho\frac{d(u/A)}{dt} \tag{3.2.12}$$

ここで，p は音響管内の音圧，u は空気の体積速度，ρ は管内の空気密度，c は音速，A は管の断面積である．ただし，音圧 p，体積速度 u，および断面積 A はすべて，声門からの距離 x と時刻 t の関数になっている．密度 ρ と音速 c は定数であり，断面積 A は観測可能である．

声道断面積の観測値に関しては，千葉，梶山による先駆的な研究があり [A1]，(3.2.11)，(3.2.12) は p と u に関する連立 1 次の偏微分方程式になるため，原理的には解が求まるはずであるが，実際には厳密解を求めることは，簡単な構造の場合以外はほとんど不可能である．その解を求めるには，まず，管の両端における境界条件が必要である．唇側の境界条件には，放射特性の効果を考慮しなければならず，声門側の境界条件には励振の影響を考慮する必要がある．

もう少し単純化して，そのような境界条件の他に，断面積 A が一様であるような無損失音響管を考えてみよう．通常の声道モデルでは，声道を輪切りにし，いくつかの小さいセクションに区切った場合，各セクションをこのような断面積一定の音響管で近似する方法がよく採られる．今，図 3.17 の音響管は理想的な音源で励振されているとする．すなわち，音源はピストンのようなものであり，管内の音圧変化との相互干渉はなく，独立にしかも任意に動くようなものである．さらに，もう一つの仮定として，管の開口端では空気圧の変化はなく，体積速度 (空気の速度と管の断面積の積) の変化だけが現れるものとする．このようなモデル化は，実際の音声生成モデルとはかなりかけ離れた簡略化で

あるが，数学的な解析が容易であり，このような管を縦続接続することにより，実際の生成過程に幾らでも近づけることができる．

断面積 A が時刻 t によらず一定であるとすると，(3.2.11), (3.2.12) から容易に分かるように，次式が得られる．

$$-\frac{du}{dx} = \frac{A}{\rho c^2}\frac{dp}{dt} \tag{3.2.13}$$

$$-\frac{dp}{dx} = \frac{\rho}{A}\frac{du}{dt} \tag{3.2.14}$$

(3.2.13), (3.2.14) は電気回路による解釈が容易であることを示しており，音圧 p を電圧 v に，体積速度 u を電流 i に対応させれば，上式は無損失の一様伝送線路と等価になることが知られている．すなわち，$A/\rho c^2$ を回路のキャパシタンス C，ρ/A をインダクタンス L とみれば，(3.2.13), (3.2.14) は，

$$-\frac{di}{dx} = C\frac{dv}{dt} \tag{3.2.15}$$

$$-\frac{dv}{dx} = L\frac{di}{dt} \tag{3.2.16}$$

と書き表され，これは電気回路における電圧と電流の関係を示している．

上で述べたように，声道は断面積一定，無損失の音響管の縦続接続として近似できる．各音響管は上式のような電気回路で置き換えることができるため，声道は，したがって上式のような電気回路の縦続接続としてモデル化される．

3.2.4　調音モデル

調音の形そのものをモデル化する試みや，それに付随した調音次元でのパラメータを抽出し，調音運動に即したパラメータの動きをモデル化する試みもある．本節ではこれらについて簡単に見てみよう．

音声合成の初期には，声道の形状そのものを機械的にシミュレートして音声を合成する方法が採られた．これを，**声道アナログモデル**という．しかし，電気回路理論，回路技術や電子計算機の発展と音声生成の音響理論の出現によってこのモデルは姿を消し，回路モデルに取って代わられたのである．合成技術としてはなくなっても，音声現象を理解する上では**調音モデル**は依然として有力な手段であり，これまでにいくつかのモデルが提案されている．

声道の正中断面に於いて，舌を円筒で近似する調音モデルがある [38]．さらに，この**円筒モデル**を発展させ，図 **3.18** に示すように，二つの円筒からなるモデルも提案されている．上顎を半円で近似し，舌の正中断面積を二つの円のつながりで表し，咽頭部および唇部は直線で近似する．このモデルによって得られた 5 母音の調音パラメータは実測値に極めて近い値が得られている．その意味で，このモデルは，実際の調音をかなりよく反映したものであるといえる [39]．

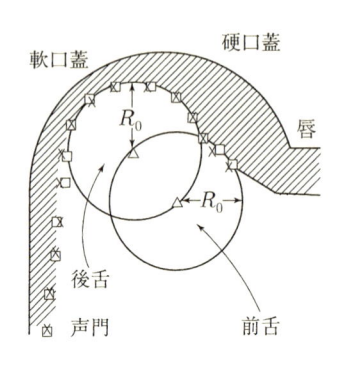

図 **3.18**　声道の 2 円筒モデル [39]

以上のモデルは，声道の正中断面の平面的な形状に基づくいわば 2 次元的な声道モデルである．3 次元モデルの試みもいくつかあり，舌運動を楕円体で構成して精密な考察を行っている [40]．舌の 3 次元モデルもいくつか提案されている [41][42]．舌筋の解剖学的構造を考慮して，舌体を 429 個の要素 (4 面体) に分割し，発話時における舌の運動を有限要素法によってシミュレーションを行っている．舌筋としては，13 種類の独立した舌筋分布を考慮し，X 線写真からトレースされた舌の側面輪郭の形状にできるだけ近づくように舌筋力の組み合わせを求め，舌の立体形状を推定している．これにより，X 線図形との一致が極めて高い立体モデルを得ている．

3.2.5　調音結合モデル

調音結合は，音声を連続発声する際に必ず伴う現象であり，音声自動認識または音声規則合成の技術を確立する上で最大の問題である．音声現象は，離散

符号としての言語情報と連続的な物理現象としての音響信号との関係を表すものであり，両者の間は，いわば調音結合で結ばれているといえよう．音声認識は後者から前者を推定する技術であり，音声の規則合成は，前者から後者を機械的に生成する技術であるといえる．しかし，両者の間には調音結合という大きな壁があり，その規則の定量的な把握が極めて困難であるため，問題を一層複雑にしている．

周波数領域あるいは調音次元でこの調音結合の性質を明らかにし，そのモデルを構成することによって困難を克服しようという試みが古くからある．これらの調音結合モデルのいくつかを次に見てみよう．

(1) 周波数領域での処理

音声を正しく発声する際，それぞれの音素あるいは音節 (ここでは，便宜的にこれらを音韻と呼んでおこう) には固有のジェスチャー (口の構え) があり，その結果，得られた音声信号あるいはスペクトルもまた固有のパターンをもっている．しかし，連続的に発声する場合，発声器官には慣性や摩擦があるため，ある音韻の発声時における口の構えは，単独にその音韻を発声したときの構えとは大きく異なるのが常である．それは，直前に発声された音韻による影響と，次に発声すべき音韻への準備のために，ある種の'なまけ'的な発声になり，通常はターゲット (単独に発声したときの構え) の位置まで達しない．しかも，音声波形上では，音韻と音韻との境界が定かでなくなり，通常は両者のオーバーラップが起こる．

音声の周波数特性は'口の構え'で決まり，特に母音を特徴づけるホルマント周波数は，調音結合の影響を直接受け，連続音声中では本来の周波数 (ターゲット周波数) まで達しないのがほとんどである．これを母音の**中性化**(neutralization)または**縮退**(reduction) と呼んでおり，古くから多くの研究者によって調べられている．エーマン (S.Oehman) は，/VCV/の発声における母音のホルマント周波数を詳細に調べている [43]．子音は，/b/，/d/，/g/の 3 種類，母音は/y/，/ϕ/，/a/，/u/の 4 種類のスェーデン語母音である．これらのすべての組み合わせによる単語を，スェーデン人，アメリカ人，ロシア人の 3 通りの話者に発声させ，母音の定常部と口唇閉鎖区間の直前または直後におけるホルマント周波数の値 (ターミナル周波数と呼ぶ) を記録している．その結果，ターミナ

ル周波数は,子音の種類に固有のものではなく,母音にも大きく依存すること
を明らかにした.この傾向は,特にスェーデン人とアメリカ人の発声に著しい.

リンドブロム (B. Lindblom) は,/CVC/の発声における母音 V のホルマン
ト周波数を調べ,その定式化を試みる [44] と同時に,/wVw/および/jVj/のコ
ンテキストで音声を合成し,中央の母音のホルマント周波数の値と母音知覚と
の関係を調べている.この中で音韻判断境界はコンテキストに依存し,発声の
際だけでなく,我々の聴覚系でもコンテキスト依存性があり,いわば,調音結
合の逆過程の処理を行っているであろうと推測している.

以上の結果は,ある特殊なコンテキストにおいて,調音結合がホルマント周
波数にどのように反映されたかを調べた,いわば現象記述的な研究である.そ
れに対し,音声認識あるいは音声合成の観点から,周波数領域において調音結
合の影響を取り除く試みがある.

発声の最小単位である母音あるいは音節は,連続音声中では,当然調音結合
の影響のために,音響的には様々な変形を受けるが,聴覚的にはどのような影
響となって現れるのであろうか.すなわち,それらが連続音声中から切り出さ
れたとき,個々の音韻は,正確に同定されるだけの十分な情報を保存している
であろうか.また,保存していない場合には,どの程度の文脈を考慮すれば正
確に同定されるであろうか.実験によれば,アナウンサーが明瞭に発声した音
声であっても,連続音声中の個々の音韻は,単独に切り出すと約 50 %しか判定
できないことがわかり,100 %確実に同定するにはその音韻の前後にそれぞれ 1
音節を含めて切り出す必要があることが明らかになった [45].すなわち,調音
結合の影響は,聴覚的には前後 1 音節まで及んでいるといえる.この実験結果
をもとに,中性化した連続音声中の母音に対し,ホルマント周波数の動きを利
用して,周波数領域で中性化の回復を試みている [46].ある時刻 t に於けるホ
ルマント周波数を $x(t)$,補正されたそれを $y(t)$ とすると,$y(t)$ には,時間的に
前後のホルマント周波数 $x(t\pm\tau)$ と現時刻のそれとの差 $x(t) - x(t\pm\tau)$ があ
る重み $w(\tau)$ で貢献しているとする次式のようなモデルである.

$$y(t) = x(t) + \int w(\tau)[x(t) - x(t\pm\tau)]d\tau \qquad (3.2.17)$$

$w(\tau)$ は $\tau = 0$ を中心とするガウス関数であり,その広がり (3σ) は,先の実験
結果を考慮して,ほぼ 3 音節をカバーする範囲である.この定式化を用い,最

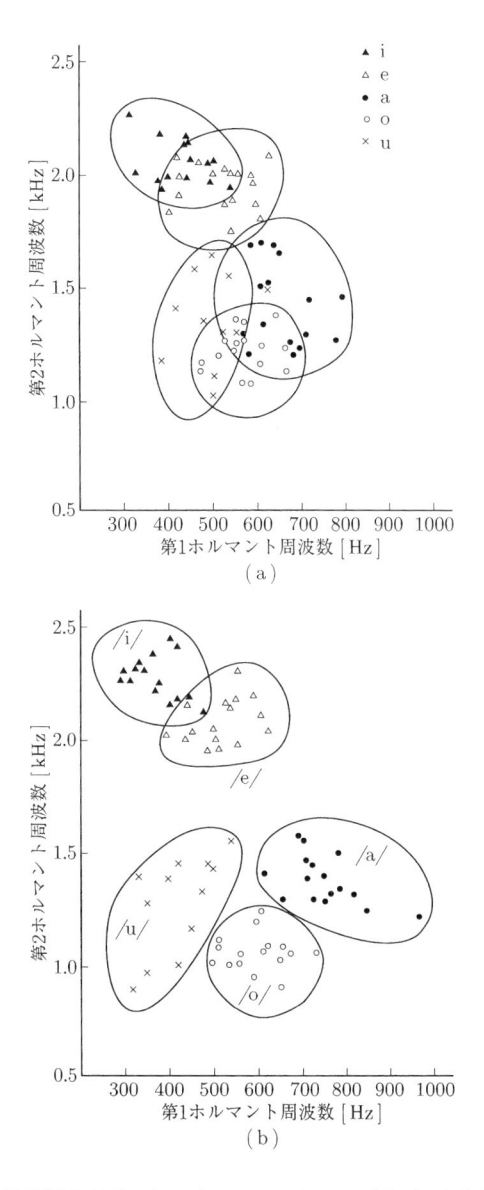

図 3.19 前後関係を考慮した母音のクラスタリング [46]．(a) 適用前の母音のホルマント周波数，(b) 適用後の母音のホルマント周波数

も調音結合の影響が強いと見られる3音節の中央の母音に対するクラスタリングの効果を調べたのが図**3.19**である．(a)は補正前の原ホルマント周波数であり，(b)は上式によって補正された後の第1，第2ホルマント周波数を示している．原音声では5母音間のオーバーラップが著しいのに対し，補正後は，よく母音が分離され，しかも母音間の距離が大きくなっている．

音響的特徴の連続的変化から，言語の離散的な単位である母音の推定が試みられている[47][48]．口腔の動きを2次系のステップ応答で近似し，ホルマント周波数の連続的な変化に対して，それを2次系応答の出力と見なして入力のステップ関数を推定しようというものである．モデルは次式で与えられるような臨界制動2次系のステップ応答とした．

$$F(t) = F_n \{1 - (1 + at)\exp(-at)\} \tag{3.2.18}$$

ただし，F_n はホルマント周波数の値，a はモデルの時定数であり，上式は単位ステップ入力に対する応答を表している．このようなモデルにより，自然に発声された連続母音からホルマント周波数を抽出して母音のセグメンテーションを行い，比較的良好な結果を得ている．

(2) 調音領域での処理

周波数領域での処理に対し，調音器官の動きをモデル化し，調音結合を直接モデル化しようとする試みがある．この方法では，舌，顎，等の調音器官がほぼ最小時間制御によってその動きが支配されることを確かめ，調音運動のモデル化を行っている．二つの音韻 S_1, S_2 に対し，ターゲットの声道断面積をそれぞれ $S_1(x)$, $S_2(x)$ とする．ここで，x は声門からの距離である．$S_1(x)$ から $S_2(x)$ へ移行する途中の声道断面積 $S(x)$ を最小時間制御によって求めるものである．これによって合成された声道断面積から計算されたホルマント周波数は，実測値にかなり近い値が得られることが確かめられた[49]．

前節で述べたように，舌，顎などの形状を6種類のパラメータで表現し，調音モデルを構成した例もある．この調音モデルに基づき，顎および舌を表すパラメータの動特性をステップ入力に対する2次系応答モデルで表現し，その係数の最小2乗誤差推定を行っている[50]．その結果，これらのパラメータの動きは，2次の臨界制動モデルによく一致していることが確かめられた．

同じく，前節で述べた調音モデルに基づいて，調音運動の目標値を，調音パラ

メータの線形推定によって行った例もある [51]．ある音韻に対する調音結合の影響は，前後の音韻との線形結合で記述されると仮定する．すなわち，ある音韻の実測値との差がある重みで加算されているとする．このモデルにより，種々の速さで発声された連続母音に対して調音パラメータの動的処理を行い，母音認識率の大幅な改善を得ている．

第3章の参考文献

[1] G. Bekesy: "Experiments in hearing", Mcgraw-Hill (1960)
[2] T. Watanabe: "Responses of primary auditory neurons to electro-magnetic driving of the eardrum", Journal of Physiology, Vol.15 pp.92-100 (1965)
[3] A. Flock, et al.: "The physiology of individual hair cells and their synapses", Basic Mechanism in Hearing, Academic Press, Inc.
[4] R. Galambos : "Neurophysiology of the auditory system", J.Acoust. Soc. Am., Vol.22, No. 6, pp.785-791 (1950)
[5] Y. Katuki, et al.: "Electric responses of auditory neurons in cat to sound stimulation", Journal of Neurophysiology, Vol.21 pp.569-588 (1958)
[6] 勝木 保次:「聴覚における情報処理」中枢神経系制御II，共立出版, pp. 65-124 (1968)
[7] R. Galambos: "Microelectrode studies on medial genicullate body of cat III", Journal of Neurophysiology, Vol.15, pp.381-400 (1952)
[8] 渡辺 武:「聴覚の神経生理」音声情報処理, 東大出版会, pp.145-159 (1973)
[9] H. Fletcher and W. A. Munson: "Loudness, Its Definition, Measurement and Calculasion", J. Acount. Soc. Am. Vol.5, No. 2, pp. 82-108 (1933)
[10] D. W. Robinson amd R.S. Dadson: "Threshold of hearing and equal-loudness relation for pure tones, and loudness function", J. Acoust. Soc. Am., Vol.29, N0. 12, pp. 1284-1288 (1957)
[11] D. W. Robinson: "The relation between the sone and phon scale of loudness", Acustica, avol.3, pp.344-358 (1953)
[12] S. S. Stevens and J. Volkmann: "The relation of pitch to frequency: a revised scale", Am. J. Psychology, Vol.53, pp.329-353 (1940)

[13] R. L. Wegel and C. E. Lane: "The auditory masking of one pure tone by another and its probable relation to the dynamics of the inner ear", Phys. Rev., Vol.23, pp.266-285 (1924)

[14] J. Eagan and H. Hake: "On the masking pattern of simple auditory stimulus", J. Acoust. Soc. Am., Vol.22, No. 5, pp.622-630 (1950)

[15] L.L.Elliot: "Backward and forward masking of probe tones of different frequencies", J.Acoust.Soc.Am.Vol.34, pp.1116-1117 (1962)

[16] T. H. Schafer, R. S. Gales, C. A. Shewmaker, P. O. Thompson: "The frequency selectivity of the ear as determined by masking experiments", J. Acoust. Soc. Am., Vol.22, No. 4, pp.490-496 (1950)

[17] E. Zwicker and E. Terhardt: "Analytical expressions for critical-band rite and critical bandwidth as a function of frequency," J. Acount. Soc. Am., Vol.68, No. 5, pp.1523-1525 (1980)

[18] A. Liberman: "Some results of research on speech perception", J. Acoust. Soc. Am., Vol.29, No. 1, pp.117-123 (1957)

[19] A. Liberman: "A motor theory of speech perception", Proc. of Speech Communication Seminar, Stockholm (1962)

[20] M. Halle and K. N. Stevens: "Speech recognition: A model and program for research", IRE Trans. IT-8, pp.155-159 (1962)

[21] 桑原 尚夫, 境 久夫:「連続音声中の切り出し母音および音節の音韻知覚」日本音響学会誌, Vol.28, No. 5, pp.225-238 (1972)

[22] P. Ladefoged and D. Broadbent: "Information converyed by vowels", J. Acoust. Soc. Am., Vol.29, No. 1, pp.98-104 (1957)

[23] L. A. Chistovich: "Thmporal couse of speech sound perception", Proc. IV Int. Congr. Acoust., Copenhagen, August (1962)

[24] H. Fujisaki and T. Kawashima: "On the modes and mechanisms of speech perception", Research on Information Processing, Annual Rept. No.1, Faculty of Engineering, Univ. of Tokyo, pp.67-73 (1969)

[25] Ishizaka, K. and Matsudaira, M.: "Fluid mechanical considerations of vocal cord vibration", SCRL Monograph 8, Speech Communications Research Laboratory, Santa Barbara (1972)

[26] Fujisaki, H. and Ljungqvist, M.: "Proposal and evaluation of models for the glottal source waveform", Proc. ICASSP, pp.1605-1608 (1987)

[27] Klatt, D. and Klatt, L., "Analysis, synthesis, and perception of voice quality," J.Acous.Soc.Am., Vol.87, No.2, pp.820-857 (1990)

[28] Fant, G., Liljencrants, J. and Lin, Q.: "A four-parameter model of glottal flow", STL-QPSR, 4/85, pp. 1-3 (1985)
[29] Stevens, K. N.: "Airflow and turbulence noise for fricative and stop consonants: Static considerations", J. Acoust. Soc. Amer., Vol.50, No. 4 (Pt.2) pp.1180-1192 (1971)
[30] Broad, D.: "The new theories of vocal fold vibration", in Speech and Language, ed. N. J. Lass, Academic Press (1979)
[31] I. R. Titze: "Principles of Voice Production", Prentice-Hall (1994)
[32] Meyer-Eppler: "Zum Erzeugungsmechanismus der Geraushlaute", Z. Phonetik, Vol. 10, pp.245-257 (1953)
[33] Shadle, C.: "The acoustics of fricative consonants", RLE Technical Report 506, Massachusetts Institute of Technology, Cambridge, MA (1985)
[34] 藤崎博也，須藤寛: "日本語単語アクセントの基本周波数パターンとその生成機構のモデル", 日本音響学会誌, Vol.27, No. 9, pp. 445-453 (1971)
[35] H.Fujisaki, K. Hirose: "Analysis of voice fundamental frequency contours for declarative sentences of Japanese", J. Acous. Soc. Jpn. (E) Vol. 5, No. 4, pp. 233-242 (1984)
[36] 藤村靖: "発話の記述理論―C/D モデル―", 日本音響学会誌, Vol.55, No.11, pp.762-768 (1999)
[37] M. R. Portnoft: "A quasi-one-dimensional digital simulation for the time-varying vocal tract", Thesis, Dept. of Elect. Enrr. MIT, Cambridge. Mass., June (1973)
[38] C. H. Coker and O. Fujimura: "Model for specification of the vocal-tract area function," JASA, Vol.40, No.5, p. 1271 (1966)
[39] 石崎 俊: "音声生成過程の推定に関する研究", 電子技術総合研究所研究報告第814号 (1981.3)
[40] 比企静雄: "生理的パラメータによる音声合成のための調音機構のモデル", 日本音響学会誌, Vol.27, No.9, pp. 435-444 (1971)
[41] 橋本 清, 大坂谷隆義: "舌筋を考慮した舌のモデルによる舌運動のシミュレーション", 音声研究会資料, S77-78 (1987.3)
[42] 橋本 清, 須賀 伸介, 富田 淳: "3次元・口蓋モデルによるシミュレーション", 音声研究会資料, S82-108 (1983.3)
[43] S.E.G.Oehman: "Coarticulation in VCV utterances: Spectrographic measurements", J. Acoust. Soc. Am., Vol.39, No.1, pp.151-168 (1966)

[44] B. Lindblom, M. Studdert-Kennedy: "On the role of formant transitions in vowel recognition", J. Acoust. Soc. Am., Vol.42, No.4, pp.830-843 (1967)

[45] 桑原 尚夫, 境久夫: "連続音声中の切り出し母音および音節の音韻知覚", 日本音響学会誌, Vol.28, No.5, pp. 225-234 (1972)

[46] 桑原 尚夫, 境久夫: "連続音声中の母音連鎖における調合結合効果の正規化", 日本音響学会誌, Vol.29, No.2, pp. 91-99 (1973)

[47] 板橋 秀一, 横山 晶一: "ホルマント軌跡の自動追跡とその 2 次系モデルによる記述", 日本音響学会, 音声研究会資料 S73-04 (1973.6)

[48] 佐藤 泰雄, 藤崎博也: "ホルマント周波数上での調音結合の定式化と音声自動認識への適用", 日本音響学会誌, Vol.34, No.3, pp. 177-185 (1978)

[49] 有泉 均, 重永 実: "最小時間制御による調音器官の移行", 特定研究第 3 回資料

[50] 白井 克彦, 小林 哲則, 北村洋一: "調音運動分析に基づく母音, 半母音の識別", 日本音響学会, 音声研究会資料, S82-21 (1982.6)

[51] 石崎 俊: "調音モデルを用いた調音結合の動的処理", 日本音響学会, 音声研究会資料, S78-45 (1978. 11)

演習問題 3

3.1 メル尺度とバーク尺度を (片対数) 方眼紙に描き, 比較・考察せよ.

3.2 メル尺度の近似式を用いて, 500, 1000, 2000, 3000 メルに対応する周波数 [Hz] を求めよ.

3.3 1200 Hz, 80 dB の純音と 1600 Hz, 40 dB の純音を同時に聴いた場合, どのように聞こえるか, また, 1200 Hz, 80 dB の純音と 800 Hz, 40 dB の純音の場合はどうか. 1600 Hz の音と 800 Hz の音はいずれも 1200 Hz の音とは 400 Hz 離れているが両者の聞こえに違いが生じるのはなぜか.

3.4 音の大きさに関連するホンとソンの関係を説明せよ.

# 第4章

音声の分析

　音声の分析処理は，音声波信号を観測し，その中から言語音としての物理音響的特徴や発話者の個人性を表す音響的要因などを取り出す操作である．取り出された特徴量は，音声の物理的性質を明らかにするだけでなく，自動認識や合成のための特徴パラメータとして利用される．音声分析の研究では，音声の生成過程モデルや聴覚・知覚モデルに立脚して，音響的特性の解析を行う試みが盛んである．人間の聴覚では周波数分析に近い処理が行われていることが知られているので，音声分析においても周波数分析が基本となる．そして，音声信号波形は1次元の時系列信号として扱われるので，フーリエ変換や z 変換などの信号処理理論が音声分析の基礎となる．

　今日の音声分析のほとんどは，ディジタル計算機を用いたディジタル信号処理によっている．本章でもまず，信号のディジタル化について概説し，次に，ラプラス変換と z 変換に簡単に触れ，周波数分析の基礎であるフーリエ分析について述べる．これらの部分の理論に関しては，既に優れた専門書が出版されているので [A8][A10][1][2]，ここでは理論的部分は最小限に留め，音声分析に適用する場合の留意点などについて述べておく．また，近年，音声分析への適用が多く見受けられるウェーブレット変換 [3][4] についても，実システムへの搭載は少ないので，紙数の関係もあり本章では省略する．

　次に，ケプストラム，自己相関関数，線形予測法 (LPC) について解説する．これらは，現在，音声認識・合成の分野で盛んに用いられている分析技法である．また，その理論が音声の特徴記述と関連して論じられる側面をもっており，本章でも特にこのような観点からの記述に重きを置いている．

後半の3節,基本周波数の抽出,パワースペクトル包絡の抽出,およびホルマントの抽出は,音声の代表的な特徴量の抽出法について述べたものであり,前半の技法の応用である.これらの課題に対する処理法は,音声信号という生のデータを扱っているので,必ずしも明解な議論とはならない部分がある.個々の方法には,それぞれいくらかのノウハウ的要素が含まれる.本書では,これまで提案されてきた多くの手法の中から,基本的でかつ有用と思われるものを選び,それぞれの手法の解説と問題点を指摘しておく.

4.1 音声信号のディジタル化

4.1.1 標本化と量子化

音声信号処理は,およそ1960年代の前半まではアナログハードウェアで実行される実時間処理であった.その後ディジタル計算機が普及し始めると,ディジタル処理のもつ利点から音声分析も急速にディジタル処理へと移行した.ディジタル処理によりアナログ処理に較べてより複雑精密な処理ができ,ハードウェアを制作せずにシミュレーション実験などが可能となった.現在では,音声信号処理も音声波形をディジタル信号化して扱うディジタル処理がほとんどを占めている.また,DSP(Digital Signal Processor)ボードを使用した実時間信号処理も盛んである.

ディジタル信号(digital signal)とは時間と振幅の両方が離散的な信号のことである.そして,ディジタル信号を入出力にもつシステムをディジタルシステムという.アナログ信号をディジタル信号に変換するには,時間方向に規則的な間隔でデータを計測する**標本化**(sampling)と振幅方向の大きさの**量子化**(quantization)が必要となる.標本化の時間間隔を**標本化周期**(sampling rate),これを周波数で表すとき**標本化周波数**(sampling frequency)と呼ぶ.

標本化による元のアナログ信号の復元に関しては,**標本化定理**(sampling theorem)が存在する.すなわち,アナログ信号 $x(t)$ に含まれる周波数成分が W Hz 以下に帯域制限されていれば,その信号は $1/(2W)$ 秒ごとの標本点値で完全に表すことができる.これは,$x(t)$ が次式で復元できるということ述べている.

$$x(t) = \sum_{k=-\infty}^{\infty} x\left(\frac{k}{2W}\right) \frac{\sin 2\pi W\left(t - \frac{k}{2W}\right)}{2\pi W\left(t - \frac{k}{2W}\right)} \tag{4.1.1}$$

ここで，$x(k/2W)$ は $x(t)$ の $t = k/2W, k = 0, 1, 2, \cdots$ における標本値である．$2W = (1/\Delta T)$ Hz (ΔT は標本化周期) のことをナイキスト周波数または**ナイキスト速度**(Nyquist rate) と呼ぶ．

時間領域の信号を $1/(2W)$ 秒ごとの標本値系列で表現することは，周波数領域では $2W$ Hz を周期とするスペクトルが無限に繰り返されることに相当する (次節参照)．**図4.1**はこの様子を示したものである．信号に W Hz 以上の成分があると，図 4.1(c)(d) に示すように，W Hz 以下に折り返されて侵入して来る．これを**折り返し歪**(aliasing distortion) という．音声分析で通常用いられる周波数帯域は，10 kHz($2W = 20$ kHz) 以下で，ほとんどの音声情報はこの帯域内に含まれている．音声分析の多くは，効率を考えて標本化周波数 8〜20 kHz 程度を採用している．しかし，波形の成分としてはそれ以上の周波数成分も含まれているので，標本化の前に折り返し歪を防止するローパスフィルタ (low-pass filter) が必要である．このようなフィルタをアンチエイリアシングフィルタと呼ぶ．

一方，振幅方向の量子化については，振幅を直線的に量子化する線形量子化が基本となる (第 5 章図 5.1(a) 参照)．線形量子化では次の条件が満たされる必要がある．振幅の最大値 $\pm x_{max}$ の信号を，量子化幅 Δ で B ビットに量子化するとき次式が成り立つ必要がある．

$$2x_{\max} \leq \Delta \cdot 2^B \tag{4.1.2}$$

アナログ信号の値 x_i とその量子化後の値 $\hat{x}_i$ との誤差 $e_i = \hat{x}_i - x_i$ を量子化誤差といい，これによる波形の歪を量子化歪という．量子化歪による雑音 (量子化雑音) の程度は，概ね次のようになる．$\{e_i\}$ がランダム白色雑音とすれば，

$(e_i の平均値) = 0$

また，分散はこの平均値の周りの 2 乗誤差の平均となるから

$$(e_i の分散) = \frac{1}{\Delta} \int_{-\Delta/2}^{\Delta/2} u^2 du = \Delta^2/12$$

となる．したがって，B ビット量子化の場合，信号の対量子化雑音比は，信号の平均振幅を $\bar{x}$ とすると

(a)

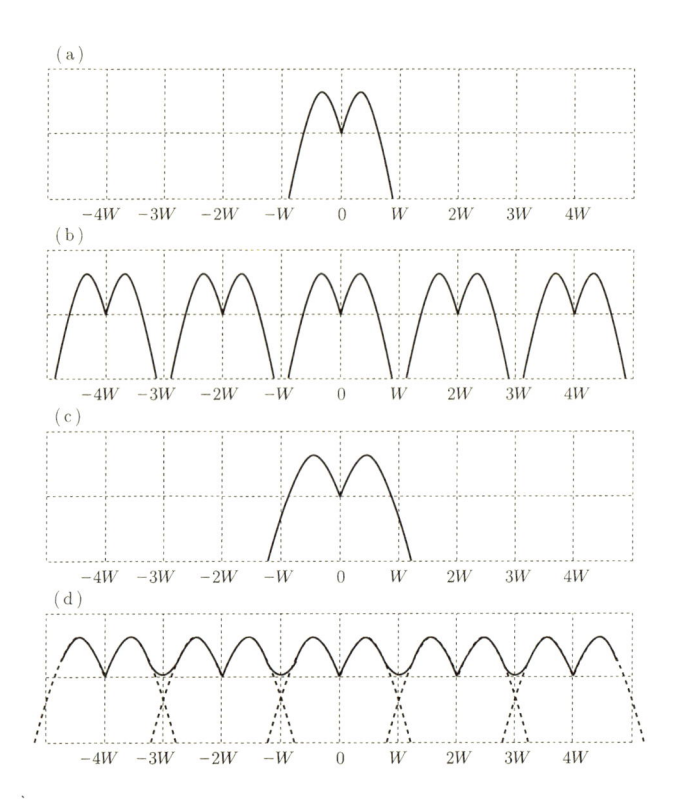

(b)

(c)

(d)

図 4.1 折り返し歪の説明図．元の信号の周波数特性が (a) 図のように 0 〜W Hz の範囲内に収まる成分しかもたない場合，周期 $1/(2W)$ 秒毎に標本化したときの周波数特性は (b) 図のようになる．一方，(c) 図のように W Hz を超えた周波数成分をもつ信号では，同じ周期の標本化後のスペクトルは折り返し歪みが重畳されて (d) 図のようになる．

$$S/N = 10\log_{10}\left\{\bar{x}^2 \bigg/ \frac{\Delta^2}{12}\right\} \tag{4.1.3}$$

となる．

アナログ信号をディジタル信号に変換することを **AD(Analog-Digital) 変換**，この逆の操作を **DA 変換**という．AD 変換の前と DA 変換の後には，アンチエイリアシングフィルタを置く．音声波形のダイナミックレンジは，約 55 dB

ほどあり，線形量子化には通常 10 ビット以上が必要である．母音などの周波数特性が概ね 6 dB/oct の傾きをもっているので，かつては AD 変換のときに 6 dB/oct のアナログフィルタで高域強調を行ったが，近年では，AD 変換後に，ディジタルフィルタによって高域強調を行うことが多い．

4.1.2　ラプラス変換と z 変換 [5]

(1) ラプラス変換

音声分析では，しばしば，音声生成過程を一つのシステムとして捉え，その特性を解析する手法が取られる．このようなシステムの解析に極めて有効な理論がラプラス変換で，電気工学やシステム工学の分野で頻繁に使用される．**ラプラス変換**(Laplace transform) は演算子法の一つであるが，システムの時間領域の応答特性などを演算子 s の領域における操作で直観的かつ深く理解することが可能となる．また，ラプラス変換は連続値系における理論であるが，これに相当する操作として，離散値系には z **変換**(z-transform) がある．ここでは，本書の理解を助けるために簡単にこの二つの変換について説明を加えておく．

関数 $f(t)$ のラプラス変換を $F(s)$ とすると，$F(s)$ は次のように定義される．

$$F(s) = \int_0^\infty f(t)e^{-st}dt \tag{4.1.4}$$

このように定義すると逆に $f(t)$ は下記のような積分で求められ，これをラプラス逆変換という．

$$f(t) = \frac{1}{2\pi j}\int_{\sigma-j\infty}^{\sigma+j\infty} F(s)e^{st}ds \tag{4.1.5}$$

ここで，s は複素数で，$s = \sigma + j\omega$ のように表される．上の二つの変換式をそれぞれ簡単に

$$F(s) = L[f(t)]$$

$$f(t) = L^{-1}[F(s)]$$

のように表す．いま一つの入力と出力をもつシステムがあって，その入力を $u(t)$，出力を $x(t)$ とし，それぞれのラプラス変換を $U(s)$, $X(s)$ とし，このシステムの伝達関数を $F(s)$ とすれば，

$$X(s) = F(s)U(s) \tag{4.1.6}$$

のように書ける.さて,$f(t)$ と $F(s)$ の間の関係には,**表 4.1** のようなものがある.これらによって,例えば,上式で $U(s)$ がインパルス関数で,$F(s)$ が

$$F(s) = \frac{b}{(s+a)^2 + b^2} \tag{4.1.7}$$

のような形をしていれば,表 4.1 から $U(s) = 1$ であり,$X(s) = F(s)$ となる.その応答 $x(t) = L^{-1}[X(s)]$ は a が正のとき同表にあるように減衰正弦波となり,伝達関数 $F(s)$ の極についての考察からその減衰特性などを云々できる.こうした例から s 領域における処理の有用性の一端が理解される.

表 4.1 ラプラス変換の対応表

時間関数	ラプラス変換
$\dfrac{df(t)}{dt}$	$sF(s) - f(0)$
$\int_{\infty}^{t} f(\tau)d\tau$	$\dfrac{F(s)}{s}$
$f(t-\sigma)$	$e^{-\sigma s} F(s)$
$e^{-at} f(t)$	$F(s+a)$
デルタ関数 $\delta(t)$	1
ステップ関数 $u(t)$	$\dfrac{1}{s}$
t^n	$\dfrac{n!}{s^{n+1}}$
e^{-at}	$\dfrac{1}{(s+a)}$
$e^{-at} \sin bt$	$\dfrac{b}{(s+a)^2 + b^2}$
$e^{-at} \cos bt$	$\dfrac{s+a}{(s+a)^2 + b^2}$

(2) z 変換

連続時間系におけるラプラスの変換に対応するものが,ディジタルシステムにおける z 変換である.z 変換の演算子 z^{-1} は,**遅延演算子**を表す.ディジタル信号系列 x_k, $k = 0, 1, 2, \ldots, \infty$ の片側 z 変換 $X(z)$ は次のように定義される.

$$X(z) = \sum_{k=0}^{\infty} x_k z^{-k} \tag{4.1.8}$$

あるいは信号 x_k を単位時間 (標本化周期)ΔT だけ遅らせた信号 x_{k-1} を z 変換で表せば，

$$Z[x_{k-1}] = z^{-1} \cdot Z[x_k] \tag{4.1.9}$$

となる．ラプラス演算子 s 領域における単位時間遅れの表現式との関係から，z と s の関係は次のようになる．

$$z = \exp(s\Delta T) \tag{4.1.10}$$

この式から分かるように，ラプラス演算子 s の左半面 (応答関数の極の実数部が負の側，収束領域) は，z 平面では単位円の内側になる．

4.2　短時間周波数分析

4.2.1　フーリエ変換

フーリエ変換 (Fourier transform) は，時間領域の信号を周波数領域に結びつける上で基本となる理論である．ここでは，アナログ信号における定式化から入り，その後で**離散フーリエ変換** (Discrete Fourier Transform: **DFT**) について述べる．

時間領域の信号を $x(t)$，それに対応する周波数領域の関数を $X(f)$ とするとき，次式の関係

$$X(f) = \int_{-\infty}^{\infty} x(t) e^{-j2\pi ft} dt \tag{4.2.1}$$

$$x(t) = \int_{-\infty}^{\infty} X(f) e^{j2\pi ft} df \tag{4.2.2}$$

を**フーリエ変換対**といい，(4.2.1) をフーリエ変換，(4.2.2) を**フーリエ逆変換**という．(4.2.1) が成り立つためには，その積分が収束することが必要であるから，次の条件が満たされる必要がある．

$$\int_{-\infty}^{\infty} |x(t)| dt < \infty$$

複素関数 $X(f)$ は，その全ての周波数成分を重ね合わせると元の信号 $x(t)$ になるという性質をもつことから，$x(t)$ の**周波数スペクトル** (frequency spectrum) と呼ばれる．$X(f)$ の振幅成分を振幅スペクトル，位相成分を**位相スペクトル** (phase spectrum) という．また $X(f)$ の複素共役を $X^*(f)$ とするとき

$$P(f) = X(f)X^*(f) = |X(f)|^2 \tag{4.2.3}$$

で表される $P(f)$ を**パワースペクトル**という．後に述べるように $P(f)$ は音声の特徴表現において重要な役割を果たす．

信号 $x(t)$ の自己相関関数を $r(\tau)$ とすると，$r(\tau)$ とパワースペクトルには次のような関係があることが知られる．まず，

$$r(\tau) = \int_{-\infty}^{\infty} x^*(t)x(t+\tau)dt \tag{4.2.4}$$

$r(\tau)$ のフーリエ変換を $R(f)$ とすると

$$\begin{aligned} R(f) &= \int_{-\infty}^{\infty} r(\tau)e^{-j2\pi f\tau}d\tau \\ &= \int_{-\infty}^{\infty} x^*(t)e^{j2\pi ft} \int_{-\infty}^{\infty} x(t+\tau)e^{-j2\pi f(t+\tau)}d\tau dt \\ &= \int_{-\infty}^{\infty} x^*(t)X(f)e^{j2\pi ft}dt \end{aligned} \tag{4.2.5}$$

したがって

$$R(f) = X^*(f)X(f) = P(f) \tag{4.2.6}$$

逆に $P(f)$ のフーリエ逆変換は自己相関関数になる．すなわち

$$\int_{-\infty}^{\infty} P(f)e^{j2\pi f}df = \int_{-\infty}^{\infty} X^*(f)X(f)e^{j2\pi f}df = r(\tau) \tag{4.2.7}$$

(4.2.6) と (4.2.7) は，**ウィーナ-ヒンチン (Wiener-Khinchine) の定理**と呼ばれる．

(4.2.1) によれば，周波数スペクトル $X(f)$ を得るには $x(t)$ の過去から未来までの全ての値が必要となる．しかし，この前提は現実的ではなく，また音声信号は時間的に変化する．そこで，音声信号の周波数スペクトルを扱うときには，**図 4.2** に示すように，数ミリから数十ミリ秒の短い区間の信号を切り出してその特性を計算する方法が取られる．これを**短時間フーリエ分析**といい，得

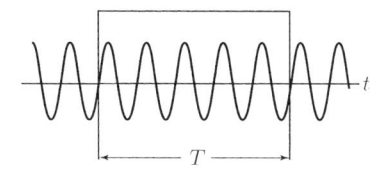

図 4.2 波形の切り出し窓

られるスペクトルを短時間スペクトルと呼ぶ．音声分析では，この短時間スペクトルの時系列を特徴量の基本とすることが多い．

4.2.2 離散フーリエ変換 (DFT)

時間領域の信号 $x(t)$ のサンプル値列を x_k, $k = 0, 1, 2, \ldots, N-1$, $X(f)$ に相当する離散値を $X(n)$, $n = 0, 1, 2, \ldots, N-1$ とし，サンプリング間隔を ΔT, $\{x_k\}$ の区間長を $T(= N\Delta T)$ とする．このとき，離散値系では次のような**離散フーリエ変換対**が定義される．

$$X_n = \sum_{k=0}^{N-1} x_k e^{-j2\pi nk/N} \tag{4.2.8}$$

$$x_k = \frac{1}{N} \sum_{n=0}^{N-1} X_n e^{j2\pi kn/N} \tag{4.2.9}$$

DFT を能率良く計算する手法として**高速フーリエ変換**(Fast Fourier Transform, **FFT**) がある．FFT のアルゴリズム等については他書を参照されたい [A8]．DFT と連続値系における変換 (4.2.1) が一致するためには，次の条件を満たすことが必要である．

① 信号 $x(t)$ が周期 T の周期関数であること，すなわち

$$x(t) = x(t + nT), \quad t = 0, \pm 1, \ldots, \pm N - 1$$

② $X(f)$ が W Hz に帯域制限されていること，すなわち

$$X(f) = 0 \quad \text{if} \quad f \geqq W$$

③ 標本化周波数がナイキスト周波数より大きいこと，すなわち

$$\Delta T \leqq 1/(2W)$$

実際の音声信号分析を考えた場合，とりわけ①の条件に注意する必要がある．

②,③の条件はローパスフィルタを通すことによってほぼ満足させることができる．これに対して①の条件を満たすことは，一般には困難である．音声波形は生体から発せられる物理現象であるから揺らぎが存在し，厳密に周期関数であるということはない．ピッチ構造をもつ有声音区間の波形はおおむね周期性があるが，その周期性も一定ではない．DFT では信号の周期の整数倍でない区間を切り出すと，信号波形をその切り出した長さを周期とする周期関数とみなすため，図 4.2 からも分かるように，一般には切り出した波形の両端で不連続が生じる．このような切り出しによる不連続をなくすために，通常，切り出した区間の両端の重みを小さくするような重み関数を掛けることが行われる．この関数を**窓関数** (window function) あるいは**時間窓**という．波形を単純に切り出すことは，方形の窓を掛けることに相当するといえる．

4.2.3 分析における時間窓 [1]

前節で述べたように，短時間フーリエ分析では時間窓が重要な問題になる．いま，信号 $x(t)$ に窓関数 $w(t)$ を掛けたとすると，そのフーリエ変換は次式のように，それぞれのフーリエ変換，$X(f)$ と $W(f)$ の畳み込みになる．

$$\tilde{X}(f) = \int_{-\infty}^{\infty} x(t)w(t)e^{-j2\pi ft}dt = \int_{-\infty}^{\infty} X(f')W(f-f')df'$$
$$= X(f) * W(f) \qquad (4.2.10)$$

$w(t)$ は時間軸上の有限の区間で定義される関数であることが前提となるので，$W(f)$ は周波数軸上に広がりをもった関数となり，時間窓は信号のスペクトルの形と分解能に影響することになる．時間窓として用いられる代表的な関数としては，方形窓，ハミング窓，ハニング窓，ブラックマン窓などがある [1]．下記に，前 2 者を取り上げて概説する．なお，音声分析では窓の長さ T は，通常，20～30 ミリ秒程度である．

① **方形窓 (rectangular window)**

これは最も単純な窓で次のように定義される (**図 4.3**)．

$$w(t) = \begin{cases} 1 & \text{if} \quad |t| \leqq T/2 \\ 0 & \text{if} \quad |t| > T/2 \end{cases} \qquad (4.2.11)$$

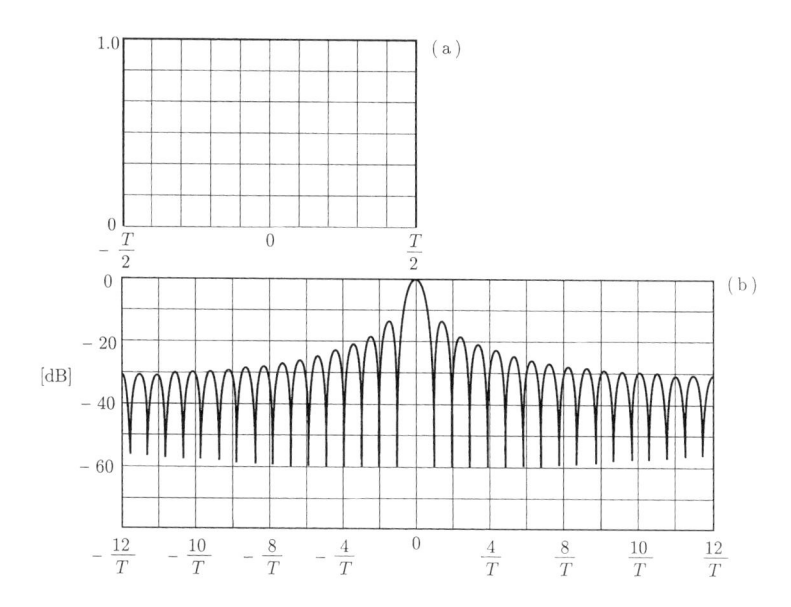

図 **4.3** 方形窓の特性 (a) 時間窓，(b) 周波数特性

このとき

$$W(f) = \frac{1}{\pi f}\sin(\pi f T) \tag{4.2.12}$$

方形窓は切り出した波形に全く歪を与えないので，窓長が波形の周期成分の整数倍であれば前節の条件①に合致し最も望ましいが，窓の両端で波形に大きな不連続があるとスペクトルの歪が大きくなる．中心周波数から $1/T$ Hz のところに最初の極ができ，中心部での分解能は良い．

② ハミング窓 (Hamming window)

次式のように定義される (図 4.4)．

$$w(t) = \begin{cases} 0.54 + 0.46\cos(2\pi t/T) & \text{if } |t| \leqq T/2 \\ 0 & \text{if } |t| > T/2 \end{cases} \tag{4.2.13}$$

$$W(f) = \frac{0.54}{\pi(fT-1)}\sin(\pi f T) + \frac{0.23T}{\pi(fT+1)}\sin\pi(fT+1)$$

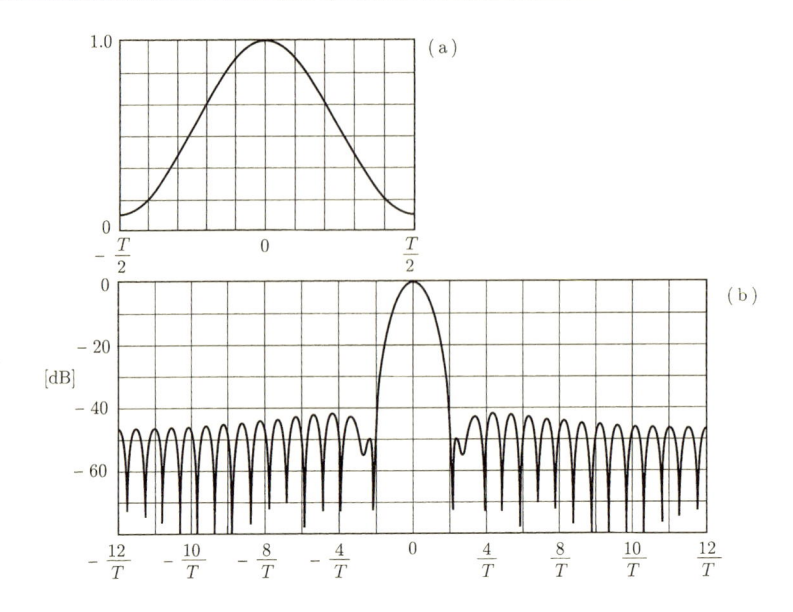

図 4.4 ハミング窓の特性. (a) 時間窓, (b) 周波数特性

$$+ \frac{0.23T}{\pi(fT-1)} \sin \pi(fT-1)$$

よく使用される分析窓であり，隣接した周波数成分の分解能を上げるのに適している．

4.3 ケプストラム分析[A8]

ケプストラム (cepstrum) は，信号波形のパワースペクトルの対数のフーリエ変換として定義される [2]．一般に，複数の信号が畳み込みの形で結合されているような信号の解析に有効である．地震波の解析や，音声の基本周波数の抽出 [6]，パワースペクトル包絡の推定などに広く用いられている．ケプストラム分析は，より一般的な信号処理の概念である準同形処理の一部であるとみることができる．準同形処理とは，畳み込みの形で表されている複数の信号を，和の形で扱える領域に変換して処理する方式のことをいう．

音声信号 $x(t)$ は，有声音区間では声帯の振動によって得られる駆動音源波 $s(t)$ と声道のインパルス応答波 $v(t)$ の畳み込みによって表される．唇からの放射特性は顕著な共振をもたないので，ここでは省略する．連続値表現では，

$$x(t) = \int_{-\infty}^{\infty} s(\tau)v(t-\tau)d\tau \tag{4.3.1}$$

となる．$x(t), s(t), v(t)$ のそれぞれのフーリエ変換を $X(f), S(f), V(f)$ とすれば，

$$|X(f)| = |S(f)| \cdot |V(f)|$$

と書ける．この式の両辺の対数をとると

$$\log|X(f)| = \log|S(f)| + \log|V(f)| \tag{4.3.2}$$

この式は，時間領域において畳み込まれた信号 $s(n)$ と $v(n)$，すなわち音源波成分と声道伝達特性が和の形で表されていると見ることができる．そこで，上式の両辺に f を独立変数とするフーリエ変換を行う．

$$F[\log|X(f)|] = F[\log|S(f)|] + F[\log|V(f)|] \tag{4.3.3}$$

いま，一つの典型的な音声サンプルのスペクトルを例にとってこの処理を説明しよう．まず，(4.3.2) の左辺に相当するパワースペクトルは**図 4.5**(a) のようになり，ホルマント構造をもつ声道成分のスペクトル $V(f)$ に，基本周波数に相当する成分 $S(f)$ が重畳しているように観察される．果たして，(4.3.3) の変換の結果は図 4.5(b) のようになり，基本周波数の成分がそれに相当する周期の位置に大きいピークとして表れる．一方，この図の低次に相当する成分は元の周波数スペクトルの大局的な形を表している．まとめると，ケプストラム分析の流れをブロック図にして表すと**図 4.6** のようになり，ケプストラム分析は，その高次係数の特性から基本周波数抽出 (4.6.3 項参照) に，また低次係数はパワースペクトル包落推定 (4.7.3 項参照) に用いられる．

ところで，図 4.5(b) のスペクトル，すなわち (4.3.3) 左辺に相当するスペクトルは，その提案者である Bogert 等によって，スペクトル (spectrum) をもじって**ケプストラム** (cepstrum) と名付けられた．その変数は **ケフレンシー** (quefrency) と呼び，次元は時間となる．

(a) 周波数スペクトル（対数振幅）

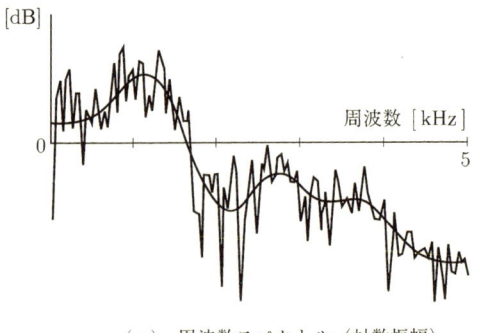

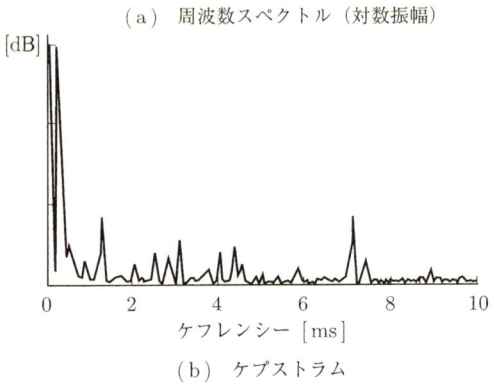

(b) ケプストラム

図 4.5 周波数スペクトルとケプストラムの関係．7 ms 付近のピークが基本周波数に対応する．

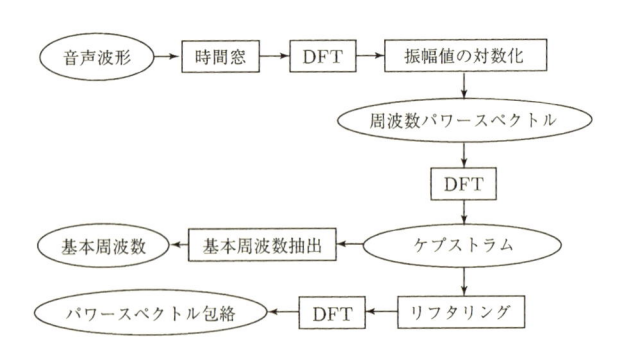

図 4.6 ケプストラムの計算手順と分析系統

4.4 零交叉数と自己相関関数

零交叉数と自己相関関数は，いずれも音声波形から直接計算される音声の特徴を表す変量である．その計算アルゴリズムが単純であることから，それぞれ自動認識のためのパラメータとして利用されることがある．また，自己相関関数はその性質上，基本周波数の抽出に広く利用されている．

4.4.1 零交叉波と零交叉数

音声信号 $x(t)$ を，$x(t) \geqq 0$ のとき $x(t) = 1$, $x(t) < 0$ のとき $x(t) = -1$ と変形した波形を**零交叉波**と呼ぶ．零交叉波は，情報圧縮が大きく一定振幅という扱い易さから，かつてはよく利用された．このように変形された波形でも元の音声信号の情報が残されていることが聴取試験などによって確かめられている．

零交叉波が，一定の時間内にその符号を変える回数を零交叉数という．**零交叉数** (number of zero crossings) は，摩擦子音などのように波形の振幅が小さい音韻の区間で大きい値をもつので，音声区間の決定などにおいて，音声パワーの相補的変量としてしばしば利用される．

4.4.2 自己相関関数

信号 $x(t)$ の**自己相関関数** (autocorrelation function) は，次式で定義される．

$$r(\tau) = \lim_{T \to \infty} \frac{1}{2T} \int_{-T}^{T} x(t)x(t+\tau)dt \tag{4.4.1}$$

離散系では，サンプルの総数を N として

$$r_k = \frac{1}{N} \sum_{i=0}^{N-1} x_i x_{i+k} \tag{4.4.2}$$

信号 $x(t)$ が次式のようなフーリエ級数で表されるとき，

$$x(t) = \sum_{n=0}^{\infty} a_n \cos(2\pi f n t + \theta_n)$$

その自己相関関数は

$$r(\tau) = \frac{1}{2} \sum_{n=0}^{\infty} a_n^2 \cos(2\pi f n \tau) \tag{4.4.3}$$

となるので，$r(\tau)$ は $x(t)$ と同じ周期成分をもっていて，各成分間の位相差が無くなっている．したがって，τ 軸上では周期性がより顕著に表れる．このため，音声の基本周波数の抽出などに利用される．

4.5　線形予測法

4.5.1　音声波の線形予測分析 [7]–[9]

音声分析に線形予測法が導入されたのは 1960 年代後半で，ちょうどこの時期に普及し始めたディジタル信号処理と相俟って急速に発展した．現在では，最も代表的な音声分析手法の一つとなっている．その応用分野は，音声の低ビット符号化，音声合成や認識のためのパラメータ抽出など多岐にわたっている．

線形予測法 (linear prediction method, または Linear Predictive Coding: LPC) のいわれは現在の出力サンプル値 x_t がそれ以前の N 個のサンプル値 $x_{t-n}, n=1,2,\ldots,N$ の線形結合によって予測されるものとするモデルからきている．すなわち，次のように定式化される．いまモデルの出力信号波形を x_t とし未知入力を u_t とするとき

$$x_t = -\sum_{n=1}^{N} \alpha_n x_{t-n} + G u_t \tag{4.5.1 a}$$

と定式化される．より一般なモデルとしては，次式のように定式化される．

$$x_t = -\sum_{n=1}^{N} \alpha_n x_{t-n} + G \sum_{m=0}^{M} \beta_m u_{t-m} \tag{4.5.1 b}$$

ここで，α_n, β_m (ただし $\beta_0 = 1$) は決定されるべきパラメータで，**予測係数**と呼ばれる．G はゲイン定数である．x_t, u_t の z 変換をそれぞれ $X(z), U(z)$ とすれば，(4.5.1)b の z 変換よりその伝達関数は，

$$H(z) = \frac{X(z)}{U(z)} = G \frac{1 + \sum_{m=1}^{M} \beta_m z^{-m}}{1 + \sum_{n=1}^{N} \alpha_n z^{-n}} \qquad (4.5.2)$$

となる．伝達関数が分母のみで記述されるとき，つまり (4.5.1)a に対応する

$$H(z) = G \frac{1}{1 + \sum_{n=1}^{N} \alpha_n z^{-n}} \qquad (4.5.3)$$

と表される場合を**全極型モデル** (all-pole model)，時間領域では**自己回帰過程** (AutoRegressive process: AR process) と呼ぶ．また，分子のみで記述されるモデル，すなわち

$$H(z) = G \left(1 + \sum_{m=1}^{M} \beta_m z^{-m} \right) \qquad (4.5.4)$$

を**全零型モデル** (all-zero model)，あるいは**移動平均過程** (Moving Average process: MA process) と呼ぶ．そして，(4.5.2) のような一般的な場合を，**極零モデル** (pole-zero model)，あるいは**自己回帰移動平均過程** (ARMA process) と呼ぶ．

一方，**母音型音声**の生成過程は，ラプラス演算子 s を用いて，**声道の伝達特性**を $V(s)$，音源特性を $S(s)$，唇からの放射特性を $R(s)$ とし，それぞれの間の相互作用を無視すると

$$T(s) = R(s) \cdot V(s) \cdot S(s) \qquad (4.5.5)$$

の形に記述できる．このうち，$R(s), S(s)$ は，近似的にピークをもたない傾斜スペクトルによって代表できるので，伝達特性 $T(s)$ のスペクトル包絡はほぼ $V(s)$ によって特徴づけられる．$V(s)$ は全極型の関数

$$V(s) = \frac{G}{\prod_{n=1}^{N/2} (s - s_n)(s - s_n^*)} \qquad (4.5.6)$$

によって表すことができる．ここで s_n, s_n^* はホルマントに対応する．この z 変換形は，分子の時間遅れを表す項を省略すれば，

$$V'(z) = \frac{G'}{\prod_{n=1}^{N/2}(1-z_n z^{-1})(1-z_n^* z^{-1})} = \frac{G'}{1+\sum_{n=1}^{N}\alpha_n z^{-n}} \quad (4.5.7)$$

となり，全極型モデルの z 伝達関数と同じ形になる．この意味で，全極型モデルを用いた線形予測分析が音声分析の有力な手法となり得ることが期待される．また，母音型音声に限らない場合には，その伝達特性は極零型モデルとして記述でき，極零型モデルの同定問題に帰着できる．

(4.5.2) の伝達関数 $H(z)$ の**スペクトル密度関数**は，$z = e^{j\theta}$ とおくことによって得られる．

$$P(\theta) = \left|H(e^{j\theta})\right|^2 = G^2 \frac{B_0 + B_1\cos\theta + \cdots + B_N\cos N\theta}{A_0 + A_1\cos\theta + \cdots + A_N\cos N\theta} \quad (4.5.8)$$

ここで，標本化間隔を T とすると $\theta = 2\pi fT$ である．A_n と α_n の関係式は次のようになる．

$$A_0 = 1 + \alpha_1^2 + \alpha_2^2 + \cdots + \alpha_N^2$$

$$A_1 = 2(\alpha_1 + \alpha_1\alpha_2 + \cdots + \alpha_{N-1}\alpha_N)$$

$$A_2 = 2(\alpha_2 + \alpha_1\alpha_3 + \cdots + \alpha_{N-2}\alpha_N)$$

$$\cdots\cdots$$

$$A_N = 2\alpha_N$$

むろん，B_m と β_m についても同じ関係が成り立つ．全極型モデルについては，これまでの研究からパラメータ推定の安定性や応用上の有効性が明確になっている．一方，極零型モデルについてはその解法が提案されている程度に留まり，推定されたパラメータの安定性や有効性が明確ではない．このような現状を踏まえて，本書では，全極型モデルについて述べるに留める．

4.5.2　全極型モデルの解法

自己回帰過程 (全極型モデル) では

$$\hat{x}_t = -\sum_{n=1}^{N}\alpha_n x_{t-n}, \qquad e_t = Gu_t \quad (4.5.9)$$

と置けば，(4.5.1)a は

$$e_t = x_t - \hat{x}_t \tag{4.5.10}$$

という形に書けて，$\hat{x}_t$ を x_t の予測値，e_t を予測誤差 (**残差波形**) と見ることができる．予測誤差 e_t は (4.5.9), (4.5.10) より

$$e_t = x_t - \hat{x}_t = x_t + \sum_{n=1}^{N} \alpha_n x_{t-n} \tag{4.5.11}$$

となる．いま，音声波形を確率過程と見なして，e_t の平均 2 乗誤差を最小にする評価基準によって，パラメータ α_n を決定することにする．平均予測誤差は次式のように書ける．

$$E_N = E(e_t^2) = E\left[\left(x_t + \sum_{n=1}^{N} \alpha_n x_{t-n}\right)^2\right] \tag{4.5.12}$$

ここで，$E(\cdot)$ は期待値をとることを表す．その最小化は

$$\frac{\partial E_N}{\partial \alpha_i} = 0, \quad i = 1, 2, \cdots, N$$

によって得られる．この結果，次の N 個の連立方程式 (正規方程式という) が得られる．

$$\sum_{n=1}^{N} \alpha_n E(x_{t-n} x_{t-i}) = -E(x_t x_{t-i}), \quad i = 1, 2, \cdots, N \tag{4.5.13}$$

これを解くことによって $\alpha_n, n = 1, \ldots, N$ を決定できる．

音声波形を定常確率過程と見なせば，$E(x_{t-n} x_{t-i})$ は $n - i$ にのみ依存することになるから

$$E(x_{t-n} x_{t-i}) = r_{n-i} = r_{i-n}$$

と置くことによって，上の連立方程式は次のように書くことができる．

$$\begin{bmatrix} r_0 & r_1 & r_2 & \cdots & r_{N-1} \\ r_1 & r_0 & \vdots & & \vdots \\ \vdots & \vdots & \vdots & & r_1 \\ r_{N-1} & \cdots & \cdots & r_1 & r_0 \end{bmatrix} \begin{bmatrix} \alpha_1 \\ \alpha_2 \\ \vdots \\ \alpha_N \end{bmatrix} = - \begin{bmatrix} r_1 \\ r_2 \\ \vdots \\ r_N \end{bmatrix} \tag{4.5.14}$$

この方程式は**ユール-ウォーカ (Yule-Walker) の方程式**と呼ばれるもので，これに帰着される解法を**自己相関法**と呼ぶ．この場合には，一般的な連立 1 次方

程式の解法であるガウスの消去法などに比べて効率の良い**ダービン (Durbin) の解法**がある．これは，次のような巡回的手続きによる．

$$Q_0 = r_0$$

以下の式で，$n = 1, 2, 3, \ldots, N$ と増してゆく．

$$k_n = -\left[r_n + \sum_{j=1}^{n-1} \alpha_j^{(n-1)} r_{n-j}\right] \Big/ Q_{n-1}$$

$$\alpha_n^{(n)} = k_n \tag{4.5.15}$$

$$\alpha_j^{(n)} = \alpha_j^{(n-1)} + k_n \alpha_{n-j}^{(n-1)}, \quad 1 \leqq j \leqq n-1$$

$$Q_n = (1 - k_n^2) Q_{n-1}$$

最終的な解 $\alpha_j, j = 1, 2, \ldots, N$ は次式によって与えられる．

$$\alpha_j = \alpha_j^{(N)}, \qquad j = 1, 2, \cdots, N \tag{4.5.16}$$

この方法では，計算量は $N^2 + O(N)$ 記憶容量は $2N$ で済む．(ガウスの消去法では，$N^3/3 + O(N^2)$ の計算量 N^2 の記憶容量が必要である．)

一方，$E(x_{t-n} x_{t-i})$ が t に依存している場合も含めて考えると，

$$E(x_{t-n} x_{t-i}) = r(t-n, t-i) \tag{4.5.17}$$

となり，いま問題とする区間を $L_1 \leqq t \leqq L_2$ とすれば

$$r(t-n, t-i) = \frac{1}{L_2 - L_1} \sum_{t=L_1}^{L_2} x_{t-n} x_{t-i}$$

$$= c_{ni}/(L_2 - L_1) = c_{in}/(L_2 - L_1) \tag{4.5.18}$$

ここで $c_{ni} = \sum_{t=L_1}^{L_2} x_{t-n} x_{t-i}$ である．したがって，(4.5.15) は共分散行列を用いて次のように書ける．

$$\begin{bmatrix} c_{11} & c_{12} & \cdots & c_{1N} \\ c_{21} & c_{11} & \cdots & c_{2N} \\ \vdots & \vdots & & \vdots \\ c_{N1} & c_{N2} & \cdots & c_{NN} \end{bmatrix} \begin{bmatrix} \alpha_1 \\ \alpha_2 \\ \vdots \\ \alpha_N \end{bmatrix} = \begin{bmatrix} c_{01} \\ c_{02} \\ \vdots \\ c_{0N} \end{bmatrix} \tag{4.5.19}$$

これは**共分散法**と呼ばれる解法で，方程式の効率的な解法としては，**コレスキー (Cholesky) の方法**がある [10]．この方法によれば，計算量はガウスの消去法の約 1/2 になる．なお，分析窓を 20 ms 程度にとる場合には，音声信号では共分散法と自己相関法の解は概ね一致する．

全極型モデルにおけるゲイン G は，(4.5.9) より

$$e_t = G u_t \tag{4.5.20}$$

となるから，統計的には e_t のパワーと $G u_t$ のパワーが等しいとすることによって決定できる．まず

$$E(e_t^2) = E\left[\left(x_t + \sum_{n=1}^{N} \alpha_n x_{t-n}\right)^2\right] \tag{4.5.21}$$

これに (4.5.17) の関係式を代入すると

$$E(e_t^2) = E(x_t^2) + \sum_{n=1}^{N} \alpha_n E(x_{t-n} x_t) = r_0 + \sum_{n=1}^{N} \alpha_n r_n \tag{4.5.22}$$

となる．u_t が単位インパルスかまたは期待値 0 で単位分散の白色雑音と仮定すれば，次式が成り立つ．

$$G^2 = E(e_t^2) = r_0 + \sum_{n=1}^{N} \alpha_n r_n \tag{4.5.23}$$

伝達関数 $H(z)$ の安定性は $H(z)$ の極が z 平面上で単位円の内部にあることが条件である．この条件は，ダービンの解法では全ての i について $k_i < 1$ であることに相当する．

線形予測分析を実行する場合，次数 N の設定が問題となる．分析対象サンプルから理論的に最適次数を決定する方法も試みられているが，音声スペクトル包絡推定とかホルマント抽出といった目的に沿った分析という観点からみると，安定性の面で十分ではない．次数設定の多くは，分析サンプルの帯域内に含まれると推測されるホルマントの個数を表すのに必要な次数や，分析合成系の再合成音声の品質などを根拠とする簡便で経験的な方式を採用している．その次数の目安は，成人男声の場合，標本化周波数 8 kHz で 12，10 kHz で 14，16 kHz で 20 程度であり，女声では，1〜2 割程度少ない値となる．

4.5.3 PARCOR 係数

PARCOR 係数は，線形予測子係数 α_i の特性上の欠点を取り除く形で出てきたものといえる．α_i の組は，同じサンプルに対する推定値であっても，そのときの次数 N に依存して値が変るという性質がある．また，低ビット符号化においてもパラメータとしての性質は必ずしも良くないことが確かめられた．これに対して，板倉等は，偏自己相関 (PARtial auto-CORrelation: PARCOR) 係数と呼ぶ変量を導入した [11]．いま，波形サンプル $[x_t, x_{t-1}, \cdots, x_{t-n}]$ において，両端 x_t と x_{t-n} が $x_{t-i}, i=1,2,\cdots,n-1$ によって予測された場合の予測誤差を，それぞれ $e_{ft}^{(n-1)}, e_{bt}^{(n-1)}$ とするとき，PARCOR 係数 k_n は次のように定義される．

$$k_n = \frac{E\left\{e_{ft}^{(n-1)} e_{bt}^{(n-1)}\right\}}{\left[E\left\{\left(e_{ft}^{(n-1)}\right)^2\right\} E\left\{\left(e_{bt}^{(n-1)}\right)^2\right\}\right]^{1/2}} \quad (4.5.24)\text{a}$$

ここで

$$e_{ft}^{(n-1)} = x_t - \hat{x}_t = x_t + \sum_{i=1}^{n-1} \alpha_i^{(n-1)} x_{t-i} \quad (4.5.24)\text{b}$$

$$e_{bt}^{(n-1)} = x_{t-n} - \hat{x}_{t-n} = x_{t-n} + \sum_{i=1}^{n-1} \beta_i^{(n-1)} x_{t-i} \quad (4.5.24)\text{c}$$

つまり，k_n は x_t と x_{t-n} をそれぞれ前向きと後向きに線形最小 2 乗予測したときの誤差の相関係数である．したがって，定常時系列の過程のもとでは 4.5.2 項に示したように，α_i, β_i は次の連立方程式を満たしている．

$$\sum_{j=1}^{n-1} \alpha_j^{(n-1)} r_{j-i} = -r_i \quad (i = 1, 2, \cdots, n-1) \quad (4.5.25)\text{a}$$

$$\sum_{j=1}^{n-1} \beta_j^{(n-1)} r_{j-i} = -r_{n-i} \quad (i = 1, 2, \cdots, n-1) \quad (4.5.25)\text{b}$$

ここで，

$$r_{j-i} = E\left\{x_{t-j} x_{t-i}\right\} = r_{i-j}$$

である．それゆえ，

$$\beta_i^{(n-1)} = \alpha_{n-i}^{(n-1)} \qquad (i = 1, 2, \cdots, n-1) \tag{4.5.26}$$

の関係にある。上の (4.5.25) は、$\alpha_0^{(n-1)} = 1$, $\beta_n^{(n-1)} = 1$ とすることによって次式のようになる。

$$\sum_{j=0}^{n-1} \alpha_j^{(n-1)} r_{j-i} = 0 \qquad (i = 1, 2, \cdots, n-1) \tag{4.5.27a}$$

$$\sum_{j=1}^{n} \beta_j^{(n-1)} r_{j-i} = 0 \qquad (i = 1, 2, \cdots, n-1) \tag{4.5.27b}$$

一方、k_n の分母、分子をそれぞれ U_{n-1}, W_{n-1} と置くと

$$k_n = W_{n-1}/U_{n-1} \tag{4.5.28a}$$

$$U_{n-1} = \left[E\left\{ \left(e_{ft}^{(n-1)}\right)^2 \right\} E\left\{ \left(e_{bt}^{(n-1)}\right)^2 \right\} \right]^{1/2} = E\left\{ \left(e_{ft}^{(n-1)}\right)^2 \right\}$$

$$= \sum_{i=0}^{n-1} \alpha_i^{(n-1)} r_i \qquad (\text{ただし} \quad \alpha_0^{(n-1)} = 1) \tag{4.5.28b}$$

$$W_{n-1} = E\left\{ e_{ft}^{(n-1)} e_{bt}^{(n-1)} \right\}$$

$$= \sum_{i=0}^{n-1} \alpha_i^{n-1} r_{n-1} \qquad (\text{ただし} \quad \alpha_0^{(n-1)} = 1) \tag{4.5.28c}$$

(4.5.27),(4.5.28),および (4.5.26) の関係を使うと、次の漸化式が得られる。

$$\alpha_i^{(n)} = \alpha_i^{(n-1)} - k_n \beta_i^{(n-1)} \qquad (i = 1, 2, \cdots, n) \tag{4.5.29a}$$

$$\beta_i^{(n)} = \beta_{i-1}^{(n-1)} - k_n \alpha_{i-1}^{(n-1)} \qquad (i = 1, 2, \cdots, n) \tag{4.5.29b}$$

$$U_n = U_{n-1}\left(1 - k_n^2\right) \tag{4.5.29c}$$

$$(\text{ただし} \quad \alpha_{n-1}^{(n-1)} = 0, \quad \beta_0^{(n-1)} = 0)$$

(4.5.29) は (4.5.26) から

$$\alpha_i^{(n)} = \alpha_i^{(n-1)} - k_n \alpha_{n-i}^{(n-1)} \tag{4.5.30}$$

とも書ける。そこで、(4.5.30) と (4.5.29)c を用いると、k_n は結局 W_{n-1} を計算することによって順次 $n = 1$ から求められる。また、$\alpha_i, i = 1, 2, \ldots, n$ も計

算できる．(4.5.29),(4.5.30) から分かるように，この k_n と前節の (4.5.15) ダービンの解法における途中解 k_n とは (符号が逆になるだけで) 等価である．

さて，k_i を波形 x_t からより直接的に求める次のような方法がある．遅延演算子 z を用いて，

$$A_n(z) = \sum_{i=0}^{n} \alpha_i^{(n)} z^{-i} \tag{4.5.31}a$$

$$B_n(z) = \sum_{i=1}^{n+1} \beta_i^{(n)} z^{-i} \tag{4.5.31}b$$

の二つの演算子を導入する．これによって (4.5.24)a, (4.5.24)b は

$$e_{ft}^{(n)} = A_n(z) x_t \tag{4.5.32}a$$

$$e_{bt}^{(n)} = B_n(z) x_t \tag{4.5.32}b$$

と書ける．また (4.5.29)a,(4.5.29)b は次のように書ける．

$$A_n(z) = A_{n-1}(z) - k_n B_{n-1}(z) \tag{4.5.33}a$$

$$B_n(z) = z^{-1} [B_{n-1}(z) - k_n A_{n-1}(z)] \tag{4.5.33}b$$

(ただし，$A_0(z) = 1$, $B_0(z) = z^{-1}$)

k_n は，$A_{n-1}(z)x_t$ と $B_{n-1}(z)x_t$ の相関係数であるから，**図 4.7** に示すような回路構成によって順次計算できる．この回路の逆回路を使い，パラメータ k_n から音声合成を行う方式は PARCOR 合成方式と呼ばれる (5.4.2 項参照)．この偏自己相関係数は，そのまま自動認識や話者認識のためのパラメータとしても使用されるが，これらの目的のためにはスペクトルや声道断面積の次元に変換して扱う方が有効である．

4.5.4　声道断面積関数の推定

3.3 節で述べたように，声道を短い筒状の音響管が接続したものとして近似し，その接続面の反射係数を用いて声道内の音波の進行波現象を扱う音声生成モデルを**ケリー (Kelly) の声道モデル**[12] と呼ぶ．その境界面の反射係数は，下記に述べるようにある境界条件下では偏自己相関係数に等しくなり，音声波

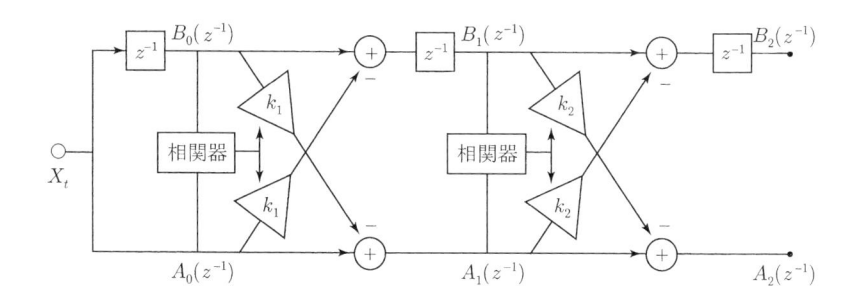

図 4.7　PARCOR 係数の計算過程の回路構成

形分析から声道断面積関数を推定できる可能性がある．ここでは，音波の進行波現象をディジタルフィルタとして捉えて議論する．ただし，この議論の前提として，音響管内で音波が平面波として扱えること，つまり音響管の直径は波長に比べて十分に小さいことが境界条件として仮定される．

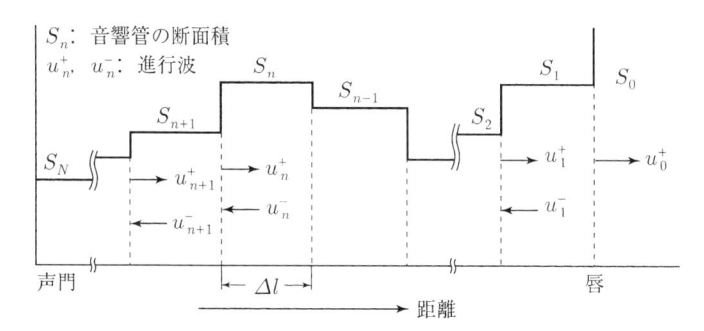

図 4.8　声道を短い筒状の音響管で近似したモデル

まず，この声道モデルに基づいて，反射係数を用いた声道の伝達関数を計算しよう．図 4.8 に示すように，音響管の接続面における体積速度 (粒子速度×断面積) の進行波を u_i^+(前進波)，u_i^-(後退波)，また管内媒体の音速を c，密度を ρ，反射係数を r_i，断面積を S_i, S_{i+1} とおくと，体積流と音圧の連続式から

$$u_{i+1}^+(t - \Delta t) - u_{i+1}^-(t + \Delta t) = u_i^+(t) - u_i^-(t) \tag{4.5.34a}$$

$$\frac{\rho c}{S_{i+1}} \left\{ u_{i+1}^+(t - \Delta t) + u_{i+1}^-(t + \Delta t) \right\} = \frac{\rho c}{S_i} \left\{ u_i^+(t) + u_i^-(t) \right\} \tag{4.5.34b}$$

ここで，$\rho c / S_i$ はセクション i の音響インピーダンスである．また，Δl を音響管の 1 区間の長さとすると，1 区間を音波が進む時間 Δt は

$$\Delta t = \Delta l/c$$

反射係数は
$$r_i = \frac{S_i - S_{i+1}}{S_i + S_{i+1}} \tag{4.5.35}$$

である. 遅れ演算子 $z^{-1}(=e^{s2\Delta t})$ を使い, $u^+(t)$ の z 変換を $U^+(z)$ のように表すと (4.5.35) は

$$\begin{bmatrix} U_{i+1}^+(z) \\ U_{i+1}^-(z) \end{bmatrix} = \frac{z^{\frac{1}{2}}}{1+r_i} \begin{bmatrix} 1 & -r_i \\ -r_i z^{-1} & z^{-1} \end{bmatrix} \begin{bmatrix} U_i^+(z) \\ U_i^-(z) \end{bmatrix} \tag{4.5.36}$$

と表せる. これは図 **4.9**(b) のようになる. 唇における境界条件が, 同図 (c) のように u_0^+ の進行波が放射されるものとすれば, 結局, 次のようになる.

$$\begin{bmatrix} U_{i+1}^+(z) \\ U_{i+1}^-(z) \end{bmatrix} = z^{\frac{i+1}{2}} \left(\prod_{j=0}^{i} \frac{1}{1+r_j} \right) \begin{bmatrix} 1 & -r_j \\ -r_j z^{-1} & z^{-1} \end{bmatrix} \times \cdots$$

$$\cdots \times \begin{bmatrix} 1 & -r_1 \\ -r_1 z^{-1} & z^{-1} \end{bmatrix} \begin{bmatrix} 1 \\ -r_0 z^{-1} \end{bmatrix} U_0^+ \tag{4.5.37}$$

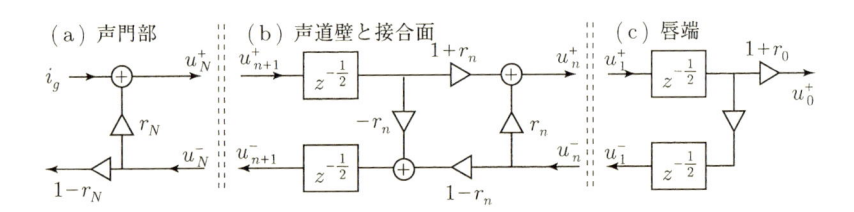

図 4.9 声道を短い筒状の音響管で近似したモデルの等価回路

声門部 (第 N 接合面) に i_g の駆動源があり, 第 $(N+1)$ 接合面以降は整合終端されているものとすれば, $u_{N+1}^+ = 0$ であるから

$$I_g = \begin{bmatrix} 1 & -r_N \end{bmatrix} \begin{bmatrix} U_N^+ \\ U_N^- \end{bmatrix}$$

$$= z^{\frac{N}{2}} \left(\prod_{j=0}^{N-1} \frac{1}{1+r_j} \right) \begin{bmatrix} 1 & -r_N \end{bmatrix} \begin{bmatrix} 1 & -r_{N-1} \\ -r_{N-1} z^{-1} & z^{-1} \end{bmatrix}$$

$$\cdots \begin{bmatrix} 1 & -r_1 \\ -r_1 z^{-1} & z^{-1} \end{bmatrix} \begin{bmatrix} 1 \\ -r_0 z^{-1} \end{bmatrix} U_0^+ \tag{4.5.38}$$

となる. その z 伝達関数は次のように書ける.

$$G(z) = \frac{U_0^+}{I_g} = K \frac{1}{A(z^{-1})} \tag{4.5.39}$$

ここで

$$K = z^{-\frac{N}{2}} \prod_{j=0}^{N-1}(1+r_j), \qquad A(z^{-1}) = 1 + a_1 z^{-1} + \cdots + a_N z^{-N}$$
(4.5.40)

この a_i と r_i の関係は $r_0 = 1$(唇で完全自由空間へ放射)の条件下では線形予測係数 α_i と PARCOR 係数 k_i の関係に等しいことが確かめられる [13]．また，N は音響管のセクション数であり，声道長に相当することが分かる．

さて，一般に，信号波形の線形予測分析によってその伝達系を規定する係数 $\{\alpha_i\}$ を推定できるから，この $\{\alpha_i\}$ から $\{k_i\}$ を求めることによって，その伝達関数に相当する音響管の反射係数が計算できる．実際の計算手順としては，上で示したように直接 $\{k_i\}$ が求められる．ただし，先に述べたような境界条件，すなわち唇で全反射，声門側で整合終端，および声道の壁面は無損失が仮定されている．また，ここでいう声道断面積関数とは等価音響管と呼ぶべきものであり，反射係数からは断面積の相対値が定まるに過ぎないことも注意する必要がある．

以上の理論に基いて音声波形から妥当な形の声道形を算出するのは，必ずしも簡単ではない．それは，音声波形には声道特性以外の成分が含まれているため，それらを除去し，声道特性のみを分離する必要があるからである．このための前処理の方法として，適応逆フィルタ法と呼ぶ手法がある [14]．その基本となる考え方と処理手順は次のようになる．声道断面積が著しい狭めをもたないような母音型声道においては，その共振特性は $0 \sim 1/(2\Delta T)$Hz の帯域内では，全体としてほぼ平坦なパワースペクトルになる．このことに着目して，パワースペクトルの傾きに相当する特性を分析窓毎に低次の臨界制動特性フィルタで近似し，その逆フィルタリングによって入力波形のスペクトルを平坦化する．この逆フィルタの特性は

$$F(z) = \frac{1}{(1+\varepsilon z^{-1})^n}, \qquad n = 1\sim 2$$
(4.5.41)

と表せるから，入力波形より最小 2 乗推定によってパラメータ ε を求める．音声波形から直接，反射係数を求める手法は，現在のところ母音型音声，すなわち，音源が声門にあり分岐のない声道を仮定した場合に限られる．

4.5.5 線スペクトル対分析 [15][16]

PARACOR による音声再合成法の改良であり，パラメータの性質をより周波数領域に近づけたものである．その結果，パラメータの補間特性などに優れ，低ビット符号化による再合成を可能にしている．

線スペクトル対 (Line Spectrum Pair: LSP) 分析の原理は，PARCOR 分析の基本式 (4.5.33) で，$k_{N+1} = 1$ および $k_{N+1} = -1$ とおいた条件のもとで分析を行うことである．このとき，全極型モデルの伝達関数 $H(z)$ の極は全て $|z| = 1$ の単位円上にあることになり，そのスペクトルは線スペクトルとなる．物理的イメージとして前節に述べた声道形と関連づけて言えば，声門側が完全反射，すなわち，完全閉鎖または完全開放で無損失の声道壁をもつ声道 (音響管) を想定していることになる．

$k_{N+1} = 1$ および $k_{N+1} = -1$ の完全反射に対応する (4.5.33) の $A_{N+1}(z)$ をそれぞれ，$P(z), Q(z)$ とすると次式が成り立つ．

$$P(z) = A_N(z) - B_N(z) \qquad (4.5.42)\text{a}$$

$$Q(z) = A_N(z) + B_N(z) \qquad (4.5.42)\text{b}$$

したがって，

$$A_N(z) = (P(z) + Q(z))/2 \qquad (4.5.43)$$

である．$P(z), Q(z)$ はそれぞれ z に関して $(N+1)$ 次の多項式であり，その係数は $N/2$ を境にして $P(z)$ では反対称であり $Q(z)$ では対称となる．N が偶数のとき $P(z), Q(z)$ はそれぞれ次式のように分解できる．

$$P(z) = (1 - z^{-1}) \prod_{i=2,4,\cdots,N} (1 - 2z^{-1}\cos\omega_i + z^{-2}) \qquad (4.5.44)\text{a}$$

$$Q(z) = (1 + z^{-1}) \prod_{i=1,3,\cdots,N-1} (1 - 2z^{-1}\cos\omega_i + z^{-2}) \qquad (4.5.44)\text{b}$$

ω_i が得られると，$P(z), Q(z)$ が求まり，したがって $A_N(z)$ が (4.5.43) より得られ，伝達関数 $H(z)$ は，

$$H(z) = 1/A_N(z) \qquad (4.5.45)$$

として求められる．LSP 分析合成系が安定であるための必要十分条件は，ω_i が次の条件を満たすことである．

$$0 < \omega_1 < \omega_2 < \omega_3 < \cdots < \omega_N < \pi \tag{4.5.46}$$

$H(z)$ のパワースペクトルは次のようになる.

$$\left|H(e^{-j\omega})\right|^2 = \frac{1}{\left|A_N(e^{-j\omega})\right|^2} = 4\left|P(e^{-j\omega}) + Q(e^{-j\omega})\right|^{-2}$$

$$= 2^{1-N}\left\{\sin^2\frac{\omega}{2} \prod_{i=2,4,\ldots,N}(\cos\omega - \cos\omega_i)^2\right.$$

$$\left. + \cos^2\frac{\omega}{2} \prod_{i=1,3,\ldots,N-1}(\cos\omega - \cos\omega_i)^2\right\}^{-1} \tag{4.5.47}$$

隣接する線スペクトル周波数 ω_i, ω_{i+1} が近い値をとるとき,その付近の周波数帯域では $P(z), Q(z)$ がともに 0 に近づくので $H(z)$ は大きな値をとり,ピーク特性を示す.つまり,LSP は音声のスペクトル包絡を N 個の離散的な周波数 ω_i の配置の粗密によって表現する方法であり,複数個の ω_i が集中する周波数帯域に音声スペクトルの山があることになる (図 **4.10** 参照).

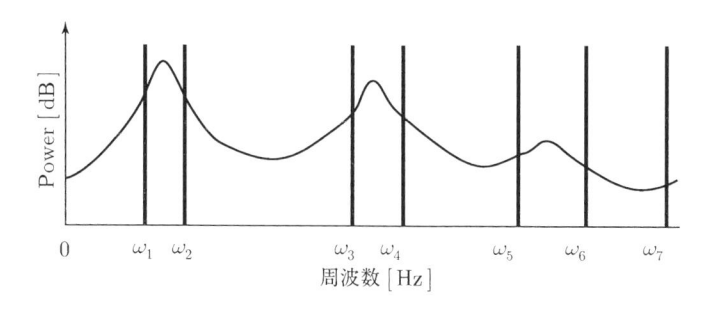

図 **4.10** パワースペクトルとこのスペクトルに対応する線スペクトル対 $(w_1, w_2, \ldots, w_7)$

4.6 基本周波数の抽出

音声の基本周波数の抽出とは，有声音の音声波がもつ繰り返し周期を推定する問題で，通常，声帯音源の振動数を推定することに相当する．基本周波数の時間変化パターンは声調の高低の主要因であるので，この処理をピッチ抽出と呼ぶこともある．基本周波数は韻律情報を担う重要な特徴量のため，その抽出は音声研究の初期の頃より様々な手法で試みられてきた [17]-[21]．しかし，人間の発声した音声波形は整然とした周期構造をもっているわけではなく，精度と安定性を兼ね備えた抽出手法の開発は，現在でも難しい課題である．

抽出手法のうち代表的なものを示すと**表 4.2** のようになる．波形処理による方法は，音声波形中のピッチパルスに相当するピークを検出する方法である．相関処理による方法は，相関処理が波形の周期性の検出に適しており，位相歪やランダム雑音に強いため最も広く用いられている．スペクトル処理による方法ではケプストラムを利用するものが代表的である．これらの他にも最近になって提案された手法がいくつかある [38][39]．

基本周波数の抽出は，同時に，有声音／無声音の判定を伴う．この判定は，自己相関係数の値の大きさに基づいて実行されることが多い．抽出誤りを除く方法としては，ヒューリスティックな論理操作を行って誤りを訂正することが多い．表 4.2 の中の代表的な方法について以下で述べる．

4.6.1 自己相関法

(1) 自己相関法

信号 x_t の自己相関関数 $r(k)$ は既に 4.4.2 項で定義したように次式で与えられる．

$$r(k) = \frac{1}{N} \sum_{t=0}^{N-1} x_t x_{t+k} \qquad (4.6.1)$$

そして，$r(k)$ は x_t と同じ周期成分をもち，各成分間の位相差が無視されているので周期性が顕著になることを述べた．$r(k)$ は，基本周期に一致する点でお

表 4.2 基本周波数抽出法とその特徴

分　類	基本周波数抽出法	特　徴
Ⅰ. 波形処理	波形包絡法	整流, 積分, 微分操作を繰り返し行って, 音声波形包絡のピッチパルスによる山の部分を強調する.
	零交叉法	音声波形の零交叉数の繰り返しパターンを利用.
	直接線形予測法	基本周波数の成分を低次数の LPC 分析で直接推定する.
Ⅱ. 相関処理	自己相関法	音声波形の自己相関関数のピークを検出する. ピーククリップなどを利用した種々の変形が考えられている.
	変形相関法	LPC 分析の残差信号の自己相関関数. ローパスフィルタと極性化により, 計算の簡略化が可能.
	AMDF 法	平均振幅差関数 (AMDF) によって周期性を検出. 残差信号の利用も可能.
Ⅲ. スペクトル処理	ケプストラム	パワースペクトルの対数のフーリエ変換により, スペクトルの包絡と微細構造を分離.
	ピリオドヒストグラム	スペクトル上で, 基本周波数の高調波成分のヒストグラムを求め, 高調波の公約数によってピッチを決定.

おむね顕著な極大値を示すので, これを検出して基本周波数の抽出を行うことができる. N の値は複数個のピッチが含まれるように 20〜40 ms 程度にとる. 抽出の安定性を増すための前処理として, 波形のセンタークリッピングやフィルタによる帯域制限, 逆フィルタによるホルマント特性の除去などがある.

(2) 変形自己相関法

この方法は, 自己相関法を適用する際に, 線形予測分析における残差信号波形を入力とするもので, 音声スペクトル中の声道特性が概ね除去されており, 基本波の周期性がより明瞭になる. 変形相関関数 $R(k)$ を求める方法は 2 通りあ

る．一つは $e(t)$ の自己相関関数を直接求める方法であり，この方法は分析過程で $e(t)$ が求められている PARCOR 分析と組み合わせると有効である．他の一つは波形の自己相関関数 $\phi(\tau)$ にスペクトル包絡除去操作を行って $R(k)$ を求める方法である．このような相関処理においては，前処理として信号を 900 Hz 付近で低域濾波し，高次ホルマントの影響を取り除いておくことが効果的である．

(3) AMDF 法

自己相関関数を求める演算は加算と乗算を含んでいるので，この乗算をなくして演算処理を更に簡単化することを目的とした方法が AMDF(Average Magnitude Difference Function: 平均振幅差関数) である．AMDF を $D(m)$ とおくと，

$$D(m) = \frac{1}{N} \sum_{n=1}^{N} |x_n - x_{n-m}| \tag{4.6.2}$$

であり，自己相関関数における乗算を減算と符号判定に置き換え，演算の高速化を計ったものである．$D(m)$ は $m = T$ (ピッチ同期) のとき極小値をとるから，これを検出することによってピッチ抽出が行われる．

4.6.2 ケプストラム法

音声波形を $x(t)$，そのスペクトルを $P(f)$，声道の周波数特性を $V(f)$，音源のスペクトルを $S(f)$ とすれば，すでに (4.3.2) で示したように

$$|P(f)| = |V(f)| \cdot |S(f)| \tag{4.6.3}$$

ただし，唇の放射特性はほぼ 6 dB/oct の傾斜特性なので省略してある．音源として有声音源を仮定し，それが周期 T の繰り返し波形であるとすれば，

$$|S(f)| = |S_T(f)| \cdot \left| \sum_{n=-N}^{N} (e^{-j2\pi nfT}) \right| \tag{4.6.4}$$

ここで $S_T(f)$ は声帯音源波形一周期のスペクトルである．したがって，

$$|P(f)| = |V(f)| \cdot |S_T(f)| \cdot \left| \sum_{n=-N}^{N} (e^{-j2\pi nfT}) \right| \tag{4.6.5}$$

両辺の対数をとれば

$$\log |P(f)| = \log |V(f)| + \log |S_T(f)| + \log \left| \frac{\sin(2N+1)\pi fT}{\sin \pi fT} \right| \quad (4.6.6)$$

となる．この式の右辺第1項は声道の周波数特性であり，そのスペクトル包絡の外形は，ケフレンシー軸上の低域にあるケプストラムで表される．第2項は音源波形1周期分のスペクトルであり，概ね一定の特性(近似的には-12 dB/oct)をもち，その特性は前処理でほぼ打ち消すことができる．第3項が音源の周期性による高調波スペクトルで，ケプストラム上ではケフレンシーTの成分として高域に現れる．高域(概ね$2 \sim 12$ ms付近)のケプストラムの最大ピークを検出することにより，基本周期を抽出することができる．

最後にこれまでに述べた手法を適用して，実音声サンプルの基本周波数抽出を行った例を図4.11に示しておく．図において，最下段が波形の目視による抽出結果である．最上段のVFF(基本波フィルタリング法)はピッチパルスの位置が基の波形の位相と良く一致する抽出法である[37]．

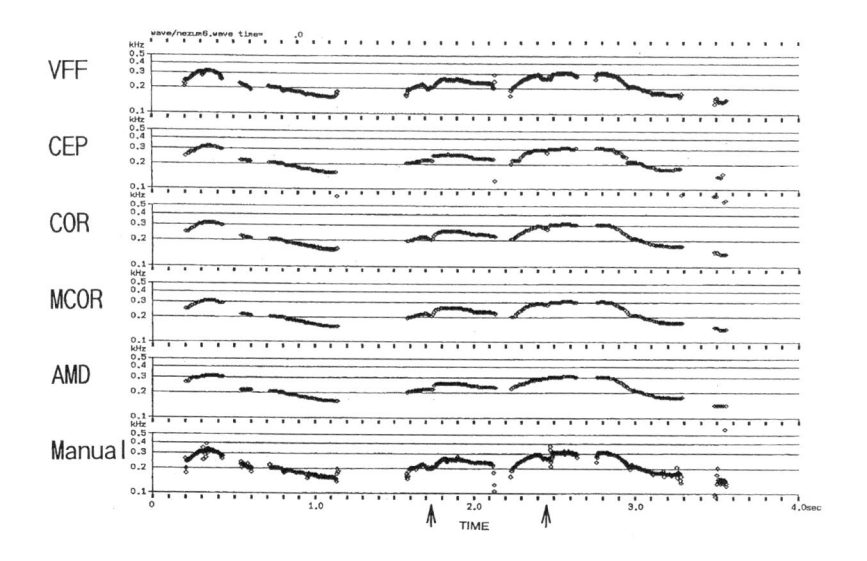

図 4.11 代表的な手法による基本周波数の抽出例．音声は「あるところに，ねずみが大勢住んでいました」．上段から，基本波フィルタリング法(VFF)，ケプストラム法(CEP)，自己相関法(COR)，変形相関法(MCOR)，AMD法(AMD)，波形の目視による抽出(Manual)．

4.7 パワースペクトル包絡の抽出

音声信号の**パワースペクトル包絡** (power spectrum envelope) は，音声に含まれる音韻情報を担う重要な変量である．音声波の周波数パワースペクトルは，既に述べてきたように，音源特性と音源位置，声道特性，口唇からの放射特性などの総体として出力される特性である．しかし，ここで述べるスペクトル包絡の抽出は，概ね，声道特性の抽出に相当する．抽出される包絡は，それぞれの方法に依存して幾分か異なるが，これは，包絡に対するモデルの違いと元の波形のフーリエ・スペクトルに対する誤差尺度の違いによるものである．この節では，パワースペクトル包絡抽出のための代表的な方法を紹介し，これと関連する周波数尺度の変換について述べる．

4.7.1 フィルタバンク

フィルタバンク(帯域濾波器群) によるパワースペクトル包絡の抽出は，通過帯域が適当に設定されたフィルタをいくつか並列に並べて，音声信号の周波数成分をフィルタの出力の組として得るものである [22]．フィルタバンクは，多くの実用的な音声認識システムで使用されてきた．

一般に，入力信号を $x(t)$，フィルタのインパルス応答を $h(t)$ とすると，その出力は

$$F(t) = \int_{-\infty}^{t} x(\tau)h(t-\tau)d\tau, \qquad ただし, h(t) = 0 \quad \text{if} \quad t < 0 \quad (4.7.1)$$

で与えられる．フィルタが単共振特性の場合を例にとると，共振周波数を ω として

$$h(t) = Ae^{(-\sigma+j\omega)t} \qquad (A:ゲイン定数)$$

$$= Ah_0(t)e^{j\omega t} \qquad (4.7.2)$$

と表せる．したがって，その出力は

$$f(t) = Ae^{j\omega t}\int_{-\infty}^{t} x(\tau)h_0(t-\tau)e^{-j\omega\tau}d\tau \qquad (4.7.3)$$

この $f(t)$ を整流平滑化すれば，信号 $x(t)$ に $h_0(t)$ の窓をかけた波形の短時間スペクトルが得られる．ここで，$h_0(t)$ の減衰が急な場合が帯域の広いフィルタに対応する．

フィルタバンクを設計するには，その目的に応じて，次のような項目の検討を行う必要がある．

① フィルタのタイプの選択： 例えば，単共振，その 2 段縦続接続，バターワース (Butterworth)，ガウス (Gaussian) 型など各種が考えられる．
② フィルタの中心周波数間隔，帯域幅，チャネル数： 中心周波数間隔を対数尺度的に，帯域幅は隣合うフィルタの 3 dB 減衰点が互いに重なるようにとる，いわゆる $1/n$ オクターブ・フィルタが多く採用されている．
③ 出力波形の標本化，量子化：出力波の整流後の平滑フィルタには，通常 20～50 Hz のローパスフィルタが用いられる．8～20 ms 間隔で標本化し，量子化はパワーを対数的尺度に変換してから行うことが多い．

フィルタバンクは，ディジタルフィルタによって構成されることが多く，また，計算機を用いたシミュレーションも広く行われている．得られたスペクトル包絡は，そのまま自動認識システムのパラメータとして使われる他，ホルマントの抽出や多変量解析のための基礎データとしても使用される．

4.7.2 サウンドスペクトログラフ

音声信号のパワースペクトルの時間的な変化を，濃淡図形や等高線を用いて表示したものにサウンドスペクトログラムがある [23]．これを得るための装置はサウンドスペクトログラフと呼ばれる (その出力例は 2.3 節などを参照のこと)．濃淡表示は，周波数成分をその強度に応じて濃淡で表すものである．等高線表示では，周波数成分の強さが等しい点を線で結び，等高線形式で表す．

スペクトログラムは，それ自体，自動認識システムに直結できるものではないが，音声分析における音響音声学的な知識の蓄積には有用なものである．ディジタル計算機を用いてスペクトログラムを計算表示し，これにエキスパートシステムを組み合わせた知識工学的アプローチが 1982 年頃から始められた [24]．これは，スペクトログラム・リーディング (spectrogram reading) の研究と呼ばれ，音声の専門家がスペクトログラムを読む際の知識を計算機に載せるとい

う試みである．

4.7.3 FFTとケプストラムによる方法

先にも述べたように，音声波 (有声音) のもつピッチ構造の性質から，FFTを用いてパワースペクトル包絡を得るには，まず何らかの方法で基本周期を抽出する必要がある．この基本周期に基づいて，1ピッチ以内の分析窓をかけてスペクトルを計算するか，これと (近似的に) 等価な処理をする必要がある．最も良く使われるのはケプストラムを利用する方法であるが，ここでは，最初にピッチ同期分析について述べる．

ピッチ同期分析は，分析窓を基本周期 (ピッチ) に同期して移動させ，通常は，1ピッチより狭い分析窓の周波数パワースペクトルを計算する．これとほぼ等価な処理法として，より広い窓から計算されたパワースペクトルを周波数軸上で基本周期に相当する間隔でサンプリングする方法がある．これらのスペクトルは周波数軸上で離散的であるから，連続的なスペクトル関数を得るには通常ケプストラムを利用する [25]．

ケプストラムを利用する方法は，4.3節で示したように，低ケフレンシー部が声道特性に対応するスペクトル包絡を表しているという考えに基づいている．具体的な計算法としては，ケフレンシー軸上で高域の値が0になるような窓関数をかけて，FFTで周波数次元へ戻す (図4.6のブロック図参照)．このケフレンシー軸上での操作は，周波数軸上での**フィルタリング** (filtering) をもじって，**リフタリング** (liftering) と呼ばれる．なお，ケプストラム法では，元のスペクトルから包絡を求める上での評価尺度は，対数スペクトルに対してフーリエ展開の意味で最小2乗誤差推定となっている．

ケプストラムによるスペクトル包絡の抽出例を**図4.12**に示す．ケプストラムによる方法は，リフタリングに用いる窓関数に依存する．方形窓のときには，ケプストラムの項数によって包絡の形が変る．図には，項数が10項と20項の場合が示してある．

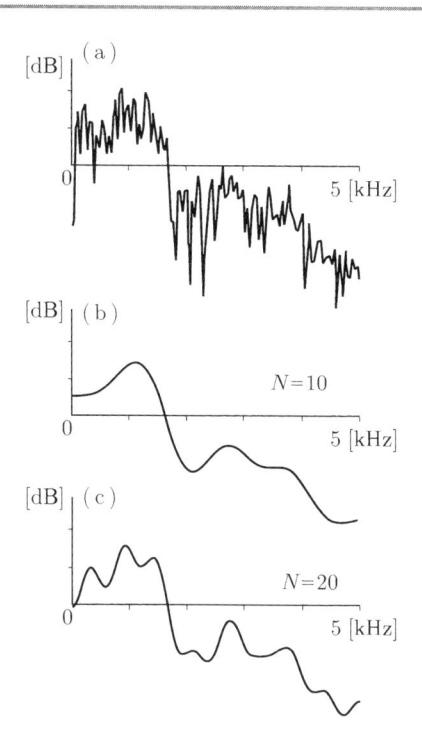

図 4.12 母音 /a/ のパワースペクトル．(a) 図は原波形のスペクトル，(b) 図はケプストラム 10 項でリフタリングした場合のスペクトル包絡，(c) は 20 項でリフタリングした場合のスペクトル包絡

4.7.4　線形予測分析による方法

　線形予測法 (LPC) によるスペクトル包絡の推定は，予測係数からパワースペクトルを計算すればよく，その計算手順は 4.5.2 項に示した．パワースペクトルの形は，全極形モデルの場合，次式のように表される．

$$P(\theta) = \frac{G^2}{A_0 + A_1 \cos\theta + \cdots + A_N \cos N\theta} \tag{4.7.4}$$

　LPC によるスペクトル推定について，その適合誤差尺度を考察すると次のようになる．全極型モデルの予測式の z 変換は，予測誤差 $e(t)$ の z 変換を $E(z)$ として

$$E(z) = \left[1 + \sum_{n=1}^{N} a_n z^{-n}\right] X(z) = A(z) X(z) \tag{4.7.5}$$

となる．一方，全区間における2乗誤差を E_T とすると，パーシバル (Parseval) の公式より

$$E_T = \sum_{t=-\infty}^{\infty} e_t^2 = \frac{1}{2\pi} \int_{-\pi}^{\pi} \left|E(e^{j\theta})\right|^2 d\theta \tag{4.7.6}$$

が成り立つ．いま入力信号 $X(z)$ と，これに対する全極型モデルのパワースペクトルをそれぞれ $P(\theta), \hat{P}(\theta)$ とおくと，

$$P(\theta) = \left|X(e^{j\theta})\right|^2 \tag{4.7.7}$$

$$\hat{P}(\theta) = G^2 / \left|A(e^{j\theta})\right|^2 \tag{4.7.8}$$

となるから，(4.7.5) を考慮して，これらを (4.7.6) に代入すると次式が得られる．

$$E_T = \frac{G^2}{2\pi} \int_{-\pi}^{\pi} \frac{P(\theta)}{\hat{P}(\theta)} d\theta \tag{4.7.9}$$

この式は，任意のパワースペクトル $P(\theta)$ が与えられたとき，全極型モデルのスペクトル $\hat{P}(\theta)$ を適合させた場合の誤差を示している．

この誤差最小となる $\hat{P}(\theta)$ は，$P(\theta)$ をフーリエ変換して得られる自己相関関数 $\{r_n\}$ から構成される正規方程式を解いて求められる．ゲイン G は，$r_0 = \hat{r}_0$ ($\hat{r}_0$ は $\hat{P}(\theta)$ から得られる自己相関関数) から決定できる．$\hat{P}(\theta)$ より得られる自己相関関数は，$H(z) = G/A(z)$ のインパルス応答波形から得られるそれに等しい．$A(z)$ が N 次のモデルであれば，次式が成り立つ．

$$r_n = \hat{r}_n \quad (1 \leq n \leq N) \tag{4.7.10}$$

したがって，$N \to \infty$ では全ての n について $r_n = \hat{r}_n$ であり，$\hat{P}(\theta)$ は $P(\theta)$ に一致する．このように，LPC によるスペクトル包絡は，予測係数の次数を増やせばフーリエ・パワースペクトルに漸近するが，声道特性を抽出するという意味では次数は声道長に対応させるのが適当である．

線形予測法 (自己相関法) を使って推定した母音のスペクトル包絡の例は，ケプストラムと比較できるように図 **4.13** に示した．一般に，分析窓の長さが数ピッチ分を含むような場合には，自己相関法と共分散法ではほとんど差がない．しかし，窓長を 1 ピッチ以下にするときは，共分散法を使うのが適当である．なお，波形上での最小 2 乗推定は基本周波数の高い音声では誤差が大きくなり，声道特性のスペクトル推定は難しくなる．その改善手法も提案されている [25][26]．

全極形のパワースペクトルの余弦展開係数を計算することで，フーリエ・スペクトルの場合と同様にケプストラムの概念を導入することができる．これを

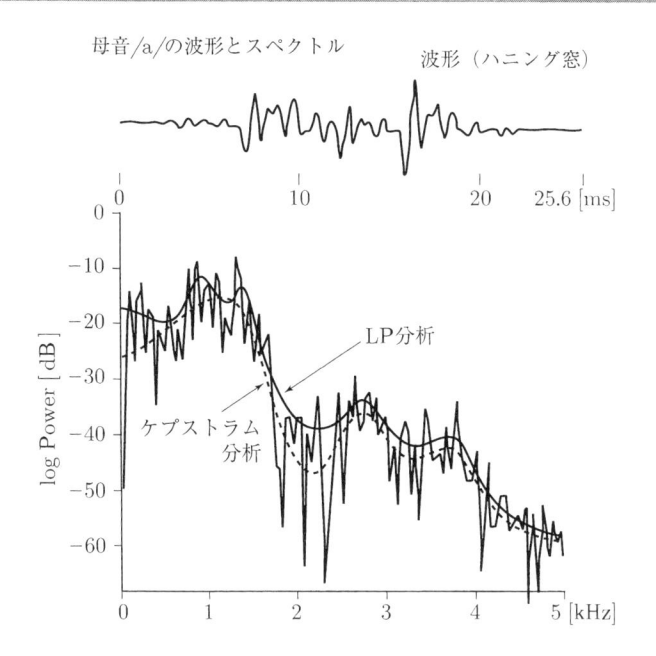

図 4.13 自己相関法で推定された母音のスペクトル包絡 (実線, 次数は 13).
点線はケプストラム分析により得られたスペクトル包絡を示す.

LPC ケプストラムと呼んでいる. LPC ケプストラムの係数を $c'_n, n = 1, 2, \ldots$ とおくと, この係数は予測子係数 $\alpha_n, n = 1, 2, \ldots, N$ から直接, 次のようにして再帰的に計算できる [27]

$$c'_1 = -\alpha_1$$

$$c'_n = -\alpha_n - \sum_{m=1}^{n-1} \left(1 - \frac{m}{n}\right) \alpha_m c_{n-m} \quad (1 < n \leqq N) \quad (4.7.11)$$

$$c'_n = -\sum_{m=1}^{N} \left(1 - \frac{m}{n}\right) \alpha_m c_{n-m} \quad (N < n)$$

前項で述べたフーリエ・パワースペクトルに基づくケプストラムを, LPC ケプストラムと特に区別する必要がある場合に, FFT ケプストラムと呼ぶことがある. 両者は, 最近の多くの自動認識システムで認識のための特徴量として用いられている.

4.7.5 周波数尺度の変換とメルケプストラム

上で述べたケプストラム法と LPC 法は，スペクトル包絡推定法として代表的なものであるが，これらは時間領域で等間隔にサンプリングされた標本値を用いており，周波数軸尺度は線形である．しかし，人間の聴感覚特性は周波数に対してほぼ対数的で，**メル尺度** (mel-scale) として知られる周波数感度となる．したがって，スペクトル包絡推定にもこのような特性を導入すること，例えば，周波数軸上の標本間隔をメル尺度で等間隔になるように変化させてパラメータ化することが考えられる．この結果として得られるパワースペクトルの(ケプストラムに相当する) 余弦展開係数を**メルケプストラム** (mel-cepstrum)と呼ぶ．メルケプストラムは現在，音声認識システムで最もよく用いられる特徴量である．また，周波数軸全体についてより聴感覚特性に近い重み付けを行う試みも多数存在する [2][28]．

メルケプストラムの計算方法には，次の 2 通りの手法がある．

① スペクトルを周波数軸上でメル尺度で等間隔になるように再サンプリングして，この標本値を用いてスペクトル包絡の推定を行う方法
② 全域通過フィルタの位相特性を利用する方法

上の①の方法には，再標本値を用いてケプストラムと同じ手順で包絡を求める手法と，LPC を利用する手法とがある．この方法では，再標本値にはフーリエパワースペクトルの離散値そのものではなく，メル尺度上で等間隔に中心周波数が配置されたフィルタバンク出力のような平滑化された値 [29] を使用するのが望ましい．LPC を利用する方法では，再標本値からその自己相関係数を計算し，スペクトル包絡を求めるという手順をとる．この考え方に基づいた方法を**選択的線形予測法**(Selective linear prediction method) と呼ぶ [30]．

また，②の方法は，次の **1 次全域通過フィルタ**の位相特性を利用する [31][32]．$z = e^{j\omega}$ に対して $\tilde{z} = e^{j\tilde{\omega}}$ で変換後の z 領域を表すと

$$\tilde{z} = m(z) = \frac{1 - az^{-1}}{z^{-1} - a} \qquad (\text{ただし} -1 < a < 1) \qquad (4.7.12)$$

このとき

$$\tilde{\omega} = \omega + 2\tan^{-1}\left[\frac{a\sin\omega}{1-a\cos\omega}\right]$$
$$\frac{d\tilde{\omega}}{d\omega} = \frac{(1-a^2)}{(1+a^2-2a\cos\omega)} \tag{4.7.13}$$

となるから，ω と $\tilde{\omega}$ の関係から標本化周波数 10 kHz の場合で，$a = 0.35$ のときほぼメル尺度に等しくなることが知られている．この変換に相当するケプストラム係数 $\tilde{c}_m$ は，元のスペクトルのケプストラム係数 c_m から次の再帰式によって求めることができる．

$$g_0^{(k)} = c_{-k} = a g_0^{(k-1)} \qquad (g_0^{(-M)} = c_M \text{とする})$$
$$g_1^{(k)} = (1-a^2)g^{(k-1)} + a g_1^{(k-1)}$$
$$g_n^{(k)} = g_{n-1}^{(k-1)} + a(g_n^{(k-1)} - g_{n-1}^{(k)}) \tag{4.7.14}$$
$$(n = 2, 3, \cdots; k = -M, \cdots, -2, -1, 0)$$
$$\tilde{c}_m = g_m^{(0)}$$

この再帰式は (4.7.12) の変換に対して一般的に成り立つもので，c_m はケプストラム係数に限るものではない．

4.8 ホルマント抽出

ホルマントは，かつてはエネルギーの集中した周波数帯域というやや漠然としたものであったが，千葉・梶山 [A1] や G. Fant[A2] 等の研究を経て，声道の伝達関数の極に対応する共振周波数と定義されるようになった．現在では計算機による自動処理が前提であり，ホルマント抽出も音響的変量の計算の問題に帰着される．安定でかつ信頼性の高いホルマント抽出は，技術的に困難な課題である．このため，ホルマントは音声規則合成のためのパラメータとしては良く使われるものの，実用的な認識システムのパラメータとして使用されることは少ない．ここでは，ホルマント抽出のための代表的な手法の原理を簡単に説明する．

4.8.1 ピークピッキングとモーメント法

(1) ピークピッキング法

この方法は，パワースペクトル包絡のホルマントに相当するピークをその包絡形状から抽出しようとするものである [A10]．抽出するホルマントは第2，ないし第3ホルマントまでとするのが普通である．その原理を単純化すると，パワースペクトル $P(f)$ について，$[P(f+\Delta f)-P(f)]$ の符号が正から負へ変る周波数 f_i を検出することである．この方法は，したがって，基になるスペクトル包絡の形，言い換えればスペクトル $P(f)$ の計算法に強く依存している．

(2) モーメント法

パワースペクトル上で帯域を限定して1次モーメントをとることによって，ホルマントに相当するスペクトルのローカルピークを求める方法を，ここでは**モーメント法**と呼ぶことにする．その原理は，ある限定された周波数帯域 $f_{I1} \leqq f_i \leqq f_{I2}$ において，スペクトル $P(f_i)$ (i は周波数成分番号) が概ね単峰性であれば次式によって，ピークの位置が近似的に求められるというものである [33]．

$$f_p = \left\{ \sum_{i=I_1}^{I_2} f_i P(f_i) \right\} \Big/ \sum_{i=I_1}^{I_2} P(f_i) \tag{4.8.1}$$

モーメント法では，通常，第2ないし第3ホルマントまでの抽出に限られる．モーメント法では帯域制限がきつい境界条件となりがちであるが，その改善方法としては帯域制限にガウス型窓を用い，隣り合う窓が一部重なり合うことを許して，再帰的計算によりピークに漸近させる手法がある [29]．

4.8.2 合成による分析 (AbS) 法

合成による分析法(Analysis by Synthesis: **AbS 法**) とは，その呼称の通り，適当な生成モデルを仮定し，そのモデルから合成した変量と入力変量との整合誤差を最小化することにより，モデルを構成するパラメータを同定する方式のことである [34]．したがって，ホルマント抽出に応用するには，ホルマントに関する生成モデルを作成する必要がある．

さて，音声のスペクトルが声道，音源など相互作用を無視すれば，次のようにモデル化できることは既に述べた．

$$|P(f)|^{1/2} = |R(f)V(f)S(f)| \tag{4.8.2}$$

母音型の音声の場合，すなわち，音源が声門のみにあり，声道に閉鎖に近い極端な狭めがなく，かつ鼻音のような声道の分岐がない音では，声道の特性はホルマント周波数とその帯域幅によって次式のように表される [35]．

$$|V(f)| = \prod_{n=1}^{N} \frac{F_n^2 + (B_n/2)^2}{\sqrt{(f+F_n)^2 + (B_n/2)^2}\sqrt{(f-F_n)^2 + (B_n/2)^2}} |V_H(f)| \tag{4.8.3}$$

F_n, B_n は第 n ホルマントの周波数と帯域幅である．$V_H(f)$ は高次ホルマントの効果を近似する補正項である．ここでは，$N=4$ とし，第 5 ホルマント以上を近似するとすると，

$$V_H(f) = 0.1243(f/F_c)^2 + 0.0003158(f/F_c)^4 \tag{4.8.4}$$

となる．F_c は，近似的に 500 Hz とすることができる．

音源特性 $S(f)$ のモデルとしては，(a) 虚軸近傍の複数個の零点で近似，(b) 零周波数近傍の共役複素極で近似，(c) 声帯波形を関数で近似する，などの方法がある．例えば (b) 例では，極の帯域幅を 100 Hz とすると，

$$S(f) = 1/(100^2 + f^2) \tag{4.8.5}$$

となる．また，放射特性は

$$R(f) = f \tag{4.8.6}$$

で近似できる．以上の (4.8.4)～(4.8.6) を (4.8.2) に代入すると，AbS 法で求めるべきパラメータは次のようになる．

$$X = \{F1, F2, F3, F4, B1, B2, B3, B4\}$$

入力はパワースペクトルであるが，より実際的にはスペクトルの包絡である．誤差評価尺度は最小 2 乗誤差で，最急降下法などによって解が求められる．

4.8.3 線形予測法

線形予測分析では，4.5.1 項で示したように，母音型音声の声道の伝達関数が次式で表されるものと仮定している．

$$V(z) = \frac{G}{\left(1 + \sum_{n=1}^{N} \alpha_n z^{-n}\right)} \tag{4.8.7}$$

したがって，ホルマント抽出はこの極，すなわち，分母 = 0 となる解を求めればよい．すなわち

$$1 + \alpha_1 z^{-1} + \alpha_2 z^{-2} + \cdots + \alpha_n z^{-n} = 0 \tag{4.8.8}$$

(ただし $z = e^{sT} = e^{-\pi BT + j\omega T}$, T は標本化周期)

この解を z_k とすれば，

$$\text{極周波数：} \quad f_k = \frac{1}{2\pi T} \operatorname{Im}[\log z_k] \tag{4.8.9}$$

$$\text{極バンド幅：} \quad B_k = \frac{1}{\pi T} \operatorname{Re}[\log z_k] \tag{4.8.10}$$

ただし Im[ ], Re[ ] はそれぞれ虚部，実部を表す．

ところで，この極とホルマントが一致するためには，その定義から z 伝達関数の次数 N が声道長に対応している必要がある (4.5.4 項を参照)．したがって，本来は，線形予測分析の進行と同時に声道長に相当する次数の同定を行う必要がある [36]．しかし，これはかなり困難な問題となるので，しばしば採られる方式は，分析次数はその分析帯域に含まれるおよそのホルマントの個数を基準に固定し (4.5.2 項参照)，ホルマントは，求められた極の中からバンド幅や前後の連続性などを考慮した論理的アルゴリズムによって選択する [37]．

第 4 章の参考文献

[1] D.F. Elliott and K.R. Rao: "Fast Transforms– Algorithms, Analyses, Applications", Academic Press (1982)
[2] M.Cooke, S.Beet, M. Crawford: "Visual Representations of Speech Signal", John Wiley & Sons (1993)
[3] 佐藤雅昭: "ウェーブレット理論の数学的基礎 第 I 部", "同第 II 部", 日本音響学会誌 Vol.47, No.6, pp.405-423 (1991).
[4] O. Rioul, M. Vetterli: "Wavelet and Signal Processing", IEEE SP Magazine Vol.8, No. 4, pp.14-39 (1991)

[5] 大類重範:「ディジタル信号処理」日本理工出版会 (2001)
[6] A.M. Noll: "Short-time Spectrum and Cepstrum Technigues for Vocal - Pitch Detection," J.A.S.A. 36, 2 pp.296-302 (1964)
[7] B.S. Atal and S.L.Hanauer: "Speech Analysis and Synthesis by Linear Prediction of the Speech Wave", J.A.S.A, 50, 2, pp.637-655 (1971)
[8] J. Makhoul: "Linear Prediction : A Tutorial Review", Proc. IEEE 63, 4, pp.561-580 (1975)
[9] J.D. Markel and A.H. Gray: " Linear Prediction of Speech", Springer-Verlag, NY, (1976)
[10] 松井英一, 中島隆之, 鈴木虎三, 大村浩: "カルマンフィルタ理論による音声分析", 電総研彙報,36,3, pp.210-219 (1972)
[11] F. Itakura and S. Saito: "Digital Filtering Technique for Speech Analysis and Synthesis", Proc.7th ICA, 25C1 (1971).
[12] J.L. Kelly and C. Lochbaum: "Speech Synthesis", Proc. Speech Communication Seminar, Stockholm (1962).
[13] H. Wakita: "Direct Estimation of the Vocal Tract Shape by Inverse Filtering of Acoustic Speech Waveforms", IEEE. Trans. AU-21, 5, pp.417-427 (1973)
[14] 中島, 大村, 田中, 石崎: "適応逆フィルタ法による声道断面積関数の推定", 音響学会音声研究会資料, S72-21 (1973.2)
[15] 板倉文忠: "線形予測子係数の線スペクトル表現", 音響学会音声研究会資料, S75-24 (1975)
[16] 菅村昇, 板倉文忠: "線スペクトル対音声分析合成方式による音声情報圧縮", 信学論, 64-A, 8, pp.599-607 (1981).
[17] M.R.Schroeder: "Period Histogram and Product Spectrum: New Methods for Fundamental Frequency Measurement", J.A.S.A. 43, 4, pp.829-834 (1968)
[18] L.R. Rabiner: "On the Use of Autocorrelation Analysis for Pitch Detection", IEEE Trans. ASSP-25 (1977), 23-24.
[19] J.A. Moorer: "The Optimum Comb Method of Pitch Period Analysis of Continuous digitized Speech", IEEE. Trans. ASSP-22, 5, pp.330-338 (1974)
[20] M.J. Ross et al: "Average Magnitude Difference Function Pitch Extractor", IEEE. Trans. ASSP-22, 5, 353-362 (1974)
[21] 渕 一博, 板橋秀一: "直接線形予測によるピッチ抽出", 信学会研究会資料 EA75-23 (1975.7).

[22] C.M. Harris and W.M. Waite: "Response of spectrum analyzers of the bank-of-filters type to signal generated by vowel sounds", J.A.S.A. 35, 12 , pp.1972-1977 (1963)

[23] W. Koenig and H.K. Dunn: "The sound Spectrograph", J.A.S.A 18, 1, pp.19-49 (1945)

[24] V.W. Zue: "The use of knowledge in automatic speech recognition", roc. IEEE 73, 11, pp.1602-1615 (1985)

[25] 中島隆之, 鈴木虎三: "パワースペクトル包絡 (PSE) 音声分析合成系", 音響学会誌 44, pp.824-832 (1988)

[26] 佐宗晃, 田中和世: "HMM による音源のモデリングと高基本周波数に頑健な声道特性抽出", 電子情報通信学会論文誌 D-II, 84, 9 , pp.1960-1969 (2001)

[27] B.S. Atal: "Effectiveness of linear prediction characteristics of the speech wave for automatic speaker identification and verification", J.A.S.A. 55, 6, 1304-1312 (1974)

[28] S. Itahashi and S. Yokoyama: "A Method of Formant Extraction Utilizing Mel Scale", 日本音響学会誌, 30, 12, pp.677-678 (1974)

[29] K. Tanaka: "A Dynamic Processing Approach to Phoneme Recognition (Part 1)-Feature Extraction", IEEE. Trans. ASSP-27, 6, pp.596-608 (1979)

[30] J. Makhoul: "Selective linear prediction and analysis-by-synthesis in speech analysis", BBN Rep. No.2578 (1974).

[31] H.W. Strube: "Linear Prediction on a warped frequency scale", J.A.S.A. 68, 4, pp.1071-1076 (1980)

[32] 小林隆夫, 今井聖: "一般化ケプストラム距離尺度", 信学論, J69-A11, pp.1431-1438 (1986).

[33] 鈴木誠史, 角川靖夫, 中田和男: "モーメント計算によるホルマント周波数抽出", 日本音響学会誌, 19, 3, pp.106-114 (1963).

[34] C.G.Bell, H. Fujisaki, et al: "Reduction of Speech Spectra by Analysis-by-Synthesis Technigues", J.A.S.A.33, 12, pp.1725-1736 (1961)

[35] 松本弘, 曽根敏夫, 二村忠元: "ホルマント抽出のための AbS アルゴリズムに関する検討", 信学会研究会資料 EA70-7 (1970.6)

[36] K. Tanaka: "Extraction, normalization and categorization of phonemic features based on linear prediction and dynamic processing," Bul. of Electrotech. Lab. 40, 1, pp.1-25 (1976)

[37] S.S. McCandless: "An Algorithm for Automatic Formant Extraction Using Linear Predictive Spectra", IEEE. Trans. ASSP-22, 2, pp.135-141 (1974)

[38] 大村浩，田中和世: "基本波フィルタリング法による精細ピッチパターンの抽出", 日本音響学会誌, Vol.51, No.7, pp.509-518 (1995.7)

[39] 河原英紀，A.D. Cheveigne: "原理的に抽出誤りの存在しないピッチ抽出方法とその評価について", 信学会技術研究報告, SP96-96 (1997.1)

演習問題 4

4.1 信号が振幅 1.0 の正弦波，この信号波形を量子化ビット数 B で量子化としたとき，その S/N 値を計算せよ．

4.2 方形窓のフーリエ変換をして，$W(f)$ が (4.2.12) のようになるのを確かめよ．

4.3 フィルタの伝達関数が (4.5.41) で表されるとき，これを線形予測分析における伝達関数とみなして，信号波形の最小 2 乗推定を定式化し，係数 ε を求める式を導け．ただし，$n = 2$ とする．

4.4 選択的線形予測法の考え方 (4.7.5 項) に基づいた場合のメルケプストラムの計算手順を示せ．具体的には，線形周波数軸上に与えられたパワースペクトルをメル尺度で等間隔にサンプリングした値からメルケプストラムを計算する手順を示す．

第5章

音声の符号化

　音声信号のディジタル化の基本となる PCM (Pulse Code Modulation) 方式は1937年イギリスのリーブス (A.H.Reeves) により発明されたが，実用になったのは1950年代後半になってからである．その理由として，トランジスタの使用によりシステムの安定化がはかられたこと，音声符号化の一種である非直線量子化方式が開発されたことがあげられる．音声符号化は伝送情報量の圧縮を行う高能率符号化ということもできる．音声符号化は音声信号の統計的性質と聴感特性を活用して時間次元で伝送情報量の圧縮を行う波形符号化 (waveform coding) と，音声のスペクトル次元の情報を用いて伝送情報量の圧縮を行うスペクトル符号化に分けられる．スペクトル符号化は，第3章で述べた音声生成モデルに基づいたパラメータを用いるパラメトリックな符号化と，ケプストラムなどを用いたノンパラメトリックな符号化に分けられる．

5.1 符号化技術の流れと分類

　1968年日米 [1][2] から同時に発表された音声の**線形予測符号化**(LPC: Linear Predictive Coding) 技術により，それまで波形符号化では 10 kbit/s 以下の情報圧縮が難しかったものを 2 kbit/s まで圧縮する見通しが得られた．1978年にアメリカの Texas Instruments 社が LPC に基づく Speak & Spell という音声教育玩具を発表したことにより，音声符号化 LSI 開発が促進された．1980年前後にベクトル量子化の理論的開発が行われ，200〜800 bit/s という極低ビッ

ト符号化の道が開かれた [3].

近年,民生用機器で音声符号化 LSI が一般的になるとともに,従来,特殊な用途でしか用いられてこなかった,10 kbit/s 以下の低ビットレートでの符号化方式が,携帯電話の普及を担うディジタル移動通信システムの実現のため注目され,音質を保ちながら低ビットレート化が急速に進められている.また,マルチメディア技術の発展に伴う動画像の符号化の流れと同調するように,音声より広帯域のオーディオ信号の符号化も音声の符号化方式をベースにして研究開発が進み,実用化されている.近年の符号化方式は従来の波形符号化やスペクトル符号化のような区別ができず,ハイブリッドな方式が各種提案される状態となっている.

表 5.1 音声コーデックに関する ITU-T 勧告の状況

勧告番号	内 容	勧告年
G.711	pulse code modulation (PCM) of voice frequencies 音声周波数帯域の符号化 (64 kbit/s μ/A-law PCM)	1972
G.722	7 kHz audio-coding within 64 kbit/s 64 kbit/s 以下の 7 kHz オーディオ符号化方式 (64 kbit/s SB-ADPCM 広帯域:7 kHz)	1988
G.723.1	dual rate speech coder for multimedia communications transmitting at 5.3 and 6.3 kbit/s マルチメディア通信のための 5.3 および 6.3 kbit/s デュアルレート音声符号化方式 (6.3,5.3 kbit/s MP-MLQ/ACELP)	1996
G.726	40, 32, 24, 16 kbit/s adaptive differential pulse code modulation (ADPCM) 40,32,24,16 kbit/s 適応差分パルス符号変調方式 (40,32,24,16 bit/s ADPCM)	1990
G.728	coding of speech at 16 kbit/s using low-delay code excited linear prediction 低遅延符号励振線形予測 (LD-CELP) を用いた 16 kbit/s 音声符号化方式 (16 kbit/s LD-CELP)	1992
G.729	coding of speech at 8 kbit/s using conjugate-structure algebraic-code-excited linear-prediction (CS-ACELP) 8 kbit/s CS-ACELP 音声符号化方式 (8 kbit/s CS-ACELP)	1996

音声の符号化を通信に利用する場合は，符号化方式の標準化が重要な問題となる．音声コーデックに関する国際標準の動向として ITU-T(International Telecommunication Union - Telecommunication standardization sector) 勧告の状況を表 5.1 にまとめる．ITU-T は国際電気通信連合 (ITU) 電気通信標準化部門で旧国際電信電話諮問委員会 CCITT(Consultative Committee for International Telephony and Telegraphy) を引き継いだものである．

音声信号のようなアナログ波形をディジタル化するには時間方向で離散的な値をとる標本化 (sampling)，振幅方向で離散的な値をとる**量子化** (quantization) という操作を行う．一様なステップで量子化するものを**線形パルス符号化** (linear PCM) という．

線形 PCM では音声信号で 80〜120 kbit/s，コンパクトディスク (CD) やディジタルオーディオテープレコーダ (DAT) のような Hi-Fi オーディオでは片チャ

表 5.2 音声符号化の分類

	波形符号化	
振幅方向の処理	非直線量子化	log PCM
	適応量子化	適応 PCM(APCM)
		適応差分変調方式 (ADM)
時間軸上の処理	予測符号化	差分 PCM(DPCM)
		適応差分 PCM(ADPCM)
		適応予測符号化 (APC)
周波数軸上の処理	帯域分割符号化 (SBC:Sub-band coding)	
	適応変換符号化 (ATC:Adaptive transform coding)	
	スペクトル符号化	
パラメトリック	LPC(Linear predictive coding) 方式	
	PARCOR(Partial auto-correlation coefficient) 方式	
	LSP(Line spectrum pair) 方式	
ノンパラメトリック	ケプストラム法	
生成音源 (ハイブリッド 符号化を含む)	パルス駆動線形予測法 (Pulse excited LPC:PELP)	
	残差駆動線形予測法 (Residual excited LPC:RELP)	
	音声駆動線形予測法 (Voice excited LPC:VELP)	
	マルチパルス駆動線形予測法	
	(Multi-pulse excited LPC:MPC)	
	符号励振型線形予測法 (Code excited Linear	
	Prediction:CELP)	

ネルで 700 kbit/s 以上の伝送レートを必要とする．伝送情報量を圧縮することを**高能率符号化** (efficient coding) または音声信号，画像信号に対しては単に**音声符号化** (speech coding)，**画像符号化** (picture coding) と呼ぶ．

波形符号化は音声の統計的性質と，人間の聴覚特性を利用するもので，振幅方向の処理による符号化，時間軸上の処理による符号化，主に周波数軸上の処理による符号化に分類することができる．スペクトル符号化は音声生成モデルに基づく線形予測方式を中心に，パラメトリックな方式，ノンパラメトリックな方式，ハイブリッド符号化を含む生成音源符号化で分類することができる．

以上の音声符号化の分類を**表 5.2** にまとめる．

5.2 量 子 化

5.2.1 非直線量子化

図 **5.1(a)** のように，量子化のステップ幅を一定にとる量子化を**線形量子化**という．実際に，音声波形の振幅を長時間にわたり観察してその出現確率密度分布を測定すると大振幅部分ではほぼ指数関数分布をとり，小振幅部分では正規分布特性を示すことが知られている [4]．

(a) 線形量子化特性　　(b) 非線形量子化特性

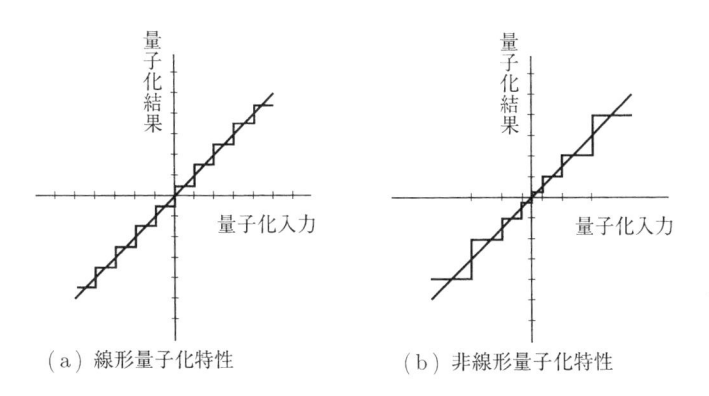

図 **5.1**　線形量子化と非線形量子化特性 [32]

図 **5.1(b)** のように，量子化のステップ幅を大振幅では粗く，小振幅で細か

くすることで量子化器のステップ数を減少させることができる．振幅を対数変換して符号化するので**対数圧伸 (log)PCM** と呼ばれる．圧縮法として μ-law がよく使われる．μ-law の圧縮式は，

$$F_\mu(x) = \text{sgn}(x) \frac{\log(1+\mu|x|)}{\log(1+\mu)} \tag{5.2.1}$$

ここで，x は入力信号振幅 ($-1 \leqq x \leqq 1$)，$\text{sgn}(x)$ は x の極性，$\mu \to 0$ が圧縮のない場合で，μ が大きいほど圧縮率が高くなる．通常，$\mu = 100 \sim 500$ の値が用いられる．

5.2.2　適応量子化

log PCM では大振幅の入力レベルでの SN 比を犠牲にしている．これに対して，図 **5.2(a)** のように音声信号の振幅が小さいときはステップ幅を小さく，図 **5.2(b)** のように振幅が大きいときは量子化器のステップ幅を大きく，入力信号のレベルに応じて切り替える方式を**適応量子化**という．適応量子化を用いた符号化方式を **APCM (Adaptive PCM) 符号化**[13][33][34] と呼び，原理図を図 **5.3** に示す．ステップ幅を固定にした場合に比べて伝送情報量の圧縮がはかれる．量子化ステップをどのように変化させたかの情報の伝達を必要とする場合を**前向き適応方式**，また現在までの入力信号レベルから量子化ステップ幅を自動生成する場合を**後向き適応方式**と呼ぶ．当然前者の前向き適応方式の情

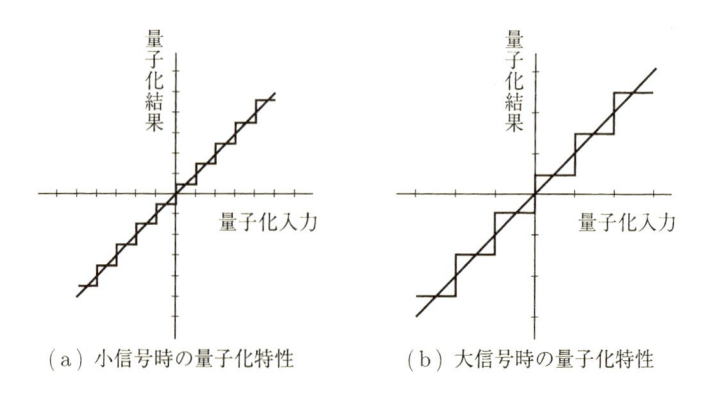

(a) 小信号時の量子化特性　　(b) 大信号時の量子化特性

図 **5.2**　適応量子化の量子化特性 [32]

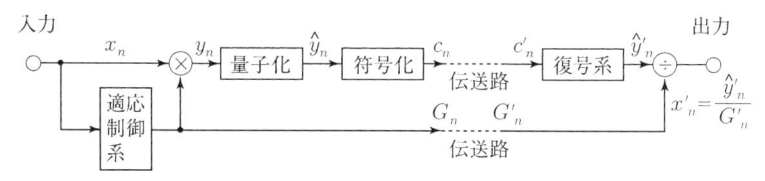

(a) 前向き予測(feedforward)適応符号化

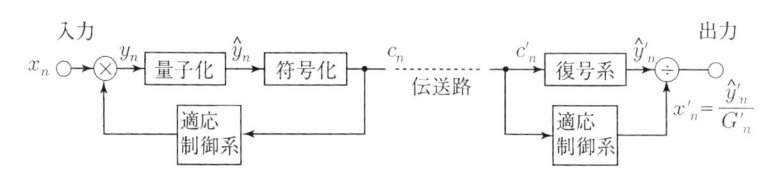

(b) 後向き予測(feedback)適応符号化

図 5.3 適応量子化の原理

報圧縮比率が高いが,制御情報を送る必要がある.さらに,音声の立ち上がり,立ち下がりなどの過渡部で音質を劣化させる可能性がある.

5.2.3 ベクトル量子化 [3][5]~[8]

(1) ベクトル量子化の原理

信号の一つのサンプルに一つの符号を割り当てる符号化方式の量子化方法を,**スカラ量子化**と呼ぶ.一方,いくつかのサンプル値系列をブロックにまとめて符号化することを**広い意味でのブロック符号化**という.ブロック内の K 個のサンプル値系列を一つのデータとしてみると K 次元空間のベクトルと考えられる.

ブロック内の K 次元ベクトルを一つの代表ベクトルに変換する方式を,**ベクトル量子化** (vector quantization) と呼ぶ.ベクトル量子化方式は音声,映像の高能率符号化,音声認識などに応用がひろがっている.音声の高能率符号化の応用においては,波形符号化,スペクトル符号化,ハイブリッド符号化などの様々なパラメータの量子化に用いられている.

スカラ量子化を用いた波形符号化では音声信号を 8 kHz でサンプリングし,例えば 5.3.2 項で述べる ADPCM や直交変換符号化して 16~32 kbit/s の伝送

レートが得られている．この場合，1サンプル当たり2〜4ビット程度に情報量圧縮が行われているのに対して，ベクトル量子化を用いることにより音声品質を損なうことなく1サンプル当たり0.5〜1ビット程度にすることが可能で，4800 bit/s以下の中帯域音声符号化を中心に研究が進められている．

LPC，LSPなどの線形予測符号化に応用する場合には，線形予測パラメータをひとまとめにしてベクトル量子化する．線形予測符号化で2 kbit/s程度の伝送レートが得られていたものを，さらに1/3から1/10に情報圧縮して200〜800 bit/sという極低ビット符号化を中心に研究されている．

図5.4にベクトル量子化の原理を示す．入力と出力に番号を付けられた代表ベクトルをのせたコードブックがあり，入力信号はK個のサンプル値毎にブロック化される．そのブロック毎に入力ベクトルxとコードブックの中の代表ベクトルyと比較して，一番近い代表ベクトルを見いだす．

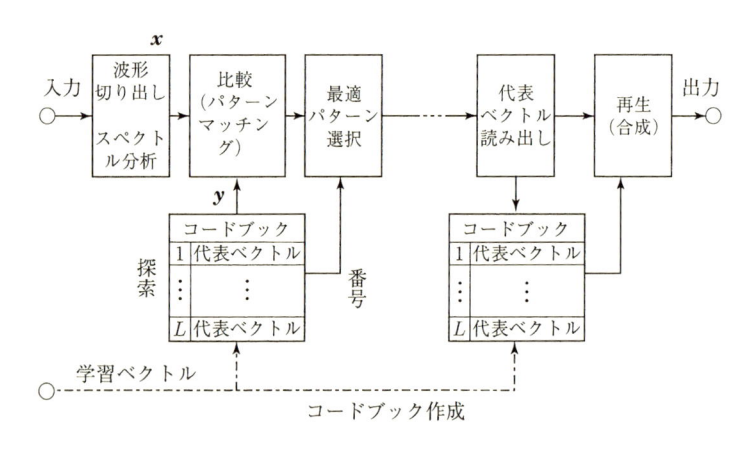

図5.4 ベクトル量子化の原理

その代表ベクトルにつけられた番号を伝送し，出力側では同じコードブックから，送られた番号に対応する代表ベクトルを読み出して再生出力信号とする．入力信号と代表ベクトルの比較を行うことから，ベクトル量子化はパターンマッチング方式の一種と考えることができる．

1サンプル当たりNビットの伝送レートとするとき，コードブックの代表ベクトルの個数Lは，1ブロックのサンプル数をKとすると最大で$L=2^{NK}$個となる．コードブックの大きさを一定とし1ブロックの大きさを増やすと伝送

レートの圧縮比を大きくすることが期待できる．

今，$K = 32$ サンプル，$N = 0.5$ ビット/サンプルとするとコードブックとして $0.5 \times 32 = 16$ ビット，$65,536$ 個の代表ベクトルをとることができ，同じ伝送レートのスカラ量子化に比べて量子化誤差を小さくすることができる．さらに，ベクトル量子化ではコードブックを学習によって設計することで 1 ブロック内の K 個のサンプル間の線形な相関のみならず，非線形な依存性まで利用することができる．

ベクトル量子化器の設計には，入力ベクトルと代表ベクトルの類似度の尺度，最適な代表ベクトルの設計またはコードブックの作成，コードブックの効率的な探索法などの問題点がある．以下にこれらについて簡単に述べる．

(2) 歪評価尺度

入力ベクトル $\boldsymbol{x}$ がコードブックの代表ベクトル $\boldsymbol{y}$ として再生されるときの歪みを $d(\boldsymbol{x}, \boldsymbol{y})$ で表す．波形符号化では 2 乗歪尺度

$$d(\boldsymbol{x}, \boldsymbol{y}) = \|\boldsymbol{x}, \boldsymbol{y}\|^2 \tag{5.2.2}$$

がよく使われる．$\|\cdot\|^2$ はユークリッド・ノルムを表す．

線形予測符号化では歪尺度に最尤スペクトル推定法から導かれた板倉・斉藤尺度がよく使われる．線形予測係数を α_i，予測誤差を σ とし，$\boldsymbol{x} = (\sigma, \alpha_1, \ldots, \alpha_k)^T$，コードブックの代表ベクトル $\boldsymbol{y} = (\hat{\sigma}, \hat{\alpha}_1, \ldots, \hat{\alpha}_k)^T$ とすると，板倉・斉藤尺度は次式で表される．

$$d(\boldsymbol{x}, \boldsymbol{y}) = \frac{\hat{\boldsymbol{a}}^T R \hat{\boldsymbol{a}}}{\hat{\sigma}^2} - \ln \frac{\sigma^2}{\hat{\sigma}^2} - 1 \tag{5.2.3}$$

$\hat{\boldsymbol{a}}^T = (1, \hat{\alpha}_1, \ldots, \hat{\alpha}_k)$，$R$ は入力ベクトル $\boldsymbol{x}$ を求める際に用いられた音声波形の $(k+1)$ 行 $(k+1)$ 列の自己相関関数行列で，テプリッツ (Toeplitz) 型行列である．ベクトル量子化器の性能を平均歪 $D = E\{d(\boldsymbol{x}, \boldsymbol{y})\}$ で評価する．ここで $E\{\cdot\}$ は期待値を表す．

(3) Rate-Distortion 理論

Rate-Distortion 理論は情報理論の創始者であるシャノン (C. E. Shannon) により見いだされたもので，情報伝送理論が伝送速度と通信の信頼性のトレードオフの関係を示すのに対し，Rate-Distortion 理論は伝送速度と許容最小歪 (誤差) のトレードオフの関係を示している．PCM の量子化ステップ数を増や

すと，量子化歪(誤差)を小さくすることができるが，符号化のビット数が増えて伝送速度が大きくなる．その反対に符号化のビット数を小さくすると，量子化のステップ数が小さくなり量子化歪が増えることになる．

情報伝送速度を R，平均歪を D として，D 一定のもとでの R の下界を $R(D)$ 限界，R 一定のもとでの D の下界を $D(R)$ 限界という．1970年後半，K 次元ベクトル量子化の次元数 K の値を十分大きくすることにより，伝送レートを漸近的に $R(D)$ 限界に下げることが可能であることが証明され [9, 10]，その後ベクトル量子化が音声・映像信号の符号化に取り入れられるようになった．

(4) コードブックの作成と探索方法

コードブックを作成するには図5.4の破線のような「学習モード」により，あらかじめ代表ベクトルを選んでおく必要がある．コードブックは学習データに関して平均歪を最小にするように設定されるが，任意の入力ベクトルに対して直接，代表ベクトルを求めることは難しい．スカラ量子化で最適量子化器を逐次的に設計するアルゴリズムが1957年ロイド(Lloyd)により開発されている[11]．リンデ(Linde)，ブゾー(Buzo)，グレイ(Gray)はこれをベクトル量子化に拡張して，ベクトル量子化器設計の道を開いた[12]．これを **LBG アルゴリズム** と呼び，下記に示す．

ステップ1 学習データのセントロイド(重心)を計算し，代表ベクトルとしてサイズ1のコードブックを作成する(初期化)．

ステップ2 コードブックの代表ベクトルに微小値を加えて，近接した代表ベクトルに分割する．

ステップ3 新たに作られた代表ベクトルで学習データを分類する．

ステップ4 分類された学習データのセントロイドを計算し，代表ベクトルとする．

ステップ5 コードブックサイズが所定の大きさになっていなければ，ステップ2から繰り返す．

ベクトル量子化で効率的な情報量圧縮を行うには，ブロック内のサンプル数 K の値を大きくとる必要がある．許容歪を小さくするためには，コードブック内の代表ベクトルの数 L が大きくなる．このため格納するメモリが大きくなり，最適な代表ベクトルを探す処理時間が増大する．

コードブックに蓄えられた L 個の代表ベクトル全数と類似度を計算する全探索 (full search)VQ では，コードブックサイズを b ビットとすると，比較の回数は $M \leq 2^b$ 回必要になる．ベクトルの次元を K とすると必要な積和は $K2^b$ のオーダーとなる．$b = 10$ ビットとすると，$M \leq 1024$ となり，総当たりで比較すると計算量が増え，木探索法等の対応策が必要となる．

5.3 波形符号化

5.3.1 適応予測符号化 (APC)

音声信号の標本間では，隣接するものから数点離れた標本間でも大きな相関が見られる．そこで，隣接標本間の差分を符号化するのが差分符号化 (DPCM:Differential PCM) である [13]．DPCM は線形予測の最も簡単なもので，1 次から 3 次程度で固定の予測係数をもつものである．予測次数を大きくしていくと，原信号との差分信号 (予測残差) はダイナミックレンジと分散が小さくなり，少ないビット数で量子化が可能となる．そこで，標本間の相関を利用した予測値と原信号の差の予測残差を符号化するのが**予測符号化** (predictive coding) である．予測符号化の原理図を**図 5.5** に示す．

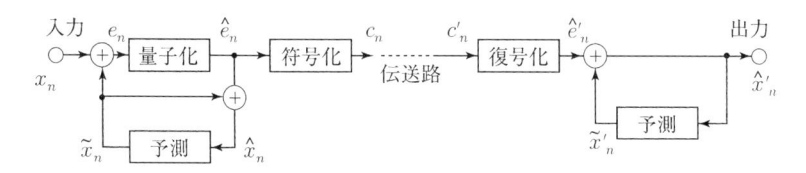

図 5.5 予測符号化の原理

DPCM の予測器の予測係数は固定であるが，音声信号に対してブロックごとに最適な前向き適応予測を行う符号化方式を**適応予測符号化**(APC: Adaptive Perdictive Coding) と呼ぶ[1]．

予測次数をあげていくと，次節で扱う線形予測モデルによる符号化になる．

---
[1] 狭義にはピッチ予測も合わせて行う方式を指す．

5.3.2 適応差分 PCM(ADPCM)

(1) 原　理

差分符号化 (DPCM) あるいは適応予測符号化 (APC) と適応量子化 (APCM) を組み合わせた符号化を**適応差分符号化** (ADPCM) と呼ぶ [14]．後向き適応量子化と固定 1 次予測の DPCM を用いた ADPCM では制御情報は必要なく差分信号のみを伝送すればよいので比較的ハードウェア規模が大きくならず，32 kbit/s で約 22 dB の SNR が得られる．この方式の原理図を図 **5.6** に示す．

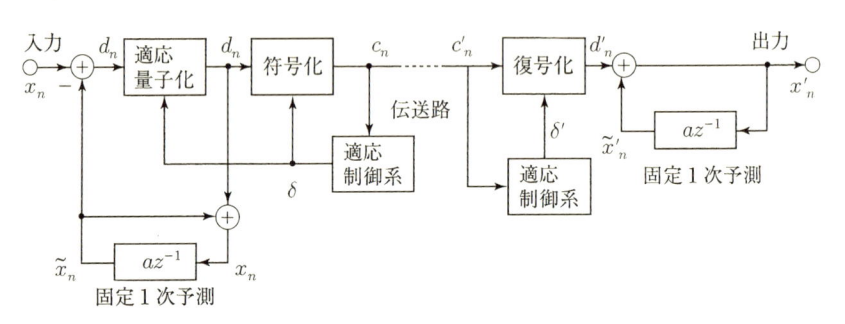

図 **5.6** 後向き適応量子化と固定 1 次予測を用いた ADPCM の原理

(2) 標準化方式

適応予測符号化 (APC) と適応量子化 (APCM) を組み合わせた ADPCM として ITU 勧告 G.726 の方式がある [15]．この方式によれば，32 kbit/s で 64 kbit/s の log-PCM とほとんど同程度の音質が得られる．エンコーダの基本構成図を図 **5.7** に，デコーダの基本構成図を図 **5.8** に示す．

エンコーダでは μ-law で量子化された PCM 入力信号をフォーマット変換器で線形 PCM 信号に変換した後，入力信号から入力の予測信号を引くことによって差分信号を得る．15 レベルの適応量子化器を用いて，差分信号に 4 ビットの符号を割り当ててデコーダへ伝送する．フィードバックループの逆量子化器で 4 ビットの符号から量子化差分信号を生成する．量子化差分信号を予測信号に加算することで再生信号を得る．再生信号と量子化差分信号を入力とする適応予測器で，次の信号の予測値を求める．

デコーダではエンコーダのフィードバックループと同じ構成で信号が再生さ

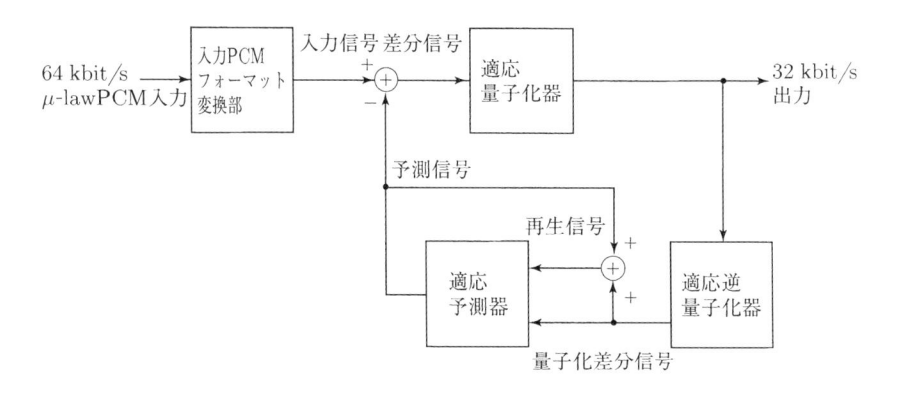

図 5.7 ADPCM エンコーダ基本構成 [15]

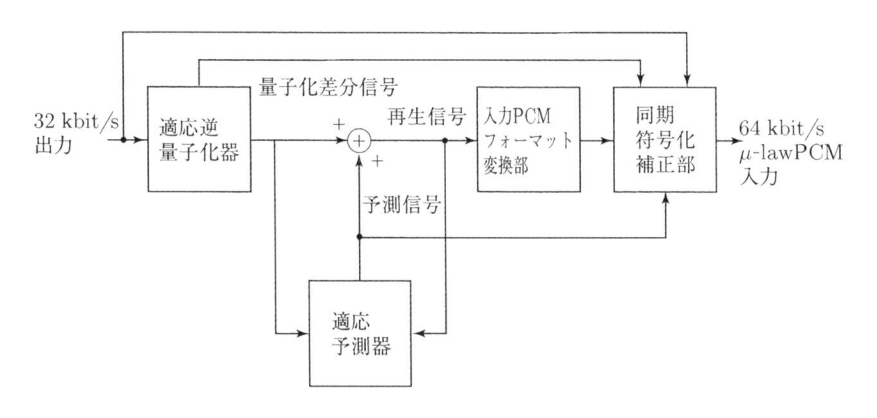

図 5.8 ADPCM デコーダ基本構成 [15]

れる．再生信号は PCM 変換部で μ-law で量子化された PCM 信号に符号化され，同期符号化補正部で複数回 (タンデム) の符号化を行う際の累積的なひずみが発生するのを押さえている．

5.3.3 サブバンド符号化 (SBC)

(1) サブバンド符号化の原理

音声信号は一般的に高域よりも低域の周波数成分が多い．また，時間毎に音

声信号の周波数成分の分布も異なってくる．そこで，これらの音声の特徴を利用して，音声帯域を複数の帯域(バンド)に分割し，各バンドの特徴に応じて音声符号化を行う．

(2) サブバンド ADPCM(SB-ADPCM)

サブバンド符号化で各帯域ごとに ADPCM を行う符号化がある [16]．この一例として，7 kHz の広帯域の 64 kbit/s の音声コーディクで CCITT 勧告 G.722 の 64 kbit/s SB-ADPCM の方式がある．

16 kHz でサンプリングされた信号を，ミラーフィルタ (QMF) [17] により帯域を低域 (0〜4 kHz) と高域 (4〜8 kHz) に 2 分割し，ダウンサンプリング後，ADPCM により低域側を 48 kbit/s，高域側を 16 kbit/s で符号化する．この方式の基本構成図を図 5.9 に示す．

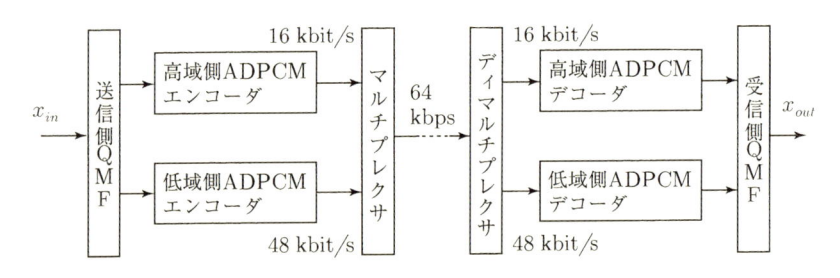

図 5.9 SB-ADPCM 基本構成 [17]

5.3.4 変換符号化

音声信号を直交変換により周波数領域に変換し，その係数を量子化して伝送する符号化を**変換符号化** (Transform Coding: TC) と呼ぶ．

音声信号を，ほぼ定常であると考えられる時間長毎にブロック化して，周波数領域に直交変換する．各周波数成分毎に変換係数を量子化して伝送路に送る．受信側では逆変換を行い元の音声信号ブロックを得て，音声信号を出力する．ブロックに分けて符号化するためブロック符号化ともいわれる．

入力信号と出力信号の誤差を最小 2 乗誤差で評価すると，直交変換は K-L (Karhunen-Loeve) 変換が理想的であるが，処理量が大きいことと高速演算アルゴリズムがまだ見出されていないために，使用するのが難しい．

直交変換系としてフーリエ変換，正弦変換，余弦変換，Walsh-Hadamard (W-H) 変換，Haar 変換，Slant 変換などがある．離散余弦変換 (DCT) は K-L 変換に最も近い近似を得ている．また，DCT はフーリエ変換の実数表現で変換結果が音声信号の周波数成分の大きさを表現しているため，理解しやすいという利点がある．直交変換に DCT を用い，適応量子化を行う方式を**適応変換符号化**(ATC) と呼んでいる [18]．

5.3.5 MPEG オーディオ

動画とオーディオの圧縮符号化規格を作成している ISO/IEC の作業部会を Moving Picture Experts Group (**MPEG**) と呼び，MPEG はここで決められた規格名ともなっている．現在，VideoCD で使用されている MPEG-1[19]，DVD で使われている MPEG-2，ディジタルテレビや次世代マルチメディアシステムを想定した MPEG-4 が規格化されている．この中でオーディオ関係の符号化規格が MPEG オーディオであり，2 チャンネルまでのステレオ信号を扱うものが ISO/IEC 11172-3 として規格化され，MPEG-1 オーディオまたは単に MPEG オーディオと呼ばれている．さらに，ISO/IEC 13818-3 として規格化され，5+1 チャンネルサラウンドをサポートした MPEG-2 オーディオと ISO/IEC 14496-3 として規格化された MPEG-4 オーディオがある．

MPEG-1 オーディオは，レイヤ I・II・III という三つのレイヤから構成され

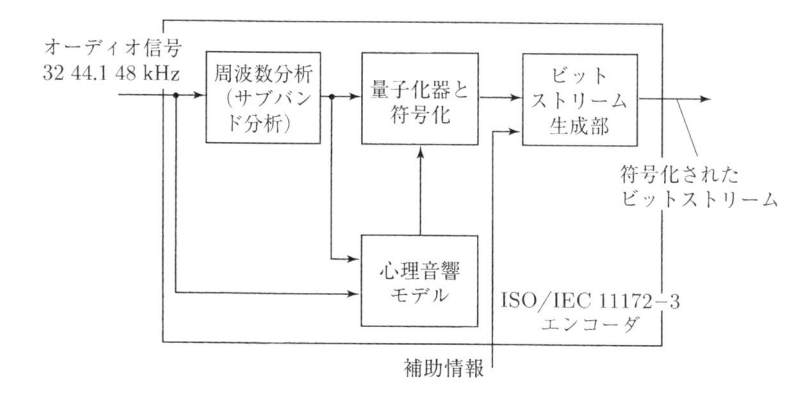

図 **5.10** MPEG-1 オーディオエンコーダーの原理図 [19]

る．レイヤI・IIのエンコーダの基本構成は同じで，**図5.10**に示されるようにブロック化された入力信号をサブバンド分析するとともに，もう一つの経路でマスキング，各サブバンドのビット割り当ての計算を行う．レイヤIIIはサブバンドの出力に対して変換符号化のMDCT (Modified Discrete Cosine Transform)を行い，量子化と符号化を行う．

5.3.6　ノイズシェイピング

ノイズシェイピング (noise spectral shaping) は，音声信号で量子化雑音がマスクされるように，量子化雑音のスペクトルを制御するものである[20]．雑音電力は変化しないが，聴感的なS/Nが向上する効果がある．

量子化器の入出力信号の差信号にノイズシェイピングフィルタをかけてフィードバックする方法[20][21]と，音声信号を復号した後でフィルタをかける方法[22]とがある．

5.4　スペクトル符号化方式

5.4.1　音声の生成モデルと符号化

5.3節で説明した波形符号化方式が，音声波形の主として統計的な性質を利用して情報圧縮を行う方式であるのに対し，本節で説明するスペクトル符号化方式は音声の生成過程をモデル化し，その特徴パラメータを用いて音声を合成する方式で，**分析合成方式**とも呼ばれている．

音声は，肺からの呼気圧と声帯 (vocal folds) の振動によって生成される空気の疎密波 (音源) が，口や鼻で形成される管 (声道: vocal tract) で共鳴することにより得られる．このような発声機構は**図5.11**に示すように，音源部分と声道部分に分けてモデル化できる．さらに，音源部分を声道駆動音源信号に，声道部分を音声合成フィルタに置き換えることにより，音声を電気回路により合成することが可能となる．このような考え方で音声を分析・合成する方式を**ボコーダ**と呼び，ダッドレー (W.H.Dudley) によって1939年に発表された．

スペクトル符号化方式は，音声信号から特徴パラメータを算出する分析過程

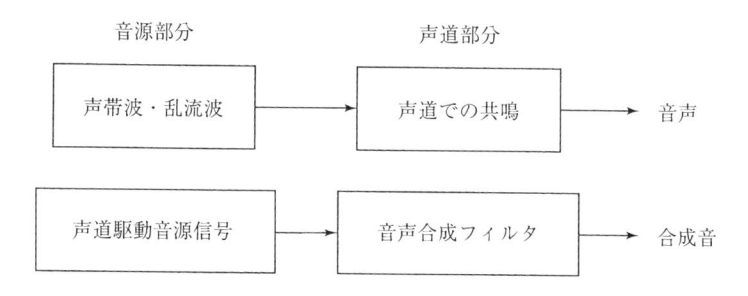

図 5.11 音声生成のモデル化と電気回路への変換

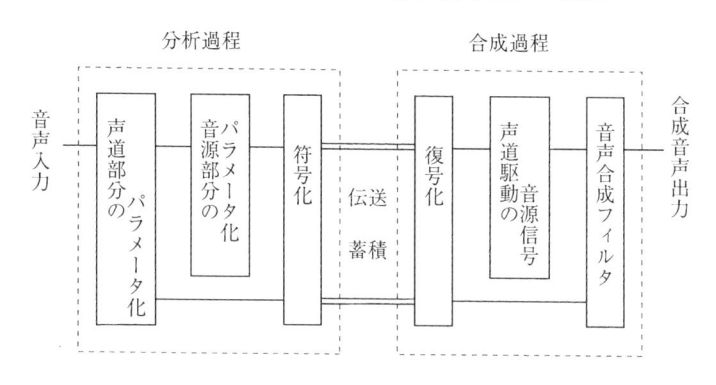

図 5.12 スペクトル符号化方式の処理過程

と，特徴パラメータから音声を出力する合成過程に分けられる．図 5.12 に処理過程を示す．分析過程では特徴パラメータをフレーム周期 (4〜32 ms が一般的) ごとに算出し，必要に応じ，量子化・符号化を施して蓄積あるいは伝送する．特徴パラメータには次の 4 種類がある．(a) から (c) は声道駆動音源信号に関する特徴パラメータであり，(d) は音声合成フィルタに関する特徴パラメータである．

(a) 音源の振幅に関する特徴パラメータ
(b) 有声音/無声音の判別に関する特徴パラメータ
(c) 基本周期 (ピッチ周期) に関する特徴パラメータ
(d) 合成フィルタの特性を与える特徴パラメータ

波形符号化方式では標本化周期 (0.1〜0.2 ms) ごとに符号化情報を算出しているが，スペクトル符号化方式ではフレーム周期 (4〜32 ms) ごとに符号化情報

を算出する．それは音声のスペクトルの変化が音声波形そのものの変化に比べ非常にゆっくりしているからである．そのため，スペクトル符号化方式は波形符号化方式に比べて単位時間当たりの音声情報量が少なく，音声情報圧縮効果が高い方式といえる．当然，フレーム周期を長くすれば，音声情報圧縮効果は高くなるが，フレーム周期内でスペクトルが一定と考えられなくなり，音質劣化へとつながる．

一方，合成過程ではそれらの特徴パラメータに従い，声道駆動音源信号，音声合成フィルタを生成し，合成音声を出力する．

スペクトル符号化方式の面白い使い方として分析時のフレーム周期に対し合成時のフレーム周期を短く (長く) 設定すると声の高さ，質を変えることなく発声の速さだけを速く (遅く) することができる．

5.4.2 線形予測符号化法

(1) 線形予測係数を用いた音声合成フィルタ [23][24]

4.5.1 項 音声波の線形予測分析 の (4.5.3) から音声合成フィルタ

$$X(z) = \frac{E(z)}{1 + \alpha_1 z^{-1} + \alpha_2 z^{-2} + \cdots + \alpha_p z^{-p}} = H(z)E(z) \quad (5.4.1)$$

を得る．(5.4.1) は，予測残差 $E(z)$ を $H(z)$ の特性をもつ音声合成フィルタに入力すれば合成音 $X(z)$ が得られることを意味している．音声合成フィルタ $H(z)$ は線形予測法により求められる予測フィルタの逆特性をもつフィルタであり，極 (pole) しかもたない全極型の特性をもつ．図 5.13 に線形予測係数による音声合成フィルタ $H(z)$ の構成例を示す．

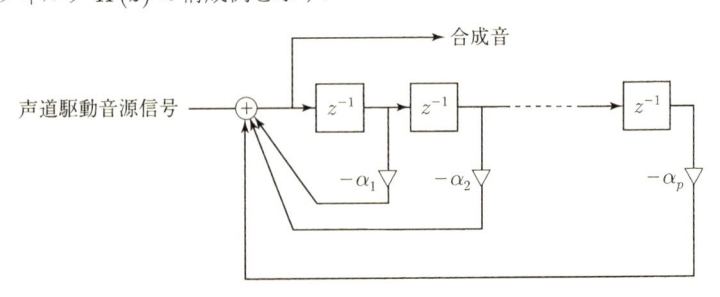

図 5.13　線形予測係数による音声合成フィルタ [24]

線形予測係数 α_i は量子化特性が悪く，音質劣化を招きやすい．また，音声合成フィルタの安定性が線形予測係数 α_i から容易に判定できないなどの問題があるため，実際にはこれらの問題を解決した PARCOR 方式や LSP 方式が用いられる．

(2) PARCOR 係数を用いた音声合成フィルタ [24]

PARCOR 音声合成方式は，線形予測係数 α_i の代わりに PARCOR 係数 k_i を用いる方式である．PARCOR 係数 k_i の求め方は 4.5.3 項に示されている．音源部分については**表 5.3** に示すモデル化がなされる．**図 5.14** に PARCOR 係数を用いた PARCOR フィルタの構成を示す．PARCOR フィルタは図 5.14 の破線内に示す格子形フィルタを基本に構成されており，声道内の部分区間の特性を与えている．

表 5.3　声道駆動音源のパラメータ化

	声道駆動音源のモデル化	特徴パラメータ
有声音の場合	基本周期ごとのインパルス列	基本周期, 振幅
無声音の場合	白色雑音	振幅

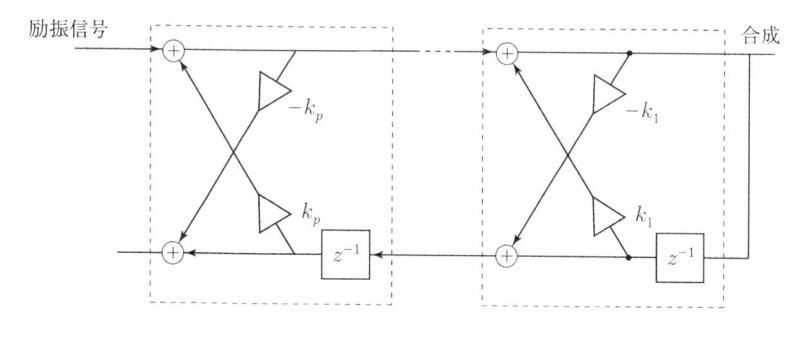

図 5.14　PARCOR 係数を用いた合成フィルタ [24]

音声合成は少ない情報量で良質の合成音を出力する必要がある．そのため種々の最適化策がとられている．**表 5.4** に PARCOR 分析合成系における品質劣化の要因とその対策を示す．

PARCOR 係数の時間的な補間処理が発声機構の特性の変化と対応している

表 5.4 品質劣化の要因とその対策

品質劣化要因	品質向上策
PARCOR 係数 k_i の推定誤差	スペクトル平滑化
PARCOR 係数の量子化	不均一ビット割り当て量子化分布と感度を考慮した非線形量子化
PARCOR 係数の標本化	PARCOR 係数の時間補間

とはいえないので，PARCOR 係数は物理的には取り扱いが難しいパラメータである．またその分布範囲，時間的な変化は大きく，量子化特性を悪くする原因となっている．そのためフレーム周期を大きくとると音質の劣化が著しく，特に 2400 ビット/秒以下では急速に劣化する．

(3) 線スペクトル対を用いた音声合成フィルタ [25][26]

PARCOR 方式より少ない情報量で音声を合成できる方式として，**LSP** (線スペクトル対: Line Spectrum Pair) 方式がある．PARCOR パラメータが自己相関関数と同じように時間領域のパラメータであるのに対し，LSP パラメータはある条件下での声道の共鳴点を与える周波数領域のパラメータと考えられ，音声のホルマントとの対応が良く，物理的にも理解しやすいパラメータといえる．したがって，その変化は発声機構とよく対応しており，補間特性が非常に良い性質がある．

LSP パラメータは PARCOR 係数によって定まる声道の声帯付近が完全開放になっているか，完全閉鎖になっているかの条件によって得られる．これにより声帯で同相，逆相の完全反射が起り，声道内は完全無損失な状態で共鳴する．この共鳴周波数が LSP パラメータである．

LSP パラメータ $(\omega_1, \omega_2, \omega_3, \ldots, \omega_{p-1}, \omega_p)$ は 4.5.5 項 線スペクトル対分析により求められる．ただし，ω_i は次の関係を満たすように順序付けられる．

$$0 < \omega_1 < \omega_2 < \cdots < \omega_i < \cdots < \omega_{p-1} < \omega_p < \pi$$

これから合成フィルタ $H(z)$ を組むためには $A_N(z)-1$ の特性をもつフィルタを負帰還ループに挿入すればよく，**図 5.15** に原理的な構成図を示す．$A_N(z)-1$ を (4.5.44a), (4.5.44b), (4.5.43) を用いて変形すると，p が偶数次の場合，次の式になる．

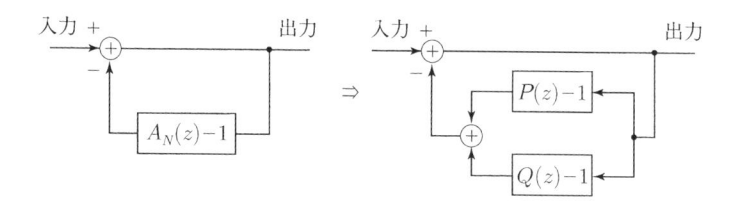

図 **5.15** LSP 合成フィルタの原理的な構成図 [25][26]

$$A_N(z) - 1 = \frac{1}{2}[(P(z)-1) + (Q(z)-1)]$$

$$= \frac{z^{-1}}{2}\left[\sum_{\substack{i=2\\(i=even)}}^{p}(c_i+z^{-1})\prod_{\substack{j=0\\(j=even)}}^{i-2}(1+c_jz^{-1}+z^{-2}) - \prod_{\substack{j=2\\(j=even)}}^{p}(1+c_jz^{-1}+z^{-2})\right.$$

$$\left. + \sum_{\substack{i=1\\(i=odd)}}^{p-1}(c_i+z^{-1})\prod_{\substack{j=-1\\(j=odd)}}^{i-2}(1+c_jz^{-1}+z^{-2}) + \prod_{\substack{j=1\\(j=odd)}}^{p-1}(1+c_jz^{-1}+z^{-2})\right]$$

(5.4.2)

ここで $c_i = -2\cos\omega_i$ を表す．図 **5.16** に実現された LSP フィルタの回路を示す．LSP フィルタは偶数次，奇数次で構成が異なる．

5.4.3 ケプストラム法

ケプストラム法はケプストラムの低ケフレンシー成分が音声スペクトル包絡の平均2乗誤差最小の近似を与える性質を用いた方法である．線形予測分析では音声の生成過程を全極形のフィルタでしかモデル化できなかったが，ケプストラム法では極零形のモデル化が可能である．ケプストラム法による音声合成の例としてオッペンハイム (A.V.Oppenheim) らの**準同形法**(ホモモルフィク法)[27] と今井，北村による**対数振幅近似フィルタ法**[28] がある．

準同形法 (ホモモルフィク法) は，オッペンハイムらにより体系づけられたホモモルフィク (homomorphic) 信号処理によって畳み込みの関係にあるものを和の形に変換し，それらを分離する処理を一般化したものであり，ケプストラムはその一つである．

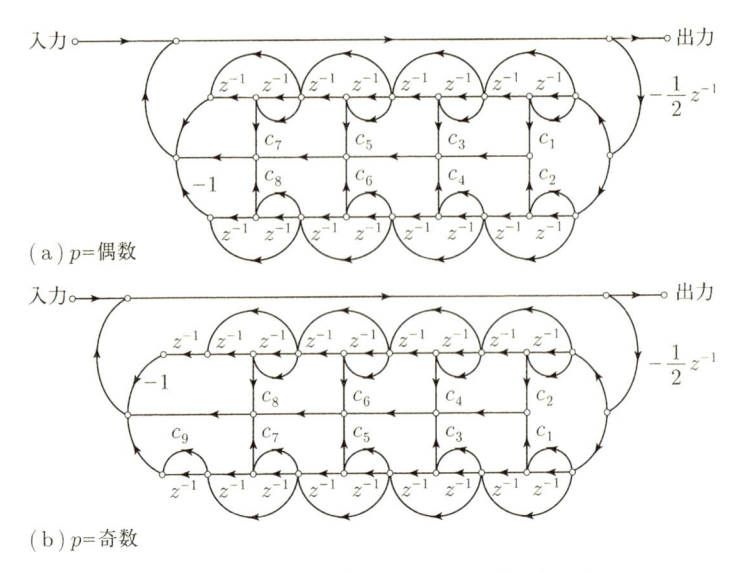

図 5.16　LSP 合成フィルタの回路 [25][26]

数振幅近似フィルタ法では，ディジタルフィルタの対数伝達特性を離散系で直接に近似する．この方法によれば，ディジタルフィルタの対数伝達特性の平均 2 乗誤差を最小にする近似を得ることができる．

5.5　ハイブリッド符号化方式

5.5.1　ハイブリッド符号化方式の原理

PARCOR や LSP に代表される線形予測符号化方式では声道駆動音源信号として，単純なパルス列と白色雑音の混合モデルを用いている．このモデル化は情報圧縮の点では多大な効果をもたらしているが，音質劣化の主原因になっている．なぜならば，実際の音声は零点や極をもつ伝達特性をもっているにもかかわらず，線形予測分析による音声合成フィルタは極しかもっておらず，前述の音源モデルでは零点を付加することができないからである．

しかし，声道駆動音源信号に前述の音源モデルではなく，線形予測分析時に得られる線形予測残差を用いれば零点を付加することになり，良質の音声が再

生される．ハイブリッド符号化方式は，線形予測残差信号に相当する信号をなんらかの手法により合成側で再生し，声道駆動音源信号として用いることにより合成音の高品質化を実現した方式である．その点で，波形符号化方式の高品質性とスペクトル符号化方式の高情報圧縮性を巧くブレンドした方式といえる．

5.5.2 符号励振線形予測法 [29]

CELP(Code Excited Linear Prediction) 方式は，ベクトル量子化された励振信号 (励振ベクトル) を用いて線形予測を行う符号化方法である．パルスの位置と大きさを AbS 手法により決定するマルチパルス方式もあるが，CELP 方式では符号帳の中の最適ベクトルを AbS 法により選択している．したがって，マルチパルスをベクトル量子化された励振ベクトルに置き換えた手法といえる．

CELP の構成図を図 5.17 に示す．伝送する情報は線形予測の PARCOR 係

(a) CELP方式の符号器

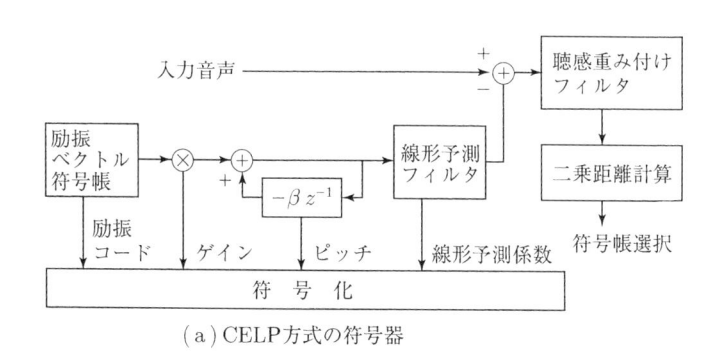

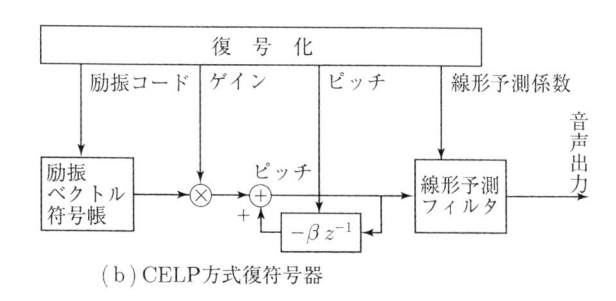

(b) CELP方式復符号器

図 5.17 符号励振型線形予測法 (CELP) のブロック図 [29]

数，励振源のコード，ピッチ周期，ゲインからなり，8 kbit/s 以下で品質の高い合成音を得ることができる．

米国および日本におけるディジタル方式フルレート携帯電話用音声符号化の標準方式として，**ベクトル加算励振線形予測法**(Vector Sum Excited Linear Prediction: VSELP)[30] が採用された．VSELP 方式は前に説明した CELP 方式と同様，ベクトル量子化されたピッチ周期成分と雑音的成分を混合した励振信号を用いて線形予測を行う AbS 形の符号化方法で，基本構成を図 5.18 に

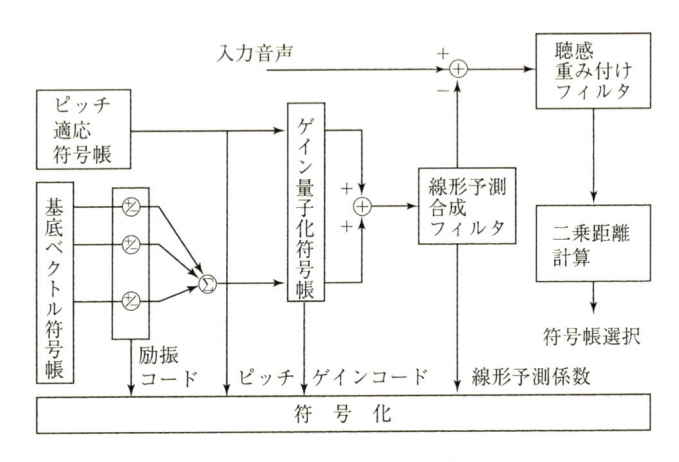

(a) VSELP方式の符号器

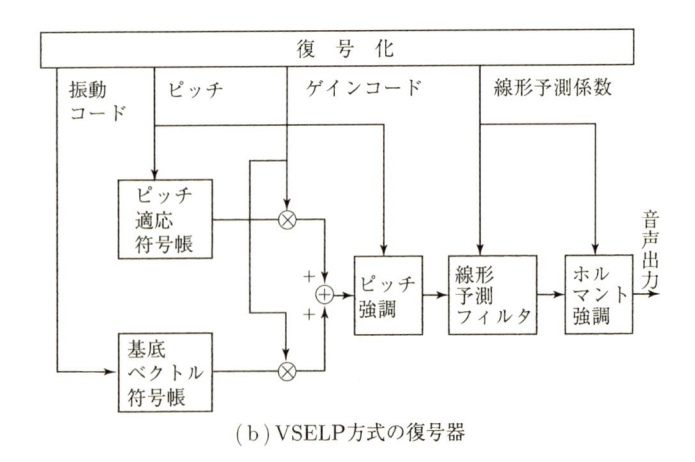

(b) VSELP方式の復号器

図 5.18 ベクトル加算励振線形予測法 (VSELP) のブロック図 [30]

示す．

　雑音成分のベクトルは 9 または 14 個の基底ベクトルをプラスあるいはマイナスするかにより生成する．これらの演算の最適な組み合わせは線形予測合成を行い，入力波形との誤差が最も小さくなるように選択する．

　前に述べた CELP 方式と異なる点は

- 雑音励振ベクトルが基底ベクトルの加減算で表される点
- ピッチの適応符号帳と雑音符号帳のゲインを一括してベクトル量子化する点

である．そのため，基底ベクトルの数が極めて少ないこと，1 ビットの誤りが 1 基底ベクトルの符号の誤りとなるため誤り感度が極めて小さいことなどの特徴がある．しかし，基底ベクトルの加減算により雑音励振ベクトルを生成するため，表現できる波形は限られ，量子化歪みは CELP 方式に比べて大きくなる．

5.6　品質評価

　各種符号化方式による音声品質の評価法には大きく分けて，主観評価法と客観評価法がある．主観評価法には，音質を 5 段階で評価し，その平均値である**平均オピニオン値**(Mean Opinion Score: MOS) を用いるオピニオン法，二つの音声を比較してどちらが良いかを選択する対比較法，日本語 100 音節の明瞭度やそれに基づく**明瞭度等価減衰量**(Articulation EquivaleNt loss: AEN) を用いる方法などがある．オピニオン法や対比較法が音声の自然性や聴きやすさを表す尺度であり，明瞭度や明瞭度等価減衰量は言語の正確な伝達の度合を表す尺度である．また，MOS 尺度では相対的な評価しか得られないため，MOS が等しい信号の信号対振幅相関雑音比によって音質を評価しているオピニオン等価 Q 値 (SNR Q) が提案されている．**信号対振幅相関雑音比**とは，雑音に量子化雑音と類似の特性をもたせるため，白色雑音を信号の振幅で変調して生成した振幅相関雑音と元の信号の電力比で定義したものである．

　合成音を聞く対象が人間であることを考えれば，その音質評価を人間の判断による主観評価で行うことは理想的であるといえる．しかし，主観評価の結果

の有効桁をあげるためには多くの被験者による実験が必要であり，多大な労力と時間を必要とする．そのため主観評価との対応の良い客観的な評価法が必要となってくる．これに類似した評価法に，短区間ごとに測定した信号対雑音比(SNR)を長時間の音声区間で平均化した**セグメンタルSNR**(SNRseg)がある．

またスペクトルの形状あるいはスペクトルの形状をあたえるパラメータ上での歪みによる評価尺度も提案されており，ここではLPCケプストラム距離尺度によるスペクトル歪み尺度を紹介する．原音声および合成音声のLPCケプストラム係数を c_i, c_i' とするとスペクトル歪み尺度 CD は次式で与えられる．

$$CD = \frac{10}{\ln 10} 2 \sum_{i=1}^{p} (c_i - c_i')^2 \tag{5.6.1}$$

PARCOR方式，LSP方式を含む各種符号化方式について，MOSによる主観評価を行った結果を図5.19に示す[31]．縦軸はオピニオン等価Q値(SNR Q)，横軸はビットレートを表している．

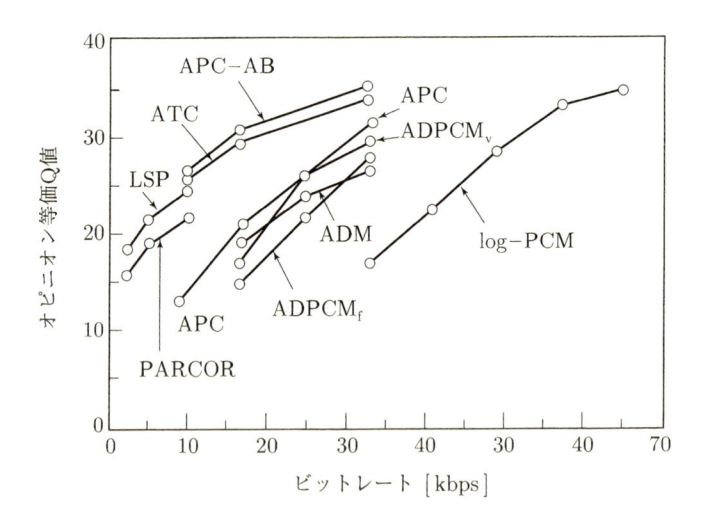

図5.19 オピニオン法による各種音声合成方式の主観評価[31]

また，図5.20に各種方式についてケプストラム距離尺度によるスペクトル歪み尺度で客観評価を行った結果を示す．図5.19と図5.20がよく対応していることがわかる．これらの結果から，PARCOR方式に比べLSP方式の方が同一ビットレートでは音声品質が良いことがわかる．また，PARCOR方式，LSP

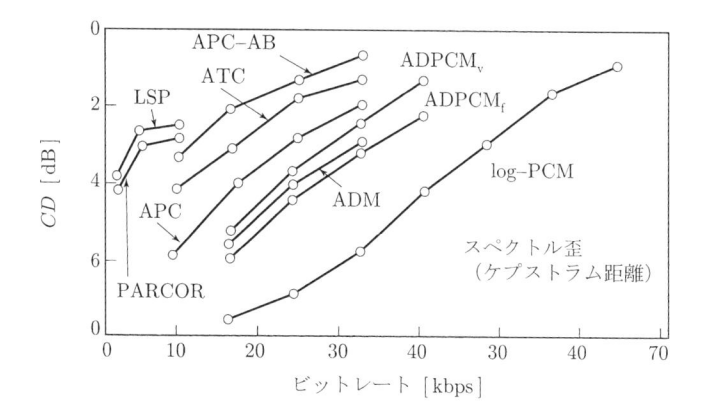

図 5.20 LPC ケプストラム距離尺度を用いた各種音声合成方式の客観評価 [31]

方式は，ADPCM や ADM に代表される波形符号化の方式に比べ低いビットレートの領域では音声品質が良いが，逆にビットレートをあげても音声品質が上がらず，用途が限られる一つの要因となっている．

第 5 章の参考文献

[1] Itakura,F. and Saito,S.: " An Analysis-Synthesis Telephony Based on Maximum Likelihood Method", Reports of the 6th Int. Cong. Acoust.,C-5-5 (1968)
[2] Atal, B.S. and Schroder,M.R.: "Predictive Coding of Speech Signals", Reports of the 6th Int. Cong. Acoust., C-5-4 (1968)
[3] 田崎, 山田: "ベクトル量子化", 電子通信学会誌, 67, 5, pp.532-536 (1984)
[4] 三浦種敏修: 「新版聴覚と音声」電子通信学会 (1980)
[5] Gray,R.M.: "Vector Quantization", IEEE ASSP Magz., pp.4-29 (1984)
[6] Makhoul,J., Roucos,S. and Gish,H.: "Vector Qunatization in Speech Coding", Proc. IEEE, 73, 11, pp.1551-1588 (1985)
[7] 中田和雄: "音声・画像のベクトル量子化", 計測と制御, 25, 6, pp.23-29 (1986)
[8] 誉田雅章: "極低ビット符号化の研究動向", 日本音響学会誌, 42, 12, pp.924-929 (1986)

[9] Gersho,A.: "Asymptotically Optimal Block Quantization", IEEE Trans. Information Theory, IT-25, 4, pp.373-380 (1979)

[10] Yamada,Y., Tazaki,S. and Gray,R.M.: "Asymptotic Performance of Block Qunatizers with Difference Distortion Measures", IEEE Trans. Information Theory, IT-26, 1, pp.6-14 (1980)

[11] Llyod,S.P.: "Least Squares Quantization in PCM, IEEE Trans. Information Theory, IT-28, 2, pp.129-137 (1982)

[12] Linde,Y. Buzo,A. and Gray,R.M.: "An algorithm for vector qanutizer design", IEEE Trans. Commun., COM-28, 1, pp.84-95 (1980)

[13] Jayant,N.S.: "Digital Coding of Speech Waveforms:PCM, DPCM and DM Quantizers", proc.IEEE, 62, 5, pp.611-632 (1974)

[14] Cumminskey,P., Jayant,N.S. and Flanagan,J.L.: "Adaptive Quantization in Differential PCM Coding of Speech", Bell Syst. Tech. J., 52, 7, pp.1105-1118 (1973)

[15] Recommendation G.726: "32 kbits/s Adaptive Differential Pulse Code Modulation", ITU-T (1990)

[16] Crochiere,R.E., Webber,S.A. and Flanagan,J.L.: "Digital Coding of Speech in Sub-bands", Bell Syst. Tech. J., 55, 8, pp.1069-1085 (1976)

[17] Esteban,D. and Galand,C.: "Application of quadrature mirror filters to split band voice schemes", Proc. IEEE Int. Conf. Acoustic, Speech, Singal Processing, Hartford, CT, pp.191-195 (1977)

[18] Zelenski,R. and Noll,P.: "Adaptive Transform Coding of Speech Signals", IEEE Trans, Acoust. Speech Signal Processing, ASSP-25, 4, pp.299-309 (1977)

[19] http://www.chiariglione.org/mpeg/standards/mpeg-1/mpeg-1.htm

[20] Atal, B.S. and Schroeder, M.R.: "Predictive Coding of Speech Signals and Subiective Error Criteria", IEEE Trans. on ASSP, ASSP-27, 3, pp.247-254 (1979)

[21] Makhoul,J. and Berouti,M.: "Adaptive Noise Spectral Shaping and Entropy Coding in Predictive Coding of Speech", IEEE Trans. on ASSP, ASSP-27, 1, pp.63-73 (1979)

[22] Ramamoorhy,V. and Jayant,N.S.: "Enhancement of ADPCM Speech by Adapting Postfiltering", IEEE ICC-85, 2, pp.917-918 (1985)

[23] Makhol,J.: "Linear prediction; A tutorial review", ProcJEEE, 63, 4, pp.561 - 581 (1975)

[24] 板倉，斉藤:"最尤スペクトル推定をもちいた音声情報圧縮",日本音響学会誌, 27, 9, pp.463-472 (1971)
[25] 管村，板倉:"線スペクトル対(LSP)音声分析合成方式による音声情報圧縮",信学論(A), 64-A, 8, pp.599-607 (1981)
[26] 板倉，管村:"LSP音声合成器の原理と構成",音響学会音声研資, S79-46 (1979)
[27] Oppenheim,A.V. and Schafer,R.W.: "Homorophic Analysis of Speech", IEEE. Trans., AU-16,2 (1968)
[28] 今井，北村:"対数振幅特性近似フィルタを用いた音声の分析合成系",信学論(A), 61-A, 6, pp.527-534 (1978)
[29] Schroeder,M.R. and Atal,B.S.: "Code-exited linear prediction (CELP): hight-quality speech at very low bit rates", Conf.Rec., ICASSP-85, pp.937 - 940 (1985)
[30] Gerson,I.A. and Jasiuki,M.A.: "Vector sum excited linear prediction (VSELP) speech coding at 8 kbps", Conf.Rec., lCASSP-90, pp.461-464 (1990)
[31] 渡辺，伊藤，北脇:"種々の評価尺度による符号化音声品質の比較",音声研究会資料, S82-48 (1982)
[32] 古井貞熙:"ディジタル音声処理",東海大学出版会 (1985)
[33] Jayant,N.S,: "Adaptive quantization with a one-word memory", Bell System Tech.J., 52,7, pp.1119-1144(1973)
[34] Schafer,R.W. and Rabiner,L.R.: "Digital representation of speech signals", Proc.IEEE,63,1,pp.662-677(1975)

演習問題5

5.1 波形符号化と比較してサブバンド符号化が有利な点を述べよ．
5.2 携帯電話にはどのような音声符号化技術が用いられているか調べよ．

第6章

音声合成

　機械によって音声を人工的に作り出すことを音声合成という．その歴史は古く，1791年にはフォン・ケンペレン (von Kempelen) が人間の発声器官を機械的に模擬することにより音声を合成している．1939年にはダッドレー (H. Dudley) が電気回路を使った本格的な音声合成装置を作り，その研究基盤が確立された．1960年代から1970年代にかけて**線形予測符号化法**が確立され，その後の半導体集積回路の急速な発達により1978年には，音声合成LSIが開発された．それ以来「音声合成」は，電話による自動案内，各種機器の操作ガイダンス，警告音声，ナビゲーション，家電製品や玩具など非常に多くの分野で応用されている．しかし，これらのほとんどは，あらかじめ人間が発声したメッセージを情報圧縮して蓄積し，それを単に出力する録音再生タイプの「音声符号化」の応用製品である．これに対し，本章で説明する音声合成は，出力内容を表す文字列データなどを入力として，音声を「合成」するものであり，出力内容をあらかじめ録音しておく必要がない．入力の文字データを変更することで任意の音声出力が可能であり，音声出力の応用分野を大きく広げる可能性をもった技術として，早くから実現が望まれていた．しかし，その期待に反し，製品レベルの音質には長らく達せず，本格的に利用されるようになったのは，つい最近のことである．本章では，本格的な実用期を迎え，今後，ますます発展が予想される音声合成技術について述べる．また，音声合成の本来の意からは，やや外れるが，録音編集についても，広い意味 (音声合成の実用化過程の対応策とし

て) で音声合成の一つとして取り扱う.

6.1 音声合成の分類

音声を，直接人間の発声によらないで作り出すことを**音声合成**(speech synthesis) という．広義には，音声生成，音声出力の広範な技術を指していうことがあるため注意が必要である．

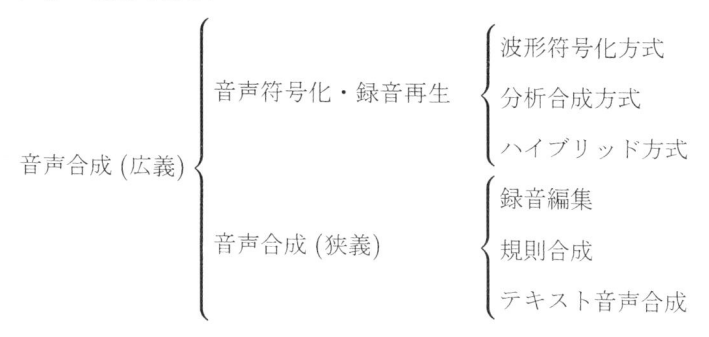

$$
音声合成(広義)\begin{cases} 音声符号化・録音再生 \begin{cases} 波形符号化方式 \\ 分析合成方式 \\ ハイブリッド方式 \end{cases} \\ 音声合成(狭義) \begin{cases} 録音編集 \\ 規則合成 \\ テキスト音声合成 \end{cases} \end{cases}
$$

6.1.1 録音編集

録音編集方式は，単語もしくは文節など，文よりも小さい単位で音声データを蓄積しておき，それらを組み合わせて再生することによって，限られたデータから少しでも多くの音声情報を出力しようとする方法である．録音データをうまく作り込めば高い品質が得られるため，駅構内の列車案内放送，時報など，サービスが固定的で出力されるメッセージも少ない用途に広く利用されている．音声データは通常，**PCM** (Pulse Code Modulation)，もしくは **ADPCM** (Adaptive Differential Pulse Code Modulation) などの波形符号化方式の形式で蓄積されるが，情報圧縮の観点から **PARCOR** (PARtial auto-CORrelation), **LSP** (Line Spectrum Pair) などパラメータ符号化方式が用いられることもある．後者は，**パラメータ編集方式**と呼んで，波形符号化を用いた録音編集方式と区別する場合もある．

文を合成するには文音声としての抑揚が必要である．したがって同じ単語あるいは文節でも使用される位置によって基本周波数が異なり，場合によっては，

上りピッチ，平坦ピッチ，下りピッチなどの音声も同時に用意しておく必要がある．一般的に，単語から文節さらには句と，できるだけ文に近い大きな単位で音声を用意した方が自然性のある音声を合成することができるが，組み合わせの数が少なくなり，出力することのできる文の数は制限される．録音編集方式では，応答内容(語彙)の変更に対して，新たにデータ収集(録音)しなければならず，さらに，違和感をなくすためには既存のデータと同一話者の発声を必要とするなど，容易に対応することができない．

6.1.2 規則合成

規則合成 (speech synthesis by rule) 方式は，発音記号(通常，カナ，ローマ字などの表音文字が用いられる)とアクセントやポーズ位置などを表す韻律記号を入力して音声を自動的に作り出す技術である．

計算機システム，通信回線の発達とその高度利用に伴って，音声で出力したい情報の種類がますます多くなり，大語彙もしくは任意の音声合成が要求されるようになった．例えば株価案内では，出力したい会社名は1000種類以上，座席予約システムでは，駅名，空港名，ホテル名など，いずれも大量の語彙が必要となる．さらに，電話による情報案内サービス，電子メールやニュースの読み上げなど不特定，任意の音声出力を必要とする用途では，録音編集方式の適用は不可能に近い．これに対し，規則合成では音声をあらかじめ録音することなく，入力となる記号列の編集によって任意の内容の音声出力が可能である．

任意の音声を合成するために，音素，音節など単語より小さい音声片をつなぎ合わせ，さらに個々の音韻の持続時間，基本周波数，振幅などの韻律情報を調整して，抑揚のある滑らかな音声を合成する．この基本となる音声片を**音声合成単位**と呼ぶ．自然な音声を合成するために音声合成単位の選択・品質とともに音声生成方式，韻律の制御規則が重要である．

入力には発音記号のほかに，区切り，アクセント，イントネーション等の韻律制御記号が必要であるが，多くの場合，合成システム固有の特殊な記号列であり一般利用者には扱い難い．また，その調整には熟練を要する．

6.1.3 テキスト音声合成

通常の正書法で表記された文章 (テキスト) から直接，音声に自動変換する技術は，**テキスト音声合成 (テキスト音声変換)** (text-to-speech synthesis) と呼ぶ．図 6.1 にテキスト音声合成の構成を示す．テキスト音声合成は，規則合成の前段にテキスト解析を行って，テキストから発音情報，韻律情報を自動生成するように構成したものである．

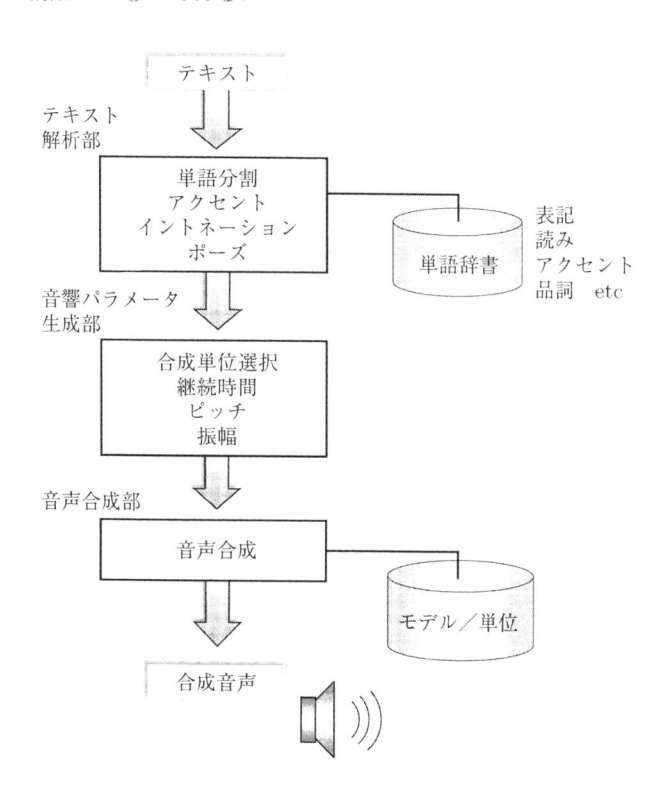

図 6.1 テキスト音声合成の構成

テキスト音声合成では，規則合成技術に加えて，入力の文章中の単語を正しく同定 (形態素解析) して，単語に正しい読みとアクセントを付与すると共に，文章としての自然なイントネーション，ポーズ位置等の韻律情報を付与するための言語処理が必要である．テキスト解析は言語によって異なり，日本語には

日本語のテキスト解析が必要である．

テキスト音声合成の代表的な用途としては，カーナビゲーションにおける音声案内，CTI (Computer Telephony Integration: コンピュータ・テレフォニー統合システム) 市場における電子メールの読み上げ，視覚障害者用のホームページの読み上げシステム，記事の校正用の文章読み上げシステムなどがある．

6.2 テキスト音声合成

6.2.1 テキスト解析

文字情報である日本語テキスト文を音声に変換するためには，まず漢字かな混じり文を音声に対応する発音記号にしなければならない．さらに文章としての自然なイントネーション，ポーズ位置等の韻律情報を付与するためには，文の構造も知る必要がある．入力された漢字かな混じり文から，発音記号と韻律記号とからなる発音韻律記号列に変換するまでの処理を，テキスト解析処理と総称し，主として 1) 形態素解析，2) 発音記号の導出，3) アクセントの設定，4) フレーズ境界，ポーズの設定で構成される．

(1) 形態素解析

漢字には音・訓など複数の読みがあって，表記と読みは 1 対 1 に対応しない．どの読みになるかは単語の中で用いられて初めて定まる．同様にアクセントも単語に備わる固有の性質であり全てを規則化できない．また，日本語の表記は，英語などと違って単語毎に分けて書く分かち書きの習慣がない．そのため漢字の読みや単語のアクセントを得るためには，まず，ベタ書きされた漢字かな混じり文の単語を，単語辞書を用いて一語一語正しく同定する形態素解析が必要である．形態素解析には，ヒューリスティクスに基づく方法 (**最長一致法**，**分割数最小法**，**字種変化**を用いる方法)，文法的接続可能性に基づく方法 (**2 文節最長一致**，**文節数最小法**)，接続コストに基づく方法，統計的言語モデルに基づく方法 (**品詞二つ組モデル**，**HMM** (hidden Markov model)) など種々の方法がある [1]．

(2) 発音記号の導出

単語辞書には各単語の読み仮名，文法情報，アクセント位置などが登録されており，形態素解析の結果として，これらの情報が得られる．しかし，単語辞書から得られる読み仮名だけでは十分な発音が決定できない場合がある．以下のような場合，読みの変形，選択などの処理が必要となる．

(a) 連濁

連濁とは語が結合して複合語を作るとき，後続語の語頭の清音 (カ，サ，タ，ハ行音) が濁音化する現象をいう (「かぶしき」+「かいしゃ」→「かぶしき**が**いしゃ」)．

連濁を起こす語と起こさない語はあらかじめ決まっているが，連濁を起こす語でも，起こしやすい語と，起こしたり起こさなかったりする語がある．

- 起こさない語
    - 例：先 (ペン先，訪問先，庭先，得意先)
- 起こしやすい語
    - 例：花 (雄花，火花，草花，切り花，生け花)
- 起こしたり起こさなかったりする語
    - 例1：所
        - ショ (悪所，箇所，役所，裁判所，発電所，市役所)
        - ジョ (近所，便所，研究所，派出所，保健所，停留所)
    - 例2：草
        - クサ (秋草，唐草，若草，枯れ草，浮き草)
        - グサ (千種，忘れな草，根無し草，蛍草)

連濁の性質や規則については，参考文献に詳しく述べられている [2]．例外なく通用できる規則と，語毎に記述する規則がある．しかし，すべてを規則化するのは難しく，例外が多い．

テキスト音声合成においては，連濁フラグなどの辞書情報と規則の併用で対処するのが一般的である．

(b) 数詞，序数詞

数詞，序数詞は，その組み合わせによってお互いの読みが変化 (**促音化，濁音化，半濁音化**) する (「一本 (イッポン)」「二本 (ニホン)」「三本 (サンボン)」)．また，数詞は，電話番号のように棒読み (「1234 (イチニーサンヨン)」) され

る場合と，数量を表すときのように桁読み（「1234 (センニヒャクサンジューヨン)」）する場合がある．

(c) 同形異音語

「行った (イッタ，オコナッタ)」「降り (オリ，フリ)」「十分 (ジュップン，ジュウブン)」「最中 (サイチュウ，モナカ)」最高値 (サイコウチ，サイタカネ) など，**同形異義語**の読み分けは，活用語尾や付属語など文法情報の利用，**共起関係**などによって行うが，多くの場合，意味情報など高度の解析が必要で，十分な精度は得られていない．

(d) 音韻変形

その他，係助詞「は」→ ワ，格助詞「へ」→ エ，格助詞「を」→ オ，長音化「学校 (ガッコウ)」→ ガッコー，**鼻音化**(例：私が/ga/, 鍵/gi/)，母音の**無声化**など，いくつかの仮名は音韻の変形が必要である．多くの場合は規則で対応が可能であるが，/ei/は長音化する場合としない場合の両方がある (例：平方根 (ヘーホーコン，ヘイホーコン))．

無声化は頻度が高く，前後の音韻環境によっておきる．

母音の無声化規則としては，

- 無声子音にはさまれた/i/, /u/ は無声化する．
  例 /aki̥ta/ (秋田)
  ただし，
- アクセントがあれば無声化しない．
  例 /chisiki/ (知識)
- 連続して無声化しない．
  例 /shi̥kifuku/ (式服)
- 同じ種類の無声摩擦音にはさまれた母音は無声化しない．
  例 /susumu/ (進む)

などの規則があるが [3]，やや揺れが多く，発声速度も影響する．

(3) アクセントの設定

(a) アクセント型

日本語のアクセントは音の高低アクセントであり，単語の各音節は高／低いずれかの高さに発音される．標準語 (東京方言) の場合，低から高に上がる個所

は単語の先頭にしか現れない．高から低に下がる個所(下降位置)が先頭から数えて何拍目にくるかによって，その単語の**アクセント型**が決まっている．この高く発声する最後のモーラ(拍)を**アクセント核**と呼ぶ．アクセントのタイプは**平板型**と**起伏型**に分けられる．平板型は第1拍が低く，第2拍以降が高いものである．さらに起伏型は，頭高型，中高型，尾高型に分類される．東京方言では，単語のモーラ数とアクセント型には，図 6.2 に示す対応関係がある [3][4]．N モーラの単語において，k モーラ目にアクセント核があるものを k 型アクセントと呼ぶ場合もある(平板型は 0 型)．

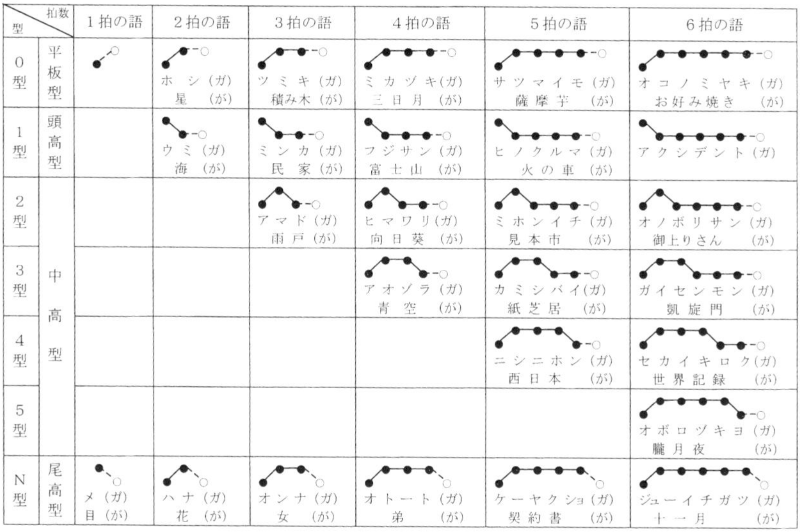

図 **6.2** 単語のモーラ数とアクセント型

(b) アクセント結合

単語のアクセントは本来その単語に備わった固有の性質であって，文字列から自動的に推定することは困難であるため，あらかじめ単語辞書の一項目として記録しておく必要がある．

一方，文中においては文法的，意味的なまとまりにアクセントが一つ付く傾向がある(このまとまりを**アクセント句**と呼ぶ)．そのため複数の形態素が集まって文節や句を形成する場合，アクセントの移動・生起・消失といった現象が起こる．例えば自立語に**付属語**が結合する場合，自立語のアクセントが残る場合

(ある'くそうだ,およ'ぐそうだ) と,付属語のアクセントが残る場合 (あるきそ'うだ,なくよ'うだ) がある.これらは,ほぼ一定の規則によって記述することが可能であり,**アクセント結合規則**として知られている.結合規則は,語がそれ自体の固有のアクセント (**結合アクセント価**) と**アクセント結合様式**をもつとしてまとめられている [5].アクセント結合様式は,例えば,後続の語が自立的に付くか／融合的に付くか／従属的に付くか等の別である.

(4) フレーズ境界,ポーズ位置の設定

文全体としての韻律の自然性を実現する上で,間 (ポーズ) やイントネーションを適切に設定することは極めて重要である.人間の呼気の量は有限であり,あまり長い文を切れ目なしで音声合成すると不自然であり,聞いていて疲労する.そこで,適切にフレーズにまとめ,イントネーションを設定し,ポーズを挿入する必要がある.

休止記号の種類によって,下記のようなポーズ長の固定値を与える方法がかなり前から提案されている [6].

休止を3種類の長さに量子化した場合

　　　　休止記号:．(0.7 s)　,(0.3 s)　・(0.08 s)

しかし,実際に人間が文章を読む場合には,読点が無くともポーズを挿入する場合がある.ポーズ,イントネーションは文の構造と深い関わりがあり,構文情報を用いる規則化が有効である.

実時間性を要求されるテキスト音声合成システムで,精密な構文解析を導入すること自体かなり困難であり,また誤り無く解析することも困難である.したがって,テキスト音声合成では,隣接文節,あるいは3文節間などの局所的な依存関係をもとにポーズ位置やフレーズ境界を求めるといった簡易的な手法がとられることが多い [7][8].

6.2.2　韻律制御

(1) 音韻継続時間の制御

音韻継続時間を適切に制御することは発声速度の制御の他,合成音の滑らかさ,聞きやすさに影響する重要な問題である.従来,韻律制御の研究では,基

本周波数制御に比べて，継続時間に関するものは少なかった．近年は音声データベースが拡充されて研究が進むようになった．

(a) モーラの等時性

日本語固有の性質として，**モーラ (拍)** を単位としたタイミング制御が古くから指摘されていて，聴覚的な実験によっても確認されている [9]．

図 **6.3** に，上記文献による，単語中の子音と後続母音の平均音韻継続時間長を示す．同図から子音の時間長はその種類により異なるが，モーラ時間長として見れば同じようになっている．先行子音の相違によって母音長が変化し，**時間長補償現象**が認められる．

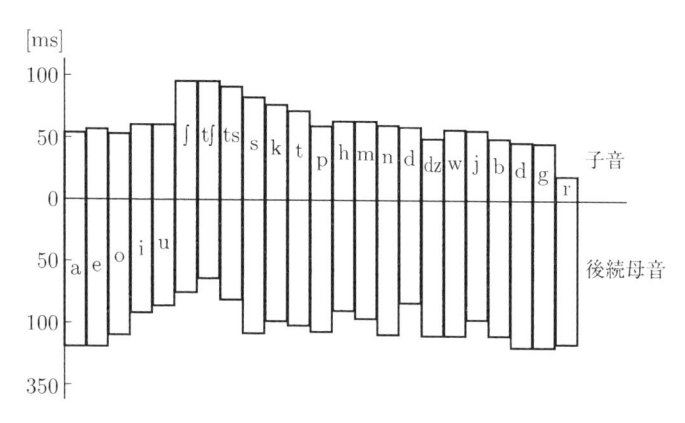

図 **6.3** 子音と後続母音の継続時間長

(b) 継続時間制御モデル

各音韻の継続時間長の制御は，音声のリズム，タイミング，テンポといった韻律の自然性を与え，さらに個々の音韻の了解性にも影響する重要な問題である．音韻継続時間長は，全体の発声速度，音素の種類，前後の音素，音素が含まれる呼気段落や句のモーラ数，その文内の位置，統語的属性など種々の要因によって影響を受けることが知られている [9]．これらの要因と個々の音素の継続時間長の関係は，発見的な手法で導出することは困難であり，音声データベースを利用した統計的手法が一般に用いられる．計算モデルとしては，**数量化 I 類** (線形回帰) を用いるもの [10][11]，**回帰木**[12]，積和型の回帰モデル [13] 等が提案されている．

(2) 基本周波数の制御

音声の基本周波数のパターンは，その形状によって，アクセント位置を表現し単語を識別させ，文の構造や区切りを明確にして内容の理解を助け，感情や個人性など非言語的な情報を伝える，など種々の働きがあることが知られている．さらに，自然な抑揚の実現といった韻律面の効果だけではなく，声質そのものの自然性(肉声感)にも影響する非常に重要なパラメータである．音声合成では，発話内容に対する呼気段落境界，アクセント句境界，アクセント型などの情報から，基本周波数の時間変化パターンを生成するモデルが必要である．基本周波数の制御モデルとしては，呼気段落の先頭から呼気段落末に向かって緩やかに下降する**フレーズ成分**(イントネーションに相当) と，単語，文節の**アクセントの成分**との重畳で，文の基本周波数パターン表現するものが多く用いられている．日本語の音声合成における基本周波数制御の代表的なモデルを以下に紹介する．

(a) 点ピッチモデル

母音の重心点の基本周波数(**点ピッチ**と呼ばれる)を設定し，その間を折れ線近似で接続することによって，その基本周波数パターンを表現する [14]．自然音声の基本周波数パターンとは細かな所では，かなりの違いがあるが，合成音の知覚的な実験によって，生成された合成音がかなり自然に感じることが確かめられている．**図 6.4** にこのモデルを図示する．**点ピッチモデル**のフレーズ成分は直線近似によって表されるが，始端の基本周波数と終端の基本周波数は，2, 3 モーラの短い呼気段落の場合を除いて，モーラ数に関係無くほぼ一定の値によって表される．呼気段落が短い場合には終端の基本周波数が一定の値に到達せず，やや高い値となる．また，単語を強調して発声する度合いであるストレスレベルは，アクセント成分である基本周波数パターンの山を高くすることによって制御する．このモデルの特徴は，モーラの声の高さと基本周波数との対応が取り易いこと，分析が容易であること，計算量が少ないことが挙げられる．

(b) 重畳型モデル

3.2.2 項で紹介したように，**フレーズ成分**(話調成分ともいう) と**アクセント成分**を，それぞれ臨界制動 2 次線形系のインパルス応答とステップ応答で近似したものである．人間の基本周波数の制御機構を少ないパラメータで表現したモデルであり，適切なパラメータ設定を行えば，自然音声の基本周波数パターン

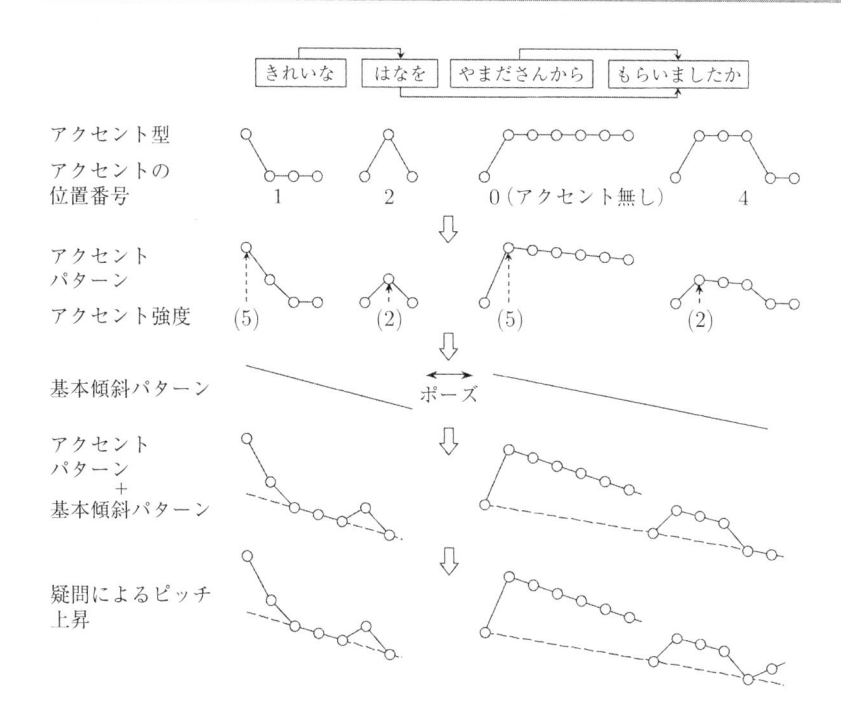

図 **6.4** 点ピッチモデルによる文章のピッチ制御 [14]

を高い精度で近似できる．また，言語情報との対応が取り易く，簡単な制御により基本周波数を生成することが可能で，音声合成に広く用いられている．

文から連続音声を発声する場合，テキストを解析して統語，意味，談話などの解析を行い，これらの結果をもとにして基本周波数のアクセント成分の強さ，フレーズ成分の強さ，発話の休止間隔を表す休止時間を計算する．簡単な規則によって品質の高い合成音を合成するためには，これらのパラメータを自然性を損なわない範囲で量子化，規格化する必要がある．連続音声を合成し聴取した結果，アクセント指令については大小の2段階，フレーズ成分は3種類 [15]，また，休止は3種類の長さに量子化した場合 [6] でもかなり高品質の合成音声を生成することができている．

(c) F_0 パターン概形制御

(b) の生成過程に立脚した重畳モデルは，自然音声の基本周波数パターンを記述する上で極めて有用である．しかし，大量の音声データベースから制御規

則を自動抽出しようとしたとき，自然音声の基本周波数パターンから，フレーズ成分とアクセント成分を分離してそれぞれのパラメータを抽出することが難しく，統計的手法に見合う学習データの確保が困難という問題がある．これに対し，アクセント，フレーズの分離を陽に行わず，HMM や，数量化 I 類などの最適化手法を用いて制御規則をコーパスから自動作成し，基本周波数パターンの概形を直接，生成する方法が提案されている [16] [17]．

(3) 振幅の制御

韻律制御の中で振幅に関しては，継続時間長や基本周波数に比べて合成音の品質に与える影響が少ないこともあって，従来，あまり詳しく検討されてこなかった．多くは，合成単位 (次節で述べる) がもともと有する振幅パターンを正規化して利用する程度の簡単な方法を用いてきた．しかし，合成音の品質が向上するにつれてトータルな性能向上のため，振幅にも精密な制御が求められるようになってきている．パワー変動に対する音声知覚の**許容限界** (4.1 dB) を明らかにした後，音韻パワーに影響する要因を調べ，結果を制御規則として定式化したもの [18]，母音間の平均対数パワーの値を，基本周波数，隣接音韻，文・呼気段落位置などを要因として，音声データベースから統計的手法 (数量化 I 類) でモデル化したもの [19] などが提案されている．

6.2.3 音声合成単位

日本語の場合，100 音節の音声を個別に用意しておけば，それをつなぎ合わせることによって日本語音声が一応合成できる．このように任意の音声を合成するために，予め合成システム内に用意しておく音声の断片 (波形あるいはスペクトルパラメータの時系列) のことを，音声合成の基本単位，または**合成単位** (speech unit) と呼ぶ．元来，連続的に滑らかに変化する音声を，異なる発声環境から抽出した合成単位の接続によって実現しようとするものであるから，単位の接続部では多かれ少なかれ歪みや不連続が生じる．また，連続音声中の音韻は前後の音韻の影響を受けて変形する (**調音結合**)．合成単位については「単位の接続」と「調音結合」を，どのように実現するかが課題である．これまで合成単位として音韻，音節，音韻連鎖など種々の形態が提案されている．一般的に考えれば，音韻など小さい単位を用いれば単位の種類が少なくて済むが，調

音結合の実現や単位間の自然な接続は非常に困難である．特に短い合成単位の接続は合成音の品質低下の大きな原因である．長い単位を用いれば合成音の品質は向上するが，単位の種類，数は長さに応じて指数関数的に増大する．ただし，最近では単位の長さは短くしても，単位間にわたる調音結合を考慮して個々の単位を音韻環境に応じて複数用意する方法 [20] も増えており，単位の長さと容量・性質の関係は従来のように一律には論じられなくなっている．どのような合成単位を用いるかは，合成音の品質，単位作成・単位接続の容易さ，システムに許容されるデータ容量などから，総合的に決める必要がある．

これらの単位の作成においては，扱う音声データが比較的少ないときには，人手による単位作成方法も，ある程度有効であるが，大きな音声データを扱う場合には，何らかの定量的尺度を用いた合成単位作成の自動化，最適化が重要である．

(1) 音素型

音素単位の音声合成方式は，音声の基本単位である音素の代表的な合成パラメータを設定しておき，連続音声の合成パラメータを規則により生成しようとするものである．単位数が少ないため (日本語で 20〜30) 必要な合成パラメータは極めて少ないが，動的な特徴を規則により生成することは困難なため，用いられることは少ない．

(2) 音節型

音節 (syllable) とは，隣接する音韻が強く結びついたまとまりのことをいい，言語における発話の単位である．したがって音声合成においても調音結合を考慮すると音節を単位とすることが，ごく自然な発想として考えられる．日本語では子音 (consonant)–母音 (vowel) の結びつきが特に強く，**CV** (日本語の 1 音節に相当) を単位とすることで，明瞭な合成音が得られ，単位数も外来音を含め 130 個程度と少なく，ピッチや時間長の制御も見通しがよくなるため多く用いられてきた [21] [22]．しかし，CV 単位を用いた合成では，音素型同様，異なる音韻 (母音–子音) 間で接続を行うと滑らかさを欠いた合成音となりやすい．また，母音から子音への遷移区間は，後続子音の知覚に重要な役割を果しており，単純な線形補間などによる接続では子音の了解性を損なう場合がある．一方，英語などの場合は音節の種類が数千にもなるため音節を分解した **diphone**

やdyadなどの単位が用いられる[23].

(3) 音韻連鎖型

代表的な音韻連鎖型として，**VCV**単位，**CVC**単位がある[24][25]．VCV連鎖は，母音部に関しては，先行単位の母音の終端から子音に至る部分と，子音から母音定常部にいたる部分を，また，子音に着目すると前後母音の調音結合の影響を，それぞれ単位内に包含しており直近の音韻環境に伴う音韻変形，スペクトル変化の情報をかなりの部分表現し得る合成単位である．

音節型(CV)やVCVなどの単位は，母音部で単位の接続を図るため，パワーの大きい母音部分で大きな歪みを生む危険性が高い．CVCは，聴覚的効果の大きい母音部の品質を高めるため，母音に関して両端子音の調音結合の性質を単位内に保持し，パワーが小さく聴感上の影響が少ないと思われる子音部で単位接続を行ったものである．しかし，このような単位は，国語辞書の見出し語に現れるだけでも3000を優に超える数となる．そのため出現頻度を考慮し，上位のものをCVC型で，それ以外をCV,VC,VVでカバーするなど単位数の削減が図られている．

以上の音声合成単位を模式的に**図6.5**に示す.

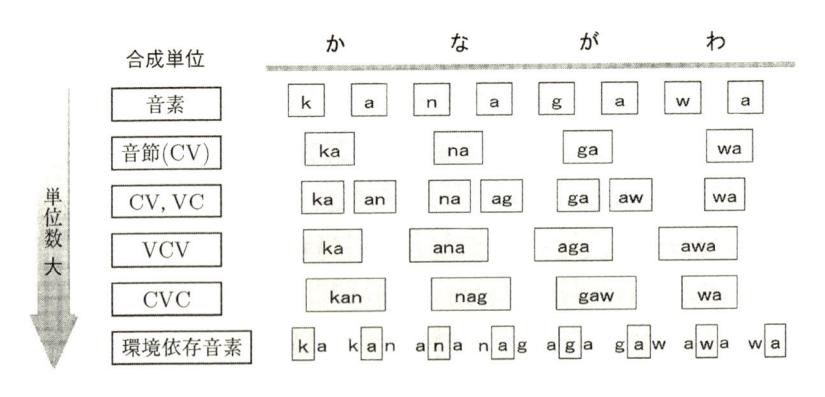

図6.5 種々の音声合成単位

(4) 複合型

合成単位の種類や個数を限定せず，種々の複合単位を備え，合成時の使用環境に適応した単位の選択，抽出を行う「**複合音声単位(可変長単位)**」という方

法が考えられている [26][27]．発声された音声中の一部分を予め画一的な単位として切り出して用意しておく従来の合成単位に対する考え方とは異なり，必要なラベル情報が付与された音声コーパスを用いて，有限の単位の接続により音声を生成した場合の歪みや接続点の連続性を尺度として，単位を選択する方法である．これにより，従来独立に扱われてきた，単位の種類，作成法，合成時の選択法が，統一的な枠組みの中で扱える．この提案は，その後の高品質音声合成における世界的な潮流となった**コーパスベースの音声合成**の先駆けとなった．

(5) 合成単位の自動生成

従来，合成単位の構成は種々のものが提案されているが，どのような単位をどの程度もつかの決定は，一般には先見的知識に基づいて行われていた．しかし，実際の自然音声に含まれる音韻のバリエーションを，効率よく合成単位セットとして表現することを人間の知見によって解決するのは非常に困難である．これに対し，最近，大量の自然音声データをもとに，合成単位を自動生成する研究が活発に進められている．

(a) COC法

合成単位の有効な自動選択方法として，統計的手法により合成単位をクラスタリングする **COC** (Context Oriented Clustering) 法がある [28]．

音韻ラベリングの施された学習用の音声データを用意し，同一音韻記号の付与されたセグメントの集合 (クラスタ) を，先行・後続音韻環境との対応をとりながら逐次サブクラスタに分割，最終的に得られたクラスタの重心マトリクス (および音韻環境情報) を合成単位として蓄積する．各音素がどのような音韻環境によって影響を受けているかを定量的に分類することで音声合成単位を自動作成できる．経験的に作成した場合に比べ，より滑らかな音声合成が可能である．また，閾値を制御することでシステム規模に応じたデータ量の範囲内で単位の最適化を図ることも可能である．

(b) 閉ループ学習法

一方，合成時の基本周波数変更に起因する歪を先取り考慮して，音声素片を自動作成する，**閉ループ学習**法が提案されている [29]．これは，**図 6.6** に示すように，音声データベース中に存在する音声セグメントに対して，合成時と同様の基本周波数変更を行って得られる合成音声と自然音声との歪を評価し，歪

が最小となる音声素片を，データベースから選択的，解析的に求める方法である．少ない音声素片の数で音質劣化の大きな要因であった基本周波数変更の歪が減少し，良い評価実験結果を得ている．

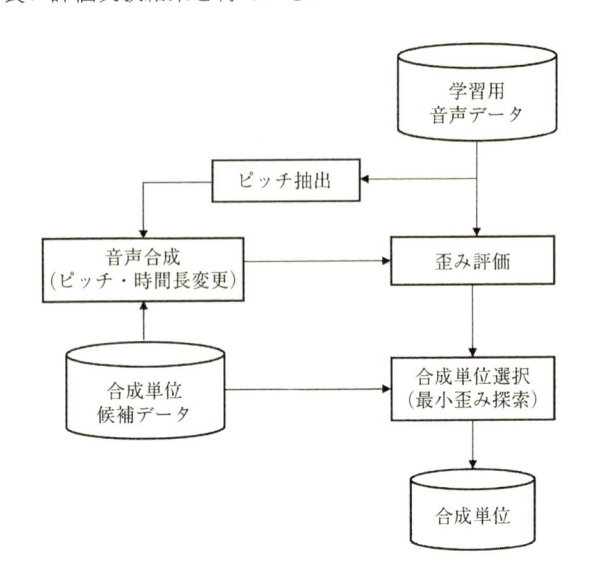

図 6.6 閉ループ学習に基づく合成単位生成

(c) HMM によるスペクトル系列の生成

合成単位として，特徴時系列を記憶して接続するのではなく，音素モデルを用いて連続音声の時系列を生成する試みが行われている．HMM (Hidden Marcov Model) に基づく音声合成 [30] では，与えられた音素時系列でモデルを連結し，尤度最大化基準によって音声パラメータを生成する．

6.2.4 音声生成方式

(1) スペクトル模擬型

スペクトル模擬型は，音声のスペクトル構造，すなわち，声道における共振および反共振の挙動を模擬する方式である．この方式では，ホルマントに着目した方式が非常に古くから研究されている．その後，**ターミナルアナログ方**

式 (terminal analog speech synthesis) と呼ばれる，共振周波数と帯域幅を連続的に変えることのできる共振回路と反共振 (アンチホルマント) 回路を複数個用い，それらの縦続あるいは並列接続によって合成音を生成する方式が考案された．代表例であるクラット (Klatt) の合成器のブロック図を**図 6.7** に示す [31].

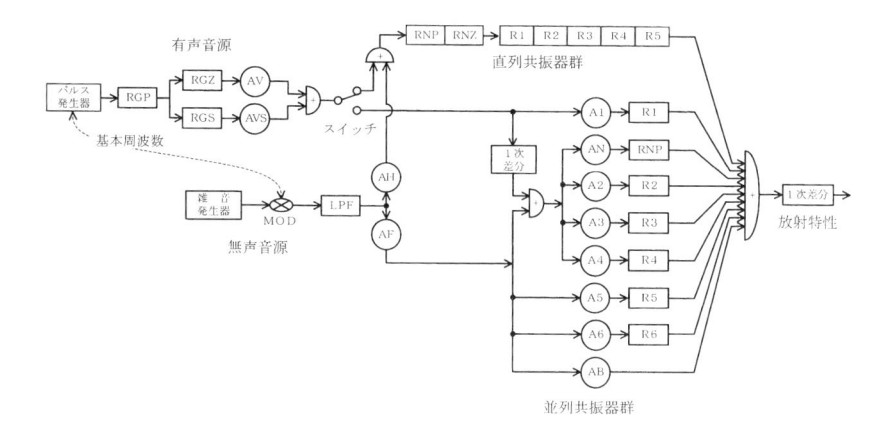

図 6.7 Klatt の合成器のブロック図

大きくは有声音源，無声音源，直列共振器群，並列共振器群に分割され，主として有声音源と直列共振器群との組み合わせで母音と有声子音を合成し，無声音源と並列共振器群との組み合わせで無声子音を合成する．有声音源からの出力と無声音源からの出力を任意の割合で混合することができ，有声摩擦音などの合成に適した構成となっている．R1 から R6 は 2 次のディジタル共振器で，それぞれが 1 個のホルマントに対応している．下側の並列共振器群は摩擦音を生成する．また，音源波形整形用フィルタに RGP, RGZ, RGS を，鼻音の極に RNP, 鼻音の零点に RNZ を用意している．AH は帯気の振幅，AF は摩擦の振幅を制御する．A1 から AB は振幅を制御する．パラメータにはホルマント周波数，帯域幅など 39 種類あり，デリケートな操作を可能としているが，通常の音声合成には主要な 20 種類のパラメータを制御すればよく，残りは標準値に固定すれば十分である．この方式は，**ホルマント合成** (formant vocoder) 方式とも呼ばれ，比較的品質の高い合成音が可能である．

(2) 声道模擬型

声道模擬型は，実際の声道の形を，それと等価な電気回路によって実現する方法で，第 3.2.3 項で述べた声道形状のモデルを断面積の異なる円筒を接続した段付き管によって表現している．そのため声道はコイルとコンデンサによって表される 4 端子回路の縦続接続によって表すことができる．さらに，末端の唇は，口唇の放射インピーダンスに等価な，コイルと抵抗の直列回路で終端することによって表現される．そのディジタルモデルの声道特性は 5.4.2 項および 4.5.3 項で述べた PARCOR 方式の合成フィルタと同じものとなる．音源は有声音の場合，インパルスなどの有声音源を四端子回路の入力端子に，無声音の場合には，白色雑音などの無声音源をその四端子回路の狭めによる摩擦音発生位置に相当する箇所に接続して駆動している．

この型の合成器は，声道の実際の断面積に対応しており，調音器官の動的な動きを忠実に表現できる．そのため，子音などの過渡的な音を合成するのに有効であると考えられているが，時間的に変化する声道断面積のデータを正確に得ることが難しく，自然な調音器官の動きを模擬するには至っていない．しかしながら，調音器官の物理的な動きを正確に捉え，モデル化して行く方式は，多様な音質をもった自然性の高い合成音を作り出して行くために非常に重要であり，**MRI 画像** (Magnetic Resonance Imaging: 磁気共鳴画像) データから声道断面積を得る方法 [32] の進歩などからも今後の発展が期待される．

(3) 分析合成型

分析合成方式は，合成単位を音声の生成モデルに基づいて分析し，音源パラメータと，声道特性を表すスペクトル包絡パラメータ系列の形で蓄えておく方式である．合成に際して音源部分と声道部分を分離，独立して制御できるため，ピッチや時間長の変更が必須となるテキスト音声合成に適した合成方法として広く用いられている．また，スペクトル包絡パラメータの自動抽出が容易であることも，この方式の大きな特徴である．声道特性を表すパラメータとして，4.5 節の線形予測法 (全極モデル) に基づく LPC 係数，PARCOR 係数，LSP 係数などや [21][24]，モデルによらないケプストラムなどがよく用いられる [22]．また，聴覚特性を考慮したフィルタ法も考案されている [33]．ただし，これらのパラメータは，必ずしも調音器官の動きに基づいたものでないため，パラメータ

の線形補間によって合成単位を接続する場合，合成音が歪んでしまう場合がある．合成単位長を大きくすることで，音韻の調音結合まで含めた形でパラメータを保持し，さらに接続箇所を適切に選択することによって，音声合成の品質をかなり向上させることができる．音源は，通常，有声音はピッチ周期間隔のパルス列，無声音は白色雑音で近似されるが，合成音の音質が機械的になるため，**線形予測残差**の情報を利用すること [25] も多い．残差を用いる場合には，普通，合成ピッチ周期が残差より長い場合にはゼロを詰め，短い場合には打ち切りして用いるが，スペクトル包絡と無関係に残差波形を操作するため，スペクトル包絡とのミスマッチが音質劣化の原因となる．

(4) 波形編集型

合成単位を波形データの形式で蓄積し，それを接続して合成音声を得る方式である．音声波形そのものでは基本周波数や継続時間の制御に問題があるため，合成単位を音声の 1 ピッチ周期に相当する素片波形の系列として蓄積し，合成時には規則によって与えられたピッチ周期に合わせ，時間シフトして重ね合わせる手法がとられる．時間長の伸縮は，1 ピッチ素片波形を繰り返し使用したり，間引いたりすることで実現する．波形をピッチ周期毎に重ね合わせて合成を行うため，「**ピッチ同期波形重畳法** (Pitch Synchronous Overlap and Add: **PSOLA**)」と呼ばれる．分析合成方式に比べて，波形データを蓄積するためデータ量は増すが，元の音声に対する変形が少なく明瞭で自然な合成音声が得られることから，最近広く用いられるようになった．PSOLA では，一般に，元の音声波形のピッチ周期毎に予め基準点 (**ピッチマーク**) を付けておき，その位置を基準にピッチ周期の 2 倍程度の長さをもった窓関数を乗じて素片波形を切り出す (**図 6.8**)．時間領域の波形操作で音声素片を生成することから Time Domain PSOLA (**TD-PSOLA**) と呼ばれる [34]．

一方，素片波形の操作性向上のため，自然波形をスペクトル分析し，何らかの変形処理を加えて再び波形に戻して用いる場合もある [35]．周波数領域での操作を行うため，前記の TD-PSOLA に対して Frequency Domain PSOLA(FD-PSOLA) とも呼ばれる．

自然波形の利用を，さらに積極的に進めた方式も提案されている．**CHATR** と呼ばれる合成方式 [36] では，高音質を実現するためには分析・合成，ピッチ

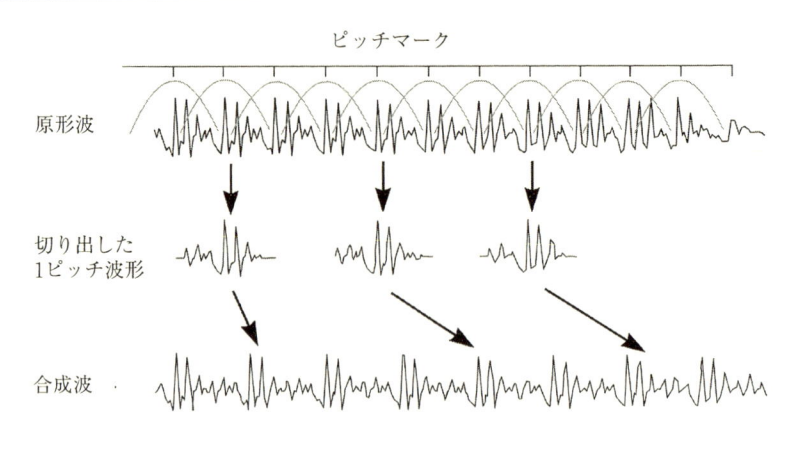

図 6.8　TD-PSOLA による音声合成

変更などの信号処理を行わない方が良いとの立場から韻律も制御しない．予め音韻ラベリングを施した大量の音声データベースを用意し，音声合成時には，音韻系列，および韻律的特徴 (基本周波数，音韻継続時間，パワー等) の最も適合する波形を選択し，基本的に波形の加工を行わずに接続して連続音声を出力するものである．自然波形そのものを利用するため，選択した個々の音声区間は非常に高い品質が得られるが，任意の入力文に対して安定した品質を得るには，100 MB をはるかに超えるデータ容量を必要とする．CHATR では，与えられた基本周波数パターンに合致するデータベースが存在しない場合に韻律が不自然になるが，原理的にはデータベースをさらに拡充すれば良い．合成音の音質はまだ韻律に弱点はあるが，個々には自然性が極めて高く，話者性を良く保存した音質である．以前では考えられなかったこのような方式も，最近の記憶装置の大容量化により可能となった．

6.3　音声加工

音声の基本的な性質 (高さ，速さ，長さ，個人性) を加工する処理としては，エコー処理 (残響を付加する)，ビブラート処理，話速変換 (元の声の高さ・個人性を変えないで，再生時間を変える)，フェードイン／フェードアウト (音の

始めと終わりをなだらかにする)，標本化周波数変換，声質変換(声の個人性を変える)などがある．これらのうち，エコー処理，話速変換，フェードイン／フェードアウト，標本化周波数変換は波形データ上の処理が普通である．一方，ビブラート処理，声質変換は生成系で行うのが自然である．本節では，これらのうち，話速変換と声質変換について述べる．

6.3.1 話速変換

音声の速度を変換する技術を**話速変換**という．音声の速度を時間軸上で伸縮できれば応用範囲は広い．従来より様々な方法が提案されている．

(1) TDHS アルゴリズム

TDHS (Time domain Harmonic Scaling) アルゴリズム [37] は，本来は音声信号の帯域圧縮を目的として，時間領域の操作(窓掛け，波形加算)と標本化周波数の変更によって周波数領域の高調波構造を伸縮する方法である．ここで標本化周波数を一定にすれば，時間軸上の伸縮(話速変換)が実現される [38]．

(2) PICOLA 法

TDHS アルゴリズムでは，伸縮率が1に近い場合，その原理から窓長が大きくなり過ぎ，ピッチ周期の揺らぎによる波形のずれが生じて音声が歪む．**PICOLA** (Pointer Interval Control Overlap and Add) 法は，短区間自己相関関数を用いて，窓掛け，波形加算を局所的な範囲で行うことにより歪みを減らしたものである [38]．MPEG-4 にも採用されているツールでもある．

6.3.2 声質変換

テキスト音声合成の実用化が進むにつれ，多様な声質，とりわけ著名人など特定個人の声質実現の要求が高まっている．また，自動翻訳電話の出力時などでは，言語は変換されても話し手の個人情報である声質は保持するのが自然である．合成音の声質(個人性，性別)を制御し，別話者の声を作成する技術である**声質変換**技術が研究されている．

基本周波数や，声帯・声道フィルタの値を適切に変えることで，他人に似せ

る，感情音声を合成することは，原理的には可能であるが，どのようなパラメータをどのように変えれば良いかは未解決である．それには，個人性や感情を音声から分離抽出する方法，制御する方法を開発する必要がある．

声質を決定する要因には，声道特性と音源特性の 2 種類があるが，知覚実験によれば [39]，個人性には第 3 以下の低次ホルマントが重要である．

そこで，ホルマントを用いて，話者間のホルマント (周波数，帯域幅) を DP マッチング等で対応付ける声質変換方法が古くからのアイディアであるが，ホルマントを安定的に抽出することは難しく実用的ではない．

(1) ベクトル量子化による声質変換

これは，**ベクトル量子化**したコードベクトルが個人性を表現しているという考えに基づく方法である [40]．

音韻同士の 1 対 1 対応がとれた**コードブック**があれば声質変換でき，この話者間で対応がとれたコードブックを**マッピングコードブック**と呼ぶ．マッピングコードブックの作成方法を**図 6.9** に示す．作成手順を以下に示す．

① 話者 A と話者 B の音声を用いて，それぞれコードブックを作成する．
② 同じ単語を，各人のコードベクトルで表現する．
③ ②を学習単語すべてで行い，対応関係をヒストグラムとして求める．
④ ヒストグラムを重み付けとして，マッピングコードブックを作成する．ピッチとパワーについても同様にしてマッピングコードブックを作成する．

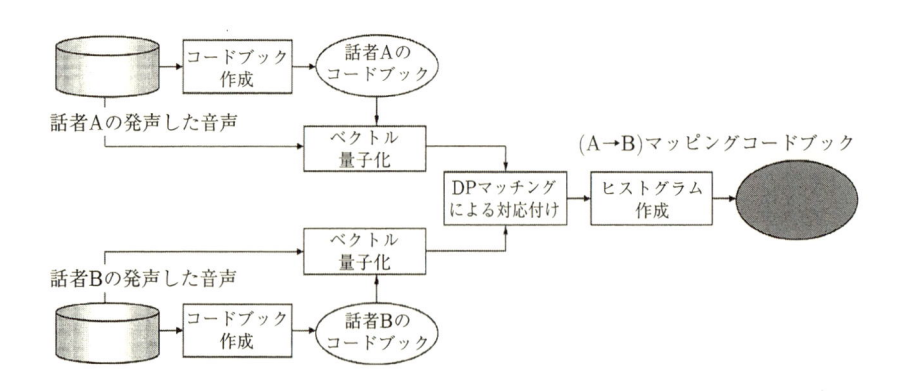

図 6.9 マッピングコードブック作成法

声質変換の手順は，以下のとおりである．

話者 A の入力音声を LPC 分析し話者 A と B のコードブックでベクトル量子化し，ピッチとパワーは話者 A と B のコードブックでスカラー量子化する．それらの全てのパラメータをマッピングコードブックでデコードし，LPC 音声合成して話者 B の音声を得る．

この方法は，ベクトル量子化を行うため，量子化誤差により品質劣化が避けられないが，個人性を表すパラメータ (ホルマント周波数，ホルマント帯域幅，スペクトル傾斜，音源) を独立に変形して制御するのは困難であるため，ベクトル量子化でそれらを表現するというアイディアによる．

その他，**HMM に基づく音声合成** (6.2.3(5)-(c) 参照) では，音素 HMM を利用しているため，話者適応を用いた変換がより適切・容易に機能すると考えられる [41]．

(2) 音声モーフィング

画像のモーフィングをヒントとして，話者 A の声を話者 B の声へと徐々に変化させていく**音声モーフィング** (speech morphing) の概念が提案されている [42]．音声モーフィングでは，実在しない中間的な音声を生成する必要がある．2 人に同じ発声をさせ，音韻境界とピッチマークを付与し，有声音区間に対しピッチマーク同士の対応付けを行う．音声スペクトルの変形方法は，以下の周波数 α を制御することにより行う．

- 対応するピッチ毎にピッチマークを中心にピッチ長の 2 倍の窓を掛け FFT 分析を行う．
- ある周波数 (αHz) を境に，α より低域には話者 1 のスペクトル (実部と虚部) を，α より高域には話者 2 のスペクトル (実部と虚部) を混合する．
- 最後に逆 FFT して波形を得て，PSOLA により合成する．

その他，**HMM に基づく音声合成** (6.2.3(5)-(c) 参照) では，統計的，情報理論的な尺度に基づいて，複数の話者 HMM を補間することで，任意の比率で補間した音声を合成する試みがなされている [43]．

声質変換，音声モーフィングとも，現在の段階では音質的に不十分な面があり今後の研究が待たれる．

第 6 章の参考文献

[1] 松本祐治, 影山太郎, 永田昌明, 齋藤洋典, 徳永健伸:「岩波講座 言語の科学 3 単語と辞書」pp.58-73, 岩波書店 (1997)

[2] 佐藤大和:「複合語におけるアクセント規則と連濁規則」講座『日本語と日本語教育』第 2 巻 日本語の音声・音韻 (上), 明治書院 (1989)

[3] NHK 編:「日本語 発音アクセント辞典 (改定新版)」日本放送出版協会 (1985)

[4] 金田一春彦:「明解日本語アクセント辞典」第 2 版, 三省堂 (1981)

[5] 匂坂芳典, 佐藤大和: "日本語単語連鎖のアクセント規則", 信学論 (D), J66-D,No.7, pp.849-856 (1983.7)

[6] H.Fujisaki and T.Ohmura: "Characteristics of durations of pauses and speech segments in connected speech", Annual Report,Engineering Research Institute, University of Tokyo 30, pp.69-74 (1971)

[7] 佐藤大和, 匂坂芳典, 小暮潔, 嵯峨山茂樹: "日本語テキストからの音声合成" NTT 研究実用化報告", 32, No.11, pp.2243-2252 (1983)

[8] 鈴木和洋, 斉藤隆: "日本語テキスト音声合成のための N 文節構造解析とそれに基づく韻律制御", 電子通信学会論文誌 (D-□) Vol.78-D-□, No.2, pp.177-187 (1995)

[9] 匂坂芳典, 東倉洋一: "規則による音声合成のための音韻時間長制御", 電子通信学会論文誌 (A), J67-A, No.3, pp.629-636 (1984)

[10] 酒寄哲也, 佐々部昭一, 北川博雄: "規則合成のための数量化□類を用いた韻律制御", 日本音響学会講演論文集 3-4-17, pp.245-246 (1986.10)

[11] 海木延佳, 武田一哉, 匂坂芳典: "言語情報を利用した母音継続時間長の制御", 電子情報通信学会論文誌 Vol.J75-A, No.3, pp.467-473 (1992)

[12] M.D.Riley: "Tree-based modeling of segmental durations", in Talking Machines, pp.265-273, Elsevier (1992)

[13] J.P.H.van Santen: "Contextual effects on vowel duration", Speech Communication, Vol.11, pp.513-546 (1992)

[14] 箱田和雄, 佐藤大和: "文音声合成における音調規則", 電子通信学会論文誌 J63-D,9, pp.715-722 (1980)

[15] K.Hirose,H.Fujisaki and Yamaguchi: "Synthesis by rule of voice fundamental frequency contours of spoken Japanese from linguistic information", Proc. 1984 IEEE ICASSP, San Diego, 2.13.1-4 (March 1984)

[16] 匂坂芳典: "F0 パターン概形制御の定量的検討", 電子情報通信学会音声研究会資料, SP89-111 (1990)

[17] 阿部匡伸, 佐藤大和: "音節区分化モデルに基づく基本周波数の2階層制御方式", 日本音響学会誌 Vol.49, No.10, pp.682-690 (1993)

[18] 伊藤憲三, 広川智久, 佐藤大和: "音声合成のための音韻セグメントパワー制御規則の検討", 日本音響学会 音声研資 SP92-12, pp.41-48 (1992)

[19] 三村克彦, 海木延佳, 匂坂芳典: "統計的手法を用いた音声パワーの分析と制御", 日本音響学会誌, Vol.49, No.4, pp.253-259 (1993)

[20] 斉藤隆, 橋本泰秀, 阪本正治: "環境依存性を考慮した音節を単位とする音声合成—音素クラスターを用いた音節合成単位の生成—", 日本音響学会講演論文集 2-1-2, pp.247-248 (1995-09)

[21] 東倉洋一, 匂坂芳典: "CV 音節を単位とする音声合成", 日本音響学会講演論文集 3-4-3, pp.623-624 (1980.5)

[22] 阿部芳春, 今井聖: "CV 音節のケプストラムパラメータからの音声合成", 電子通信学会論文誌 J64-D,pp.861-868 (1981)

[23] J.B.Lovins,M.J.Macci and O.Fujimura: "A demisyllable inventory for speech synthesis", ASA 97th Meeting Preprint, pp.519-522 (1979)

[24] 佐藤大和: "PARCOR-VCV 連鎖を用いた音声合成方式", 電子通信学会論文誌, Vol. J61-D, No.11, pp.858-865 (1978)

[25] 佐藤大和: "CVC と音源要素に基づく (SYMPLE) 音声合成", 日本音響学会音声研究会資料 S83-69 (1984-1)

[26] 匂坂芳典: "種々の音韻連接単位を用いた日本語音声合成", 信学技報, SP87-136 (1988)

[27] 岩橋直人, 海木延佳, 匂坂芳典: "音響的尺度に基づく複合音声単位選択法", 信学技報 SP91-5 (1991)

[28] 中嶌信弥, 浜田洋: "音素環境クラスタリングによる規則合成法", 電子情報通信学会論文誌, J72-D-Ⅱ, 8, pp.1174-1179 (1989)

[29] 籠嶋岳彦, 赤嶺正巳: "閉ループ学習に基づく代表素片選択による音声素片の自動生成", 電子情報通信学会論文誌 D-Ⅱ, Vol.J81-D-Ⅱ, No.9, pp.1949-1954 (1989)

[30] 徳田恵一: "隠れマルコフモデルの音声合成への応用", 信学技報 SP99-61 (1999-8)

[31] D.H.Klatt: "Software for a Cascade/Parallel Formant synthesizer", J.Acoust.Soc.Am., 67,3, pp.971-995 (1980)

[32] 楊長盛, 粕谷英樹, 加納滋, 佐藤俊彦: "MRI による声道形状の精密計測法の検討", 電子情報通信学会論文誌 (A), Vol.J77-A, No.10, pp.1327-1335 (1994)

[33] 今井聖, 住田一男, 古市千絵子: "音声合成のためのメル対数スペクトル近似 (MLSA) フィルタ", 信学論 J66-A, No.2, pp.122-129 (1983)

[34] F.J.Charpentier, M.G.Stella: "Diphone Synthesis Using an Overlap-Add Technique for Speech Waveforms Concatenation", ICASSP'86, pp.2015-2018 (1986)

[35] Yazu,T.,Yamada,K: "The Speech Synthesis System for an Unlimited Japanese Vocabulary", Proc.ICASSP, pp.2019-2022 (1986)

[36] ニック・キャンベル, アラン・ブラック: "CHATR : 自然音声波形接続型任意音声合成システム", 信学技報 SP96-7, pp.45-52 (1996-05)

[37] D.Malah: "Time-Domain Algorithms for Harmonic Bandwidth Reduction and Time Scaling of Speech Signals",IEEE Trans. Acoust.Speech, and Signal Processing, Vol.ASSP-27, No.2 , pp.121-133 (1979)

[38] 森田直孝, 板倉文忠: "自己相関法による音声の時間軸での伸縮方式とその評価", 電子通信学会技術報告 EA86-5 (1986)

[39] 桑原尚夫, 大串健吾: "ホルマント周波数バンド幅の独立制御と個人性判断", 電子通信学会論文誌, Vol.J69-A, No.4, pp.509-517 (1986-4)

[40] Abe,M., Nakamura,S., Shikano,K and Kuwabara,H: "Voice Conversion Through Vector Quantization", The Journal of the Acoustical Society of Japan, (E) 11, 2, pp.71-76 (1990)

[41] T.Masuko, K.Tokuda, T.Kobayashi and S.Imai: "Voice characteristics conversion for HMM-based speech synthesis", Proc.ICASSP, Vol.3, pp.1611-1614 (1997)

[42] 阿部匡伸: "基本周波数とスペクトルの漸次変形による音声モーフィング", 日本音響学会講演論文集, 2-1-8, pp.259-260 (1995-9)

[43] T.Yoshimura, T.Masuko, K.Tokuda, T.Kobayashi and K.Kitamura: "Speaker interpolation in HMM-based speech synthesis", Proc.EUROSPEECH, Vol.5, pp.2523-2526 (1997)

演習問題 6

6.1 日本語 (標準語) の単語アクセントについて，n モーラからなる語の n 型と 0 型アクセントの違いを述べよ．

6.2 音声合成単位として /CV/ や /VCV/ が，音素や単語よりも優れている点を述べよ．

6.3 スペクトル模擬型と声道模擬型音声合成器の主な特徴を上げて両者を比較せよ．

第7章

音声認識

　音声には言語情報以外にも様々なメッセージが含まれている．こうした非言語情報には個人性や感情という臨場感を豊かにしている情報があるが，現在の音声認識では除かれる対象となっている．また音声中の言語情報にも，**分節情報** (segmental information) と **超分節情報** (supra-segmental information) の二つがある．前者は音韻のように分節化できる情報，後者はイントネーションのように分節を越えて音声に埋め込まれる情報を指して使われる．超分節情報はこれまで音声認識に利用されることが少なかったが，認識対象が単語音声やディクテーションから対話音声へと拡大されるに従い，積極的に利用することが今後必要になると考えられる．

　音声認識では，波形という連続信号を言語という離散シンボルに変換しなければならない．16 kHz, 16 bit のディジタル音声波形は毎秒 256 kbit の情報をもつが，音声中の音素系列だけを考えるなら，毎秒 100 bit 程度の情報で済む．音声を処理の早い段階で，離散シンボルへ置き換えることができるなら効率が良い．しかし現在の音声認識システムでは，言語制約を含めた形で処理するのが性能上得策と考えられている．すなわち図 7.1 に示すように，音声波形を特徴ベクトル系列 (毎秒 20-40 kbit 程度) に置き換えた後，音響モデル (HMM など) と言語モデル (N-gram など) の双方を融合的に使用するアプローチが採られることが多い．

　音声認識を困難にしているものに音響的要因と音声言語的要因がある．前者には以下のようなものがある．

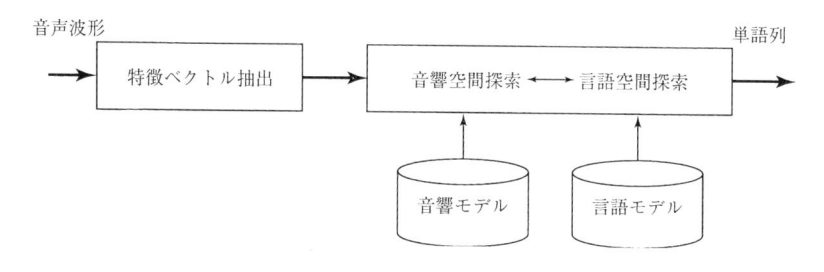

図 7.1　音声認識処理の構成例

(a) 話者の違いによる変動
(b) 前後の音韻環境が異なることによる変動
(c) 利用環境の違いによる変動

(a) は話者の発声器官の違いと話し方の多様性から生じる．自分の声を登録せずに使用できるのが理想であるが (**不特定話者音声認識方式**)，実際には利用者を限定できる使い方も多い．この場合，不特定多数の話者から統計的手法を用いて作成した参照パターン (音素や単語) に対して，個々の利用者の声を適応させる方式が採られる (**話者適応型音声認識方式**)．以前は，利用者が全ての参照パターンを発声する方法がとられていたが (**特定話者音声認識方式**)，話者適応型では少数の単語もしくは文を発声すれば済むため負担が少ない．

(b) は発話の際に調音器官の動きがなまけることに起因する．大語彙になるほど，また発話の単位が孤立単語から連結単語，単文，複文と長くなるほど変動が大きくなる (**LVCSR**: Large Vocabulary Continuous Speech Recognition)．(c) の変動は伝達関数の違い，周囲騒音の違い，符号化方式 (CODEC) の違いから生じる．伝達関数上の変動は主にマイクロホンの違いや，発話者とマイクロホンとの距離により生じ，音声波形には畳込みの形で入りこむため，**CMN** (Cepstrum Mean Normalization) による正規化が行われている．また残響の多い部屋では反射波が重畳して性能を劣化させる．騒音は多種に亘るためこれを除去することが基本であるが，比較的小さくまたあらかじめ特定できる場合には，音響モデル中に騒音を組込むことができる．一方，携帯端末など高圧縮率の符号化方式が使われる用途では，音声波形に戻すと歪が大きいことから，符号化パラメータの段階で特徴を抽出することも試みられている．

音声認識を困難にしている音声言語的要因には，以下のようなものがある．

(a) 音韻変形
(b) 未知語の出現
(c) 冗長語の付加

(a) には音便化や語尾の長音化などがあり，話し言葉に近づくほど変形も多くなる．(b) は言語の宿命でもあるが，音声から音韻列を正確に取り出すことができるなら (音韻タイプライタの実現)，未知語を検出して認識性能への悪影響を防ぐことが可能になる．(c) の冗長語 (えー，えーと，うーんなど) の出現は音声としては自然な現象である．冗長語の種類はそれほど多くはないが，これらを除去するだけでなく，積極的に利用することで対話を円滑に進めることもできる．この他，対話音声では言い直しや言い淀みなども頻繁に出現する．

以下では，音声特徴量と分析条件，距離尺度，DP マッチング，隠れマルコフモデル (HMM)，言語処理の各要素技術について説明した後，音声認識技術の実用化において重要な二つのテーマ，大語彙連続音声認識システムとロバストな音声認識について述べる．

7.1 音響特徴量と分析条件

7.1.1 音響特徴量

音声認識システムで用いられる主な**音響特徴量**には，音韻表記のような語音の異なりに関係する特徴と韻律に関係する特徴がある．第 3, 4 章で述べてきたように，語音の異なりは主に調音に依存していて，その特徴量としては音声のパワースペクトル関連量が中心である．また，アクセント，イントネーション，テンポなどの韻律は，音声の基本周波数や音声強度，発話の速度などに関係している．これらの特徴量の抽出法については第 4 章で述べてきたので，本章ではどのような特徴量がどのような目的で使用されているかについて述べる．なお，音声以外のモードを認識システムへの入力情報に加えることも一部で行われており，それらが有効であることも多いが，ここでは扱わない．

まず，最近の音声認識システムで使用されている主な特徴量を以下に列挙する．

1. **波形の振幅，パワー**：音声区間の検出や音素のような認識単位へのセグ

メンテーションなどに用いる．また，相対値としての時系列パターンは音韻特徴，韻律特徴としても利用される．

2. **音声波形の零交叉数**：摩擦性の音で大きい値となるので，これらと他の音素や無音区間との区別，音声区間の検出などに用いられる．

3. **自己相関関数，高次自己相関関数**：自己相関関数は主に基本周波数の抽出などに用いられる．高次相関関数はバイスペクトルなどとして耐雑音性特徴として使用されることがある [5]．

4. **LSP(線スペクトル対)**：符号化音声のスペクトル情報伝送に用いられるので，この変量をシステムへの入力として自動認識する試みがある．

5. **パワースペクトル包絡**：語音の異なりを表すために用いられる．具体的変量には，フィルタバンク出力パワー，ケプストラム係数，周波数軸をメル尺度化したメルケプストラム係数などがあり，現在，最も多くの自動認識システムで音響特徴量として用いられている (それぞれの計算方法については第 4 章を参照)．また，パワースペクトルからの派生的な特徴量として，パワースペクトルの局所ピーク帯域を強調したスペクトルやこれと同様な効果をもつ群遅延スペクトル，あるいは帯域を分割して推定したサブバンドスペクトルなどがある．これらは主に耐雑音性などの向上を意図して用いられることが多い．

6. **声道断面積関数，調音パラメータ**：パワースペクトルと同じく音韻性特徴として用いられる．具体的には，声道断面積を音響管と見なしたときの反射係数の組，対数化声道形状の直交関数展開，調音モデルのパラメータなどがある．調音結合などの扱いに有利と考えられるが，母音以外の音声の理論的扱いが難しく，採用されることは少ない．

7. **ホルマント**：調音との相関が強く，情報圧縮効果の高い特徴量である．しかし，自動抽出が必ずしも安定でないことや，一般の連続音声を表すには圧縮率が高過ぎて十分な情報が得られないため，自動認識システムに採用されることは少ない．

8. **基本周波数**：アクセントやイントネーションに関係するので，文の構造や意味を扱う上では重要であるが，現在のところ，研究段階の認識システムに組み込んだ例がある程度に留まっている．問題点は二つあり，一つは基本周波数の抽出自体が安定性に欠けること，もう一つは，アクセ

ントやイントネーションのモデル化が普通の発話に関しては困難であることである.

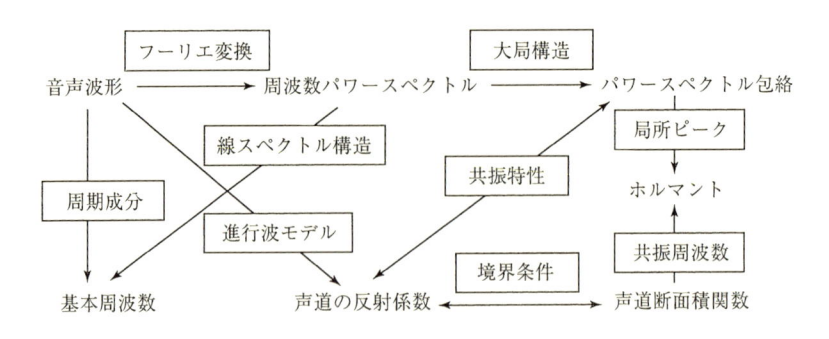

図 7.2 基本的な音声特徴量の相互関係

以上の特徴量の関係を図 7.2 に示しておく. これらの特徴量は 5～20 ミリ秒前後で標本化したサンプル値時系列, すなわち時間パターンとして扱われる. 音声では, この時間パターン自体が認識に有効であることが多いので, 数十ミリ秒 (概ね 30～60 ミリ秒) のサンプル値の時間変化パターンを表現するために以下のような手法が用いられている.

① 連続する数フレームの特徴ベクトル時系列を一つのセグメント (行列となる) としてもち, 音声特徴を行列の時系列で表す [4]. これは時空間パターン特徴, あるいは**セグメント特徴**と呼ばれる.

② 同じく前後数フレームの特徴ベクトル列の線形回帰係数, 余弦展開係数などを用いる. よく使用されるのはケプストラム係数の線形回帰係数で, これを**デルタケプストラム** (Δcepstrum) と呼ぶ (概略, 時間微分係数に相当するためである)[2]. デルタケプストラム系列のデルタをとった係数 (Δ^2) も使用されている.

③ パワースペクトルの時間パターンを (周波数-時間) 平面上の場とみなして, その空間微分をとる. これを適当な範囲の領域毎に分割し, そのベクトルの分布で表現したものをパワースペクトル場の方向性パターンと呼び, 自動認識に使用されている [3].

時間パターンが特徴の相対的な値しか表していない②のような場合は, 元の特徴ベクトルと時間変化パターンを組み合わせて使用することが多い. 例えば,

12項のケプストラム $c_i(t)$ と 12 項の Δ ケプストラム $d_i(t)$ を合わせて 24 次元ベクトル時系列とする方法などである．なお，前後 n フレームまでとった場合のデルタ係数 $d_i(t)$ は，$c_i(t)$ から次のように計算される．

$$d_i(t) = \sum_{l=1}^{n} l\{(c_i(t+l) - c_i(t-l))\} \Big/ 2\sum_{l=1}^{n} l^2$$

通常，元の $c_i(t)$ に比べデルタ係数の方が変動幅が小さくなるので，両者の分散が同程度になるように重み付けして特徴ベクトルとする．特徴量の性質としては，それらが音韻や韻律的区別をできるだけ効率良くコンパクトに (例えば，少ない次元数の特徴空間に正規分布に近く) 表現できることが望ましい．さらに，もう一つの重要な要素は，それらの特徴量の抽出，計算が安定にできることである．上記の特徴量の中でも，ホルマントや基本周波数はこうした安定な推定という点が実用上の障害となっている．

特徴空間の次元数をどの程度にとるかは，統計的手法に基づくパターン認識理論で知られるように，類別すべきカテゴリー数および各カテゴリーの標準パターンを推定するためのサンプル数と関係している．すなわち，次元数に比べて十分なサンプル数が必要であり，サンプル数が少ない場合にはしばしば過学習などに陥ることが多い．利用できる学習サンプル数や処理量などの面で特徴量の次元数が大き過ぎる場合には，K-L (Karhunen-Loeve) 展開のような直交関数展開や主成分分析ような多変量解析的手法などを用いて次元圧縮が行われる [1]．

7.2 距離尺度

7.2.1 特徴ベクトル間距離

7.1 節で説明した入力音声の特徴ベクトル (以下，入力パターンと呼ぶ) は，次に，一定の離散的な単位 (音韻，音節，単語ほか) に置き換えられる．この置き換えは，変換の単位を構成する標準的な特徴ベクトル (以下，参照パターンと呼ぶ) と入力パターンを直接比較し，整合 (matching) の度合いを計算することによって行われるため，**パターンマッチング** (pattern matching) と呼ばれ

る (**図 7.3** 参照). 以下では,特徴ベクトル間距離の計算に用いられる尺度 (距離尺度: distance measure) について説明する.

```
入力パターン                           出力
  X={x_i}  → パターンマッチング  →  (音韻, 音節, 単語など)
             (距離尺度)
                ↑
             Y_k={y_ki}
             参照パターン
```

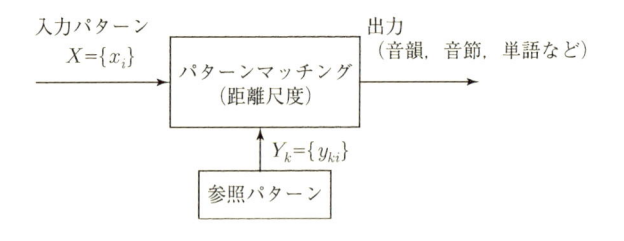

図 7.3 パターンマッチング

簡単のため,ある時刻における入力パターンを $X = \{x_i\}$, $i = 1, 2, \ldots, I$ と表す.また,あるクラス k に属する参照パターン (reference pattern) を $Y_k = \{y_{ki}\}$ と表す.このとき,二つのパターン間には,以下に示す様々な距離尺度を定義することができる.

$$d_0(X, Y_k) = \begin{cases} 1 & (X \neq Y_k \text{のとき}) \\ 0 & (X = Y_k \text{のとき}) \end{cases} \tag{7.2.1}$$

$$d_1(X, Y_k) = \sum_{i=1}^{I} |x_i - y_{ki}| \tag{7.2.2}$$

$$d_2(X, Y_k) = \left\{ \sum_{i=1}^{I} (x_i - y_{ki})^2 \right\}^{1/2} \tag{7.2.3}$$

$$d_p(X, Y_k) = \left\{ \sum_{i=1}^{I} (x_i - y_{ki})^p \right\}^{1/p} \tag{7.2.4}$$

$$d_\infty(X, Y_k) = \max_i \{|x_i - y_{ki}|\} \tag{7.2.5}$$

上に示した距離尺度は,いずれも次の三つの性質を満たしている.

(ⅰ) $\quad d(X, Y_k) \geqq 0, \text{かつ } d(X, Y_k) = 0 \Leftrightarrow X = Y_k \quad$ (7.2.6)

(ⅱ) $\quad d(X, Y_k) = d(Y_k, X) \quad$ (7.2.7)

(ⅲ) $\quad d(X, Y_k) \leqq d(X, Y_j) + d(Y_j, Y_k) \quad$ (7.2.8)

パターン認識において最も多く利用される距離尺度は d_2 で,**ユークリッド距離**

(Euclidean distance) と呼ばれる．d_2 は次の 2 乗距離の形で利用されるのが一般的である．

$$d(X, Y_k) = \sum_{i=1}^{I} (x_i - y_{ki})^2 \tag{7.2.9}$$

上式は入力パターンと参照パターンが，おのおののノルム (norm) の 2 乗値

$$\|X\|^2 = \sum_{i=1}^{I} (x_i)^2, \quad \|Y_k\|^2 = \sum_{i=1}^{I} (y_{ki})^2 \tag{7.2.10}$$

によって正規化されている場合，

$$\begin{aligned} d(X, Y_k) &= \sum_{i=1}^{I} (x_i)^2 + \sum_{i=1}^{I} (y_{ki})^2 - 2\sum_{i=1}^{I} x_i y_{ki} \\ &= 2\left(1 - \sum_{i=1}^{I} x_i y_{ki}\right) \end{aligned} \tag{7.2.11}$$

となる．第 2 項は次に示す**パターン間類似度** (similarity) に等しい．

$$s(X, Y_k) = \sum_{i=1}^{I} x_i y_{ki} \tag{7.2.12}$$

上式は，二つのデータ $\{x_i\}$, $\{y_{ki}\}$ 間の相関を計算したもの，あるいは二つのベクトル X, Y_k の間で正射影を計算したものと考えることができる．

7.2.2 統計的距離尺度

音声は音韻環境の違いからくる調音結合，あるいは利用者の違いによる話者間変動によって様々な変形を受ける．そこで，学習データを多量に使用できる場合は，統計的距離尺度を適用してこれらの変形に対処する方法がとられる．以下ではパターンの分布を仮定する方法と，分布を仮定しない方法の二つに分けて説明する．

(1) 分布を仮定する方法

ここではパターンの分布に関して，正規分布などのモデルを仮定する，パラメトリックな手法を説明する．入力パターン X が与えられたとき，それがクラス C_k に属する**事後確率** (a posteriori probability) $P(C_k|X)$ はベイズの定理

(Bayes theorem) を用いて,
$$P(C_k|X) = P(X|C_k)P(C_k)/P(X) \tag{7.2.13}$$
と与えられる．ここで，入力パターンの生起確率密度 $P(X)$ は C_k に無関係と考えてよいであろう．そこで，クラス C_k に属する X の生起確率密度 $P(X|C_k)$ および，クラス C_k の生起確率すなわち**事前確率** (a priori probability)$P(C_k)$ を個々のクラスが属する母集団から推定できるとすると，
$$c = \arg\max_k \{P(X|C_k)P(C_k)\} \tag{7.2.14}$$
のように X の帰属するクラス $C(X) = c$ を知ることができる．これが**ベイズ決定則** (Bayes decision rule) と呼ばれるものである．認識の対象が等確率 ($P(C_k) = $ 一定) で生起する数字音声のような場合は，上式を $P(X|C_k)$ のみから評価することができる．$P(X|C_k)$ はクラス C_k に属するパターン集合が示す分布である．そこで，分布が多次元正規分布 (normal distribution) をとると仮定できる場合には，次の近似式で表すことができる．
$$P(X|C_k) = \frac{1}{(2\pi)^{\frac{n}{2}}|\Sigma_k|^{\frac{1}{2}}} \exp\left\{-\frac{(X-\mu_k)^T \Sigma_k^{-1}(X-\mu_k)}{2}\right\} \tag{7.2.15}$$
ここで μ_k, Σ_k はそれぞれクラス C_k の平均ベクトル (mean vector) と共分散行列 (covariance matrix), また n はパターンの次元数，T は転置，Σ_k^{-1} と $|\Sigma_k|$ はおのおの Σ_k の逆行列と行列式の値を表す．$P(X|C_k)$ の分布を単一の多次元正規分布で近似できない場合には，次の**混合分布** (mixture density) による近似が利用される．
$$P(X|C_k) = \sum_{m=1}^{M} \frac{\lambda_m}{(2\pi)^{\frac{n}{2}}|\Sigma_{km}|^{\frac{1}{2}}} \exp\left\{-\frac{(X-\mu_{km})^T \Sigma_{km}^{-1}(X-\mu_{km})}{2}\right\} \tag{7.2.16}$$
ここで添え字の m は分布の番号を示し，λ_m, M はおのおの混合係数 (もしくは分岐確率．総和は1) と混合分布の数である．この場合は，正規分布のパラメータと混合係数を解析的に求めることはできないため，山登り法による繰り返し演算を用いる最尤法 (maximum likelihood method) を適用しなければならない [6].

一方，(7.2.15) の単一正規分布を適用できる場合は，各クラスのパターン集

合 $X_k = \{X_{k1}, X_{k2}, \ldots, X_{kI}\}$ から，分布のパラメータ θ_k（正規分布では μ_k と Σ_k）を最尤法から解析的に求めることができる．最尤法では，個々のパターン生起確率密度 $P(X_{ki}; \theta_k)$ から，クラス生起確率密度を

$$P(X_k; \theta_k) = \prod_{i=1}^{I} P(X_{ki}; \theta_k) \tag{7.2.17}$$

と表し，この値を最大にする $\hat{\theta}_k$（推定値）を求める．これは次式を解けばよい．

$$\sum_{i=1}^{I} \partial\left[\ln P(X_{ki}; \theta_k)\right] \Big/ \partial \theta_k = 0 \tag{7.2.18}$$

(7.2.15) の正規分布の式と上式から，解として次の平均値と共分散の二つのパラメータが求まる．

$$\hat{\mu}_k = \frac{1}{I} \sum_{i=1}^{I} X_{ki} \tag{7.2.19}$$

$$\hat{\Sigma}_k = \frac{1}{I} \sum_{i=1}^{I} (X_{ki} - \hat{\mu}_k)(X_{ki} - \hat{\mu}_k)^T \tag{7.2.20}$$

これらの推定値を (7.2.15) に代入した上で，$P(X|C_k)$ を (7.2.13) へ代入すると共に，両辺の対数を取ると次の**対数尤度** (log likelihood) を得る．

$$L(C_k) = -\frac{1}{2}(X - \mu_k)^T \Sigma_k^{-1}(X - \mu_k) - \frac{1}{2}(\ln|\Sigma_k|) + \ln P(C_k) + \text{const.} \tag{7.2.21}$$

上式の第 2 項以降はクラスのみに依存し，入力パターンに依存しない成分である（上式で const $= -(n/2)\ln(2\pi)$）．

次に，(7.2.21) において $\ln P(C_k)$ と $\ln|\Sigma_k|$ がクラスにあまり依存しないか，もしくは第 1 項に比較して無視できることがある．この場合は第 1 項のみ考慮すればよく，次の**マハラノビス距離** (Maharanobis distance) と同じ形式が得られる．

$$M(C_k) = (X - \mu_k)^T \Sigma_k^{-1}(X - \mu_k) \tag{7.2.22}$$

さらに，共分散行列 Σ_k をクラスに共通の共分散行列 Σ に置換えることができる場合には，

$$M(C_k) = \mu_k^T \Sigma^{-1} \mu_k - 2\mu_k^T \Sigma^{-1} X + X^{-1} \Sigma^{-1} X \tag{7.2.23}$$

とすることができる.式中の第3項はクラスに依存しないため,(7.2.21), (7.2.22) が2次の識別関数を構成したのに対し,上式は線形識別関数となる.以上に述べた対数尤度,マハラノビス距離は,単語音声や音素などの識別に適用されるほか ([7][8][9]),7.4節で説明する連続 HMM の出力確率計算にも使用される.ただし連続 HMM では,混合分布の場合と同様,最尤法から解析的に解くことができないため,繰り返し演算 (EM アルゴリズム) が適用される.なお,これまでに現れた共分散行列 Σ_k の全要素を統計的に意味あるものと見なすには,多量の学習データが必要になる.このため,共分散行列中でも安定している対角成分のみからなる対角共分散行列 (diagonal covariance matrix) を使用することが多い.

(2) 分布を仮定しない方法

この方法は,パターンの分布に関してモデルを仮定せず「データ自身に語らせる」ことを特徴としている.以下では,最近傍決定則,参照パターンのマルチテンプレート化,および学習ベクトル量子化を説明する.分布を仮定しない方法としては,このほか多層ニューラルネットワークを用いる方法 [10],部分空間法 [11] などが知られている.

(a) 最近傍決定則 (nearest neighbor (NN) rule)

この方法 (以下 NN 法と呼ぶ) は単純な手続きにより実現でき,同時に比較的高い性能を示す.NN 法は競合学習アルゴリズム等の補強を受け,今後もパターン認識の最も重要な方法の一つであり続けると考えられる.

NN 法の標準的な処理の流れを以下に示す.各クラスを代表するパターンを参照パターン Y_k として登録しておく.次に,未知の入力パターン X に対して,全ての参照パターンとの距離 $D(X, Y_k)$ を計算した後,次式により X の帰属するクラス $C(X) = c$ を求める.

$$c = \arg\min_k \{D(X, Y_k)\} \tag{7.2.24}$$

(b) 参照パターンのマルチテンプレート化

参照パターンは一つに限らない.複数のパターンを参照パターンとして登録する方法を,マルチテンプレート (multi-template) 法と呼ぶ.音声に現れる変動を複数の標準的なパターン (テンプレート) によって代表させる方法といえる.参照パターンの数が多いと,記憶容量と計算時間の増大を招くため,効率良く

パターンを選定する方法,すなわちクラスタリング (clustering) 法が種々提案されている.以下では,代表的な例として**変形 K-平均アルゴリズム** (modified K-means(MKM) algorithm) を説明する [12][13].

図 **7.4** に MKM アルゴリズムを示す.クラスタリングはクラス k 毎に行われ,おのおの i_{max} 個のクラスタを最終的に構成するとする.途中,クラスタの数 i は後述する基準により 1 個ずつ増やされ,その都度各クラスタはセットし直される.すなわち,i 個のクラスタを求める際の q 回目の試行における j 番目のクラスタを $Y_{ki}(j,q)$, $j = 1, 2, \ldots, i$ と表す.このとき,クラスタ $Y_{ki}(j,q)$ の新しいセットは,学習データ毎に各クラスタ j に対して $Y_{ki}(j, q-1)$ の中心との距離を求め,一番近いクラスタにそのデータを割り当てた後,クラスタの中心を改めて求めることにより得られる.各クラスタの中心を求める方法の一つにミニマックス法がある.この方法は一つのクラスタ内において,一つの代表パターンと,他の全てのパターン間の距離を求め,その最大の距離が最小となる代表パターンをクラスタ中心とする.なお,次にどのクラスタを分割するかは,クラスタ毎に,中心と他の全パターン間の平均距離を求め,この値が最大となるクラスタを見い出すことによって決める.このとき,分割されるクラスタの中で距離が最大の二つのパターンが,分割後のクラスタ中心となる.最終的に得られた参照パターンセット $\{Y_{ki}\}$, $i = 1, 2, \ldots, i_{max}$ は,競合学習を通してより高い性能を与えるものとなるが,これらについては次の (c) で述べる.

認識の段階では,前述の NN 法のほか K-nearest neighbor 法 (KNN 法) が用いられる [12].KNN 法は入力パターンと,あるクラスを代表する複数の参照パターンとの距離を計算し,近い順に K 個を選びその平均距離を求めて,この値が最小となるクラスを識別結果とする.

(c) 学習ベクトル量子化 (learning vector quantization: LVQ)

LVQ は参照パターン (ベクトル) のクラス境界を,以下に示す競合学習アルゴリズムにより移動することで,パターン分類をより正確に行う手法である [14].この方法は,(b) で説明したマルチテンプレート法を適用して得た区分的線形なパターン境界を,学習によって補強する手法として用いることができる.競合学習の方法には,このほか一般化確率降下法が知られている [15].

LVQ における学習は以下の手順で行われる.

① 参照ベクトル Y_{ki} ($k = 1, 2, \ldots, K; i = 1, 2, \ldots, I$) を作成する.一つの

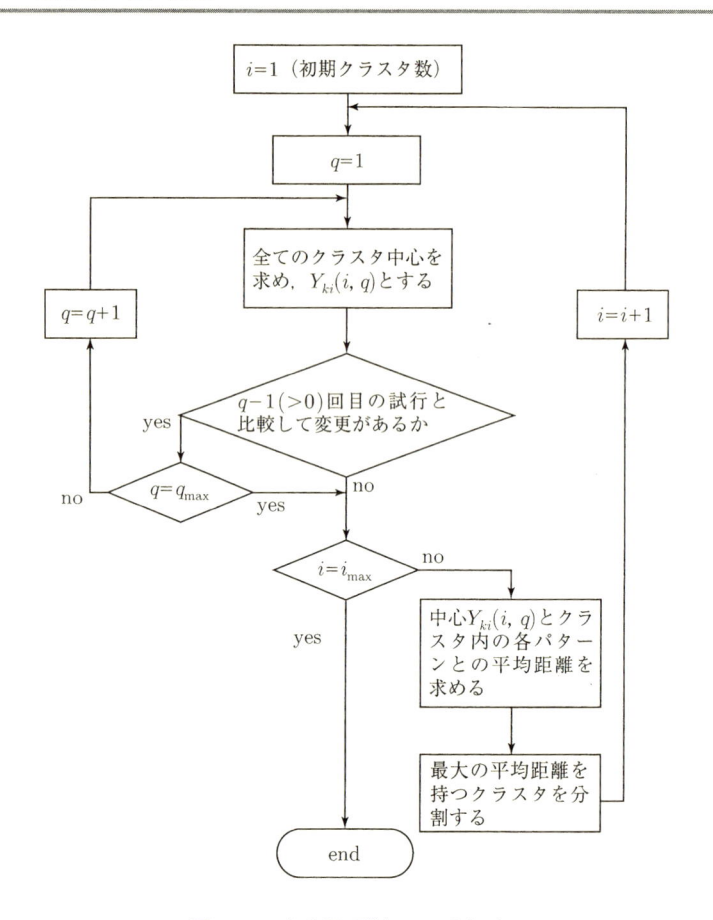

図 7.4 変形 K-平均アルゴリズム

[フローチャート:
- $i=1$ (初期クラスタ数)
- $q=1$
- 全てのクラスタ中心を求め, $Y_{ki}(i,q)$ とする
- $q-1(>0)$ 回目の試行と比較して変更があるか
  - yes → $q=q_{max}$?
    - no → $q=q+1$ → (全てのクラスタ中心を求める に戻る)
    - yes → $i=i_{max}$?
  - no → $i=i_{max}$?
- $i=i_{max}$?
  - yes → end
  - no → 中心 $Y_{ki}(i,q)$ とクラスタ内の各パターンとの平均距離を求める → 最大の平均距離を持つクラスタを分割する → $i=i+1$ → ($i=1$ のループへ)]

クラスの参照ベクトルは複数 (I 個) あってもよい. 以下では一つのクラス k に着目して説明する.

② クラス j に属する学習サンプル X を与え, 参照ベクトルを以下のように更新する.

X が Y_{ki} の最近傍ベクトルであったとき:

$$\begin{cases} Y_{ki} \to Y_{ki} + \alpha(X - Y_{ki}), & k = j \\ Y_{ki} \to Y_{ki} - \alpha(X - Y_{ki}), & k \neq j \end{cases} \quad (7.2.25)$$
$$(ただし\ 0 \leqq \alpha < 1)$$

③ 全ての学習サンプルに対して②を実行する.

④ 収束するまで，①，②を繰り返す．このとき，α は次第に小さくする．

なお，LVQ の学習条件については種々の改良が提案されている．

7.3 DPマッチング

7.3.1 時間軸の正規化

音声パターンマッチングは，図 7.3 に示したように入力パターンと参照パターンとの間の距離を評価して，最も近い距離を与えるクラスを選択する．音声パターンは発声の仕方，発話者，調音結合と呼ばれる前後の音とのつながり具合等によっていろいろに変化する．音声認識の中で最も単純なタイプは特定話者の孤立単語認識であるが，この場合は音声パターンの時間的な変動が最も大きな問題である．すなわち，音声には図 7.5 に示すように，同じ話者が同じ単語を発声しても発声のたびに時間軸方向の伸縮が現れる．このような時間軸の変動は，全体が一定の比率で伸縮するのではなく，持続的に発声できる音 (母音など) で伸縮しやすいなど非線形な伸縮となっている．

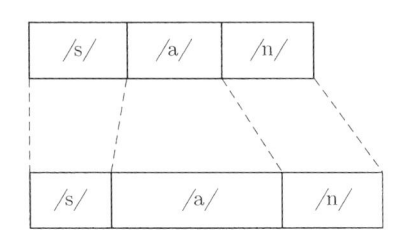

/s/	/a/	/n/

/s/	/a/	/n/

図 7.5　音声パターンにおける時間軸の変動

上記のような時間軸の変動に対処するため，参照パターンに対して入力パターンの時間軸を非線形に伸縮させ，最適に照合させる手法が知られている．時間軸の正規化とマッチングを同時に行うこの手法は，最適化手法の一つである**動的計画法** (Dynamic Programming: DP)[16] を利用していることから，DP マッチングあるいは**動的時間伸縮** (Dynamic Time Warping: DTW) と呼ばれる．DP マッチング法は実用化への原動力として極めて重要な役割を果たした．音

声認識に DP を最初に応用したのはソ連の研究者等である [17]. 日本では，これとは独立に DP マッチングが提案された [18]. その後，DP は連続単語認識へも応用されるようになり，フレーム同期 DP マッチング [19]，ワンパス DP マッチング [20],[21] として，基本技術が確立された.

7.3.2　DP マッチングの原理 [18][22][23]

今，入力パターン X，単語 k の参照パターン Y_k の時系列を

$$X = x_1 \cdots x_i \cdots x_I, \qquad Y_k = y_{k1} \cdots y_{kj} \cdots y_{kJ}$$

と表すことにする. DP マッチングの基本的な考え方は，図 **7.6** に示すように入力パターン (時間軸 i) と参照パターン (時間軸 j) が最も適合するよう時間軸を歪ませ (この最適な対応を歪関数 $j(i)$ で表す)，対応する時点 i と $j = j(i)$ のベクトル間の距離を累積した値を，パターン間距離として求めるというものである. すなわち，パターン間距離は

$$D = \min_{j=j(i)} \left[\sum d(i,j) \right] \tag{7.3.1}$$

と定義される. ここに $d(i,j)$ はベクトル x_i と y_{kj} との距離である.

この最小化問題には動的計画法を適用することができる. すなわち，時間軸の歪み関数 $j(i)$ に対して，X と Y_k の始端および終端が一致すること ($j(1) = 1, j(I) = J$)，時間の歪みによって時間が逆転しないこと ($j(i)$ は単調増加関数であること) などを仮定すると，X の部分パターン $X[1;i] = x_1 \cdots x_i$ と Y_k の部分パターン $Y[1;j] = y_{k1} \cdots y_{kj}$ との間の最適累積距離 $g(i,j)$ に関して，次に示す DP アルゴリズムで (7.3.1) を計算できる.

初期条件

$$g(1, 1) = d(1, 1)$$

漸化式

$$g(i,j) = d(i,j) + \min \begin{cases} g(i-1,j) \\ g(i-1,j-1) \\ g(i-1,j-2) \end{cases} \tag{7.3.2}$$

$$i = 1, \cdots, I; \quad j = 1, \cdots, J$$

パターン間距離
$$D(X, Y_k) = g(I, J)/I$$

図 7.6 の歪み関数 $j(i)$ の表す経路は**マッチングパス**と呼ばれる.

DP マッチングでは，時間軸の対応付けにおいて，極端な伸縮を防ぐためマッチングパスに対して制限が付けられる．局部的な制限は傾斜制限と呼ばれ，**図 7.7** に示すように種々の形が提案されている ((7.3.2) は (C) の場合に相当する)．大局的な制限は整合窓制限と呼ばれ，図 7.6 に示すような範囲にマッチングパスの存在が制限される．漸化式の計算は整合窓内だけで行えばよいので，整合窓制限により計算量削減の効果ももたらされる．

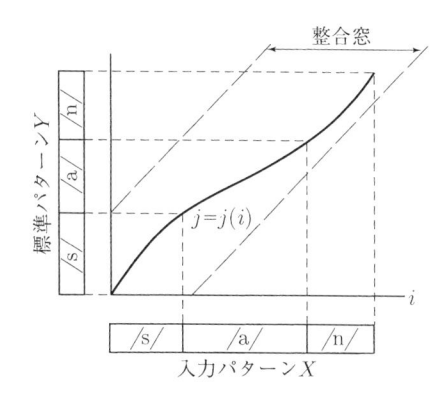

図 7.6 DP マッチングの原理

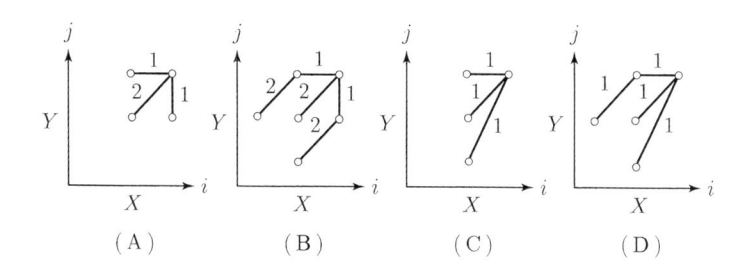

図 7.7 DP マッチングにおける傾斜制限

7.3.3 連続単語認識と DP マッチング

連続単語音声では，単語と単語のつながり部分が滑らかに発声されているため，単語マッチングに先立って単語境界を見出そうとしてもうまくいかない．このような連続単語認識における単語区分の問題にも，時間的な対応関係を変えて入力パターンと参照パターンをマッチングするという考え方を適用することができる．連続単語認識は，**図 7.8** に示すように "入力パターンのどの部分をどの単語参照パターンに対応させると入力パターンが全体として単語参照パターンの列と最も良く対応付けられるか" を解く問題とみなすことができる．この最適化問題には，①入力パターンの部分パターンと単語参照パターンの最適な時間軸の対応付け，すなわち音声パターンの時間軸変動の正規化問題と，②入力パターン全体としての最適な対応付け，すなわち入力パターンの単語への最適な区分問題，の二つの問題が含まれている．この問題は，単語レベルの DP マッチングと単語列レベルの最適化の 2 段階に分けて解くことができる (2 段 DP マッチング [24])．すなわち，1 段目の計算で入力音声のすべての部分区間 (i_s, i_e) で (7.3.1) のパターン間距離を最小とする単語 $w(i_s, i_e)$ と距離 $D(i_s, i_e)$ を求めておく．次に 2 段目の計算では，以下の累積距離を最小にする単語系列 (P 単語からなるとする) を求める．

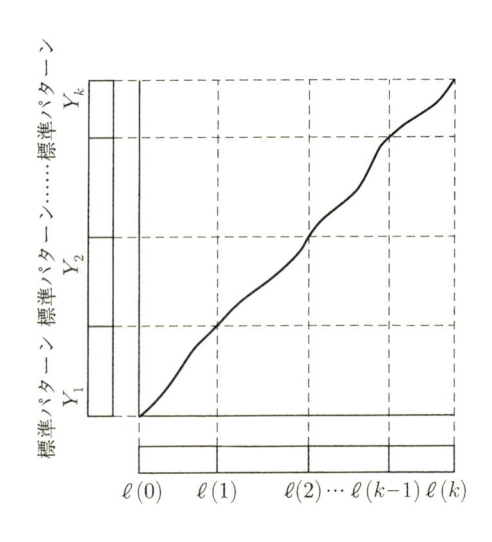

図 7.8 連続単語認識の原理

7.3 DPマッチング

（初期条件）
T(p;i) = 0 （p = 0, i = 0 のとき），∞ （その他のとき）
g(p,k;0,j) = ∞
（漸化式）
for i = 1 to I
    for p = 1 to P
        for k = 1 to K
            g(p,k;i-1,0) = T(p-1;i-1)
            l(p,k;i-1,0) = i-1
            for j = 1 to J_k
                $j^* = \arg\min_{j-2 \leq j' \leq j,\, 1 \leq j'} g(p,k;i-1,j')$
                g(p,k;i,j) = d(k;i,j) + g(p,k;i-1,j^*)
                l(p,k;i,j) = l(p,k;i-1,j^*)
            next
        next
    next
    for p = 1 to P
        $k^* = \arg\min_k g(p,k;i,J_k)$
        T(p,i) = $g(p,k^*;i,J_{k^*})$
        K(p;i) = k^*
        L(p,i) = $l(p,k^*;i,J_{k^*})$
    next
next
（最適単語列の決定）
p = P ; i = I
repeat
    $K^*(p)$ = K(p;i)
    i = L(p;i)
    p = p-1
until i = 0

入力パターンの時刻	: i	参照パターンの時刻	: j
単語の桁	: p	単語参照パターン	: k
累積距離	: g(p,k;i,j)	単語始点位置	: l(p,k;i,j)
最適累積距離	: T(p;i)	最適単語始点位置	: L(p,i)
単語名バッファ	: K(p,i)	最適単語列	: K(p)

図 7.9 フレーム同期 DP マッチング処理の概要

$$D = \min_{i_1,\ldots,i_{P-1},P} \{D(1,i_1) + D(i_1+1,i_2) + \cdots + D(i_{p-1}+1,i_p) + \cdots$$
$$+ D(i_{P-1}+1, I)\} \tag{7.3.3}$$

この計算は，DP の漸化式を用いて計算することができる．一方，この問題は単語レベルの DP マッチングを拡張することで，より効率的に解くことができる．以下では，入力の進行に沿って漸化式計算の処理を進めるフレーム同期 DP 法 [19] を説明する．

入力パターンのある区間と単語参照パターンの DP マッチングに際して，それより前の入力パターンに対する最適マッチングの結果 (すなわち最適な累積距離) を DP の漸化式計算のための初期値とする．入力パターン X の部分パターン $X[1;i] = x_1 x_2 \cdots x_i$ を，p 個の参照パターンの連結パターンにマッチングさせたときの最適累積距離を $T(p;i)$，また入力パターン X の部分パターン $X[1;i] = x_1 x_2 \cdots x_i$ を，$p-1$ 個の参照パターンの連結パターンに，参照パターン Y_k の部分パターン $Y_k[1;j] = y_{k1} \cdots y_{kj}$ をさらに連結したパターンにマッチングさせたときの累積距離を $g(p,k;i,j)$ とする．DP マッチングは，入力パターンの各時刻 i において，次の漸化式を各参照パターン Y_k に対して計算することにより行われる．

初期値
$$g(p,k;i-1,0) = T(p-1;i-1)$$

漸化式
$$g(p,k;i,j) = d(k;i,j) + \min \begin{cases} g(p,k;i-1,j) \\ g(p,k;i-1,j-1) \\ g(p,k;i-1,j-2) \end{cases} \tag{7.3.4}$$
$$j = 1,\cdots,J_k$$

ここで $d(k;i,j)$ は x_i と y_{kj} との距離，J_k はクラス k のフレーム数である．また最適累積距離は次式により与えられる．

$$T(p;i) = \min_k g(p,k;i,J_k) \tag{7.3.5}$$

最適単語列を得るには，最適なマッチングパスをバックトレースし，対応する単語を求めればよい．図 7.9 に P 桁の単語列を認識する場合の処理の概要を

示した．なお，ここに説明したフレーム同期 DP 法は全ての桁数ごとに最適値を求めているが (このためオートマトン制御が可能)，一方で最適な桁数についてのみ計算し，(7.3.4) の重複計算を排除することで計算を短縮する方法が知られている (ワンパス DP(one-pass DP) 法 [20][21])．

連続単語音声認識 (もしくは文音声認識) の性能を評価する場合には，単語が他の単語に置き換わる**置換誤り**(substitution error) のほか，**脱落誤り**(deletion error) や**付加誤り**(insertion error) に対応しなければならない．そこで一般的には，次に示す二つの式が評価尺度として用いられる．

$$単語正解率 (\text{word correct rate}[\%]) = (N - S - D) \times 100/N$$
$$単語正解精度 (\text{word accuracy}[\%]) = (N - S - D - I) \times 100/N$$
(7.3.6)

ここで，N, S, D, I はおのおの，入力発話中の総単語数，置換単語数，脱落単語数，挿入単語数である．

7.4 隠れマルコフモデル (HMM)

音声は音声波形が時間変化するパターンであるが，これを，音声の特徴パラメータ (特徴ベクトル) の時系列が，マルコフ過程で確率的に生成されるとしてモデル化したものが，**隠れマルコフモデル** (**HMM**: Hidden Markov Model) による音声認識の基本的な考えである．HMM は，音声の実際の揺らぎを確率的に反映しやすい，統計理論や情報理論による理論的展開がしやすい，確率の概念を用いて言語処理等と統合しやすいなどの特徴がある．以下に，HMM による音声認識に関して，基本的な原理とアルゴリズムを述べたあと，基本アルゴリズムの改善方法を紹介する [A19][A22] [25][26][27][28]．

7.4.1　HMM による音声認識の原理

(1) HMM とは

HMM は，信号 (記号またはベクトル) の系列を出力するマルコフモデルであ

り，N 個の「状態 (state)」$S_1, S_2, \cdots, S_N$ をもち，一定周期ごとに状態間を遷移するとともに，その遷移の際に，信号を一つずつ出力する．次にどの状態に遷移するか，またその際にどのような信号を出力するかは，それぞれ**遷移確率 (transition probability)」**，**出力確率 (output probability)」**によって確率的に決められている．信号を出力せずに (時間経過なしで) 状態遷移する**ナル遷移**を導入することもある．

通常のマルコフモデルと異なる点は，出力の信号系列は観測できるが，状態遷移系列そのものは観測できないという点にあり，その意味で「隠れ (hidden) マルコフモデル」と呼ばれる．初期状態や最終状態も観測できないとして，初期状態確率を導入したり，どの状態も最終状態になれるとする定式化が用いられることもあるが，音声認識ではこれらを限定して扱うことが多いので，本書では簡単のため，初期状態と最終状態をそれぞれ S_1 と S_N に限定して扱う．なお本書では，信号の出力確率を状態遷移に対応づけているが，状態に対応づける定式化が使われることもある．

ここで，出力信号が有限個の記号 (ラベル) の場合を「離散分布 HMM」といい，出力信号が多次元正規分布などの連続的な確率密度分布に従う特徴ベクトルの場合を，「連続分布 HMM」という．

離散分布 HMM の簡単な例を**図 7.10** に示す．この HMM は，三つの状態で構成され，2 種類のラベル a と b のみからなるラベル系列を出力する．初期状態 S_1 からは，確率 0.3 で状態 S_1 自体に遷移する (その際に，ラベル a か b をそれぞれ確率 0.8 と 0.2 で出力する) か，確率 0.5 で状態 S_2 に遷移する (その際に常にラベル a を出力する) か，確率 0.2 で状態 S_3 に遷移する (その際に，常にラベル b を出力する)．状態 S_2 からは，確率 0.4 で状態 S_2 自体に遷移する (その際に，ラベル a か b をそれぞれ確率 0.3 と 0.7 で出力する) か，確率 0.6 で最終状態 S_3 に遷移する (その際に，ラベル a か b を等確率で出力する)．

ここで，この HMM がラベル系列 aab を出力する確率を考えてみよう．この HMM で許される状態遷移系列は長さの異なるものを含めて無数にあるが，ラベル系列 aab を出力する可能性のある状態遷移系列は，$S_1 S_1 S_2 S_3$ と $S_1 S_2 S_2 S_3$ と $S_1 S_1 S_1 S_3$ の三つだけであり，それぞれの確率は，

$$0.3 \times 0.8 \times 0.5 \times 1.0 \times 0.6 \times 0.5 = 0.036$$

$$0.5 \times 1.0 \times 0.4 \times 0.3 \times 0.6 \times 0.5 = 0.018$$

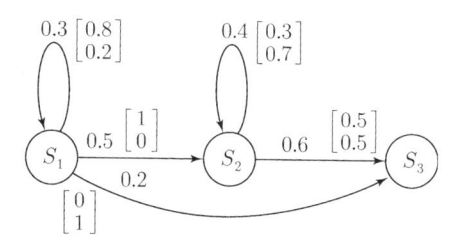

図 7.10 離散分布 HMM の例. 数字は遷移確率, [ ] 内はラベル a, b の出力確率

$$0.3 \times 0.8 \times 0.3 \times 0.8 \times 0.2 \times 1.0 = 0.01152$$

である. 状態遷移は観測されず, いずれの可能性もあるので, 合計 0.06552 の確率で, この HMM はラベル系列 aab を出力する.

HMM の状態遷移系列は観測できないが推定することはできる. この例では, ラベル系列 aab を出力する可能性が最も高い状態遷移系列は, 上の計算で最も確率の高い $S_1S_1S_2S_3$ と推定できる. HMM がラベル系列を出力する確率を, このような最適状態遷移系列上の確率評価 (この例では 0.036) だけで近似することもよく行われる (7.4.2(3) のビタビ算法参照).

(2) HMM による単語音声認識の概念

HMM による単語音声認識の基本的なシステム構成を**図 7.11** に示す. 入力音声が与えられると, 音響処理によって, 10 ミリ秒程度のフレーム周期ごとに特徴ベクトルが抽出される. 連続分布 HMM では, この特徴ベクトル系列が, 学習でも認識でも使われる. 離散分布 HMM では, 各特徴ベクトルは有限個のクラスに分類されてクラスの名前 (ラベル) が付けられ (このラベル化の過程を「ベクトル量子化」という), 得られたラベル系列が, HMM の学習でも認識でも使われる.

ここで, HMM がどのように使われるかを, 簡単な例で示そう. **図 7.12** の離散分布 HMM は, 単語「東京」を数回発声して学習してあるとすると, この HMM は,「東京」の発声に対して生じ易いラベル系列を高い確率で出力するが,「東京」の発声に対応しないラベル系列 (例えば,「京都」に相当するようなラベル系列) も, 低い確率ではあるが出力しうる. ここで, **図 7.13** のように,「東京」,「京都」,「大阪」に対応する HMM があり, 入力音声のラベル系列として,

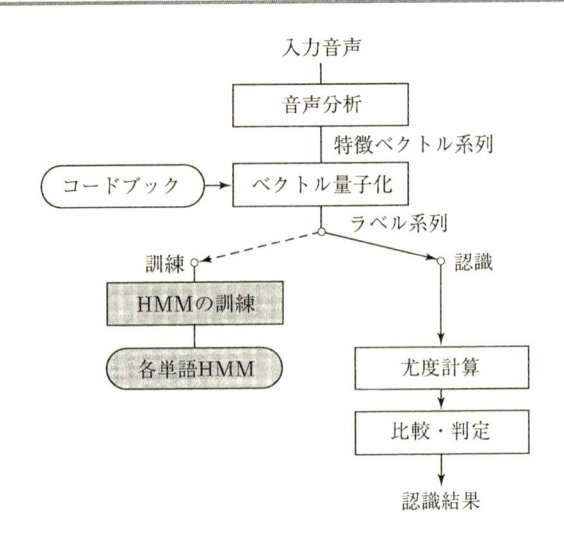

```
                    入力音声
                      ↓
                   ┌──────┐
                   │ 音声分析 │
                   └──────┘
                      ↓ 特徴ベクトル系列
   ┌────────┐   ┌──────────┐
   │ コードブック │→│ ベクトル量子化 │
   └────────┘   └──────────┘
                      ↓ ラベル系列
           訓練 ○- - - - - -○ 認識
              ↓              ↓
         ╭────────╮    ┌──────┐
         │ HMMの訓練 │    │ 尤度計算 │
         ╰────────╯    └──────┘
              ↓              ↓
         ╭────────╮    ┌──────┐
         │ 各単語HMM │    │ 比較・判定 │
         ╰────────╯    └──────┘
                              ↓
                           認識結果
```

図 7.11 HMM による単語音声認識の基本的構成 (離散 HMM の場合)

toookyooo が与えらられたとする．各 HMM がこのラベル系列を出力する確率を計算して，それぞれ 0.1, 0.003, 0.001 であったらならば，最大確率 0.1 を与えた HMM に対応する「東京」が認識結果となる．

この例では，簡単のために短いラベル系列で示したが，実際の単語長が 0.5 秒程度ならば，ラベル系列の長さは 50 ぐらいになる．また，HMM の状態数は，単語の音韻の数ぐらいないと，音声の時間構造が十分モデル化できないが，多くなると，モデルの学習に要するデータも多くなるので，認識対象語彙や利用できる学習データの量に応じて決められる．100 単語程度の音声認識では，4 ～10 ぐらいの状態数が使われることが多い．HMM の構造 (許される状態遷移) としては，ここで例示したように，自己ループと，一つか二つ先の状態への遷移に限定するのが代表的であるが，他にもいろいろな構造がある．ただし，音声認識で使う HMM としては，自己ループ以外のループが生じるような構造は，音声の時間構造を乱すので，一般には使われない．すべての単語に対して，同じ状態数で同じ構造の HMM を使うことが多いが，単語ごとに異なった構造の HMM を使うこともある．

7.4 隠れマルコフモデル (HMM)

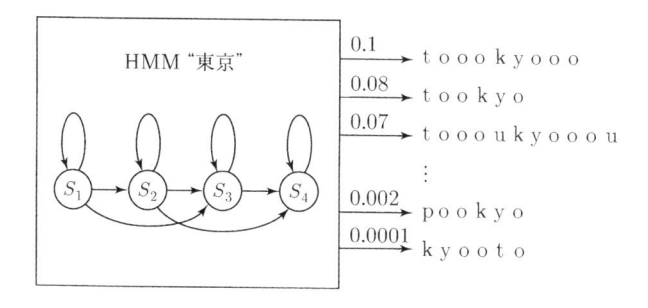

図 7.12 単語「東京」に対する HMM の概念

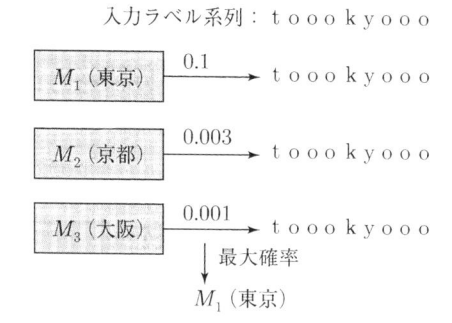

図 7.13 HMM による単語音声認識の概念

(3) DP マッチングとの対比

DP マッチングは，学習パターンが一つだけでも使える簡便さがあるが，時間伸縮は発声のどの部分でも，例えば 0.5～2 倍の範囲で，一様に許されるので，母音は子音よりも伸縮しやすいなどの音韻による伸縮の揺らぎの構造は直接には反映されない．また，各時点のスペクトル的な揺らぎについても，特徴ベクトルのユークリッド距離や WLR 尺度など，局所的に定義された距離によって一様に扱われるので，音韻環境や文脈による揺らぎやすさの違いは反映されない．

それに対して，HMM は次のような特徴がある．音声のスペクトル的な揺らぎも時間伸縮の揺らぎも，実際の音声の揺らぎを統計的にモデル化する (HMM の出力確率が発声のスペクトル的な揺らぎに対応し，遷移確率が時間構造の揺らぎに対応している) ので，特に，発声揺らぎの大きい不特定話者音声認識や連続音声認識に適している．

確率の概念を用いて，情報理論等による理論的展開がしやすく，確率的言語モデルなども統一的視点で統合しやすい．また，DP マッチングを特殊な場合として含んでいるので，DP マッチング関係で開発された手法も導入しやすい．

一方，HMM は DP マッチングに比べて，学習データが少ないと良いモデルが得にくい，HMM の構造の与え方によっては音声の時間構造が十分反映されず意外な誤認識を生じやすい，等の課題もある．これらに対しても，後述するように改善方法がいろいろ提案されている．

7.4.2 HMM の基本アルゴリズム

HMM に関する基本問題として，①モデルの尤度評価，②モデルのパラメータ (遷移確率と出力確率) の推定，③状態遷移系列の推定，の三つがある．これらに対する基本的なアルゴリズムを，以下に紹介する．

(1) モデルの尤度評価

HMM を用いた音声認識では，入力音声に対応する信号系列 $Y = y_1 y_2 \cdots y_T$ が与えられたとき，各モデル M を仮定して，信号系列 Y を出力する確率 $P(Y|M)$ を計算し，それが最大になるようなモデルを探す．$P(Y|M)$ は，可能性のある状態遷移系列をすべて列挙して，それらの確率評価の和として計算できるが，漸化式によって効率よく計算する以下の方法が知られている．

初期状態 S_1 にいて，以後信号系列 $y_1 y_2 \cdots y_t$ を出力して状態 S_i に至る確率 $\alpha(i,t)$ を導入 (この確率を**前向き確率**という) して，その漸化式として，以下のように計算する方法がある (離散分布 HMM の場合で記述するが，連続分布 HMM でも同様)．

$$\alpha(1,0) = 1, \quad \alpha(j,0) = 0 \qquad (j = 2, 3, \cdots, N) \tag{7.4.1}$$

$$\alpha(j,t) = \sum_i \alpha(i, t-1) p_{ij} q_{ij}(y_t) \tag{7.4.2}$$
$$(t = 1, 2, \cdots, T; j = 1, 2, \cdots, N)$$

$$P(Y|M) = \alpha(N, T) \tag{7.4.3}$$

ここで，p_{ij} は，状態 S_i にいて状態 S_j に遷移する確率，$q_{ij}(y)$ は，その遷移の際に信号 y を出力する確率である．

これは，図 7.14 のようなトレリス (出力ラベル系列が対応する時間系列を横軸として，各状態を縦に並べて許される状態遷移を示した図) の上で考えると理解しやすい．前出の図 7.10 の HMM がラベル系列 aab を出力する例に適用すると，$\alpha(i,t)$ は，図 7.15 のように，トレリス上の左上 (初期状態) から右下 (最終状態) に向かって順次求まり，次の結果が得られる．

$$P(aab|M) = \alpha(3,3) = 0.06552$$

(2) モデルの学習 (最尤推定)

HMM のパラメータ (遷移確率と出力確率) を，与えられた学習データのラベル系列 Y を出力する確率 $P(Y|M)$ が最大になるように求める (最尤推定) こ

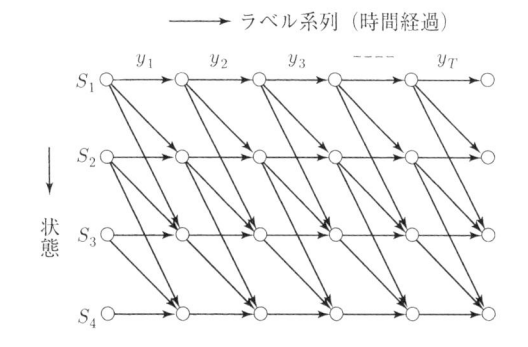

図 7.14 トレリス (図 7.12 の HMM 構造に対応する)

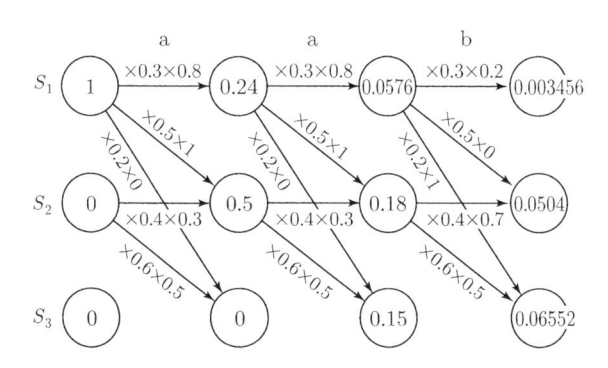

図 7.15 トレリス上の $\alpha_t(i)$ の計算 (図 7.10 の HMM がラベル系列 aab を出力する場合)

とは，HMM の状態遷移系列が観測できない (一意に決定できない) ため，直接はできない．反復計算による方法として，一般的な多変数の最適化手法も適用できるが，尤度の期待値 (expectation) を最大化 (maximization) する方向にパラメータを更新する「EM 算法」を HMM に適用した「Baum-Welch のパラメータ再推定法」が，効率のよい反復計算法として知られている．以下に，その計算法を，離散分布 HMM の場合について紹介する (連続分布 HMM の場合については，7.4.3 項で述べる)．

前述の前向き確率 $\alpha(i,t)$ に加えて，時刻 t に状態 S_i にいて，以後ラベル系列 $y_{t+1}y_{t+2}\cdots y_T$ を出力して最終状態 S_T に遷移する確率 $\beta(i,t)$ を導入する (これを**後向き確率**という)．これは，逆時間方向から次の漸化式で順次求まる．

$$\beta(N,T) = 1, \quad \beta(i,T) = 0 \quad (i \neq N) \tag{7.4.4}$$

$$\beta(i,t) = \sum_j p_{ij} q_{ij}(y_{t+1}) \beta(j,t+1) \tag{7.4.5}$$

$$(t = T-1, T-2, \cdots, 1; \quad i = 1, 2, \cdots, N)$$

ここで，

$$\gamma(i,j,t) = \frac{\alpha(i,t-1) p_{ij} q_{ij}(y_t) \beta(j,t)}{P(Y|M)} \tag{7.4.6}$$

を求めると，これは，モデル M がラベル系列 Y を出力する場合において，時刻 t に状態 S_i から状態 S_j に遷移する確率の期待値になっている (**図 7.16** 参照)．これを用いて，遷移確率 p_{ij} と出力確率 $q_{ij}(k)$ のより良い推定値 $\hat{p}_{ij}$ と $\hat{q}_{ij}(k)$ が以下のように求まる．

$$\hat{p}_{ij} = \frac{\sum_t \gamma(i,j,t)}{\sum_t \sum_j \gamma(i,j,t)} \tag{7.4.7}$$

$$\hat{q}_{ij}(k) = \frac{\sum_{t:y_t=k} \gamma(i,j,t)}{\sum_t \gamma(i,j,t)} \tag{7.4.8}$$

このパラメータ再推定を繰り返すことにより，局所的に最適な値に収束することが証明されている．ただし，絶対的な意味で最適解に収束するという保証はないので，初期値の与え方が重要である．p_{ij} の初期値を 0 とすると，その再推定の結果は 0 のままなので，HMM の構造はパラメータの初期値で設定でき

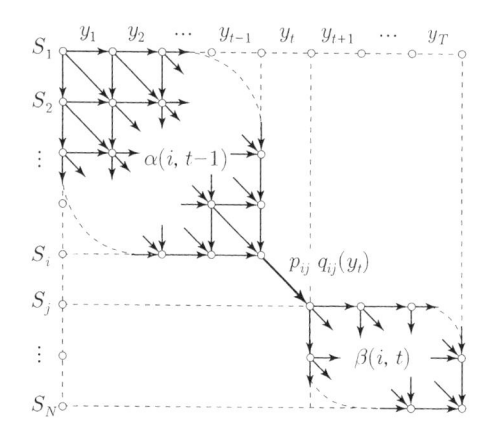

図 7.16 前向確率 $\alpha(i,t)$, 後向確率 $\beta(j,t)$ と時刻 t に S_i から S_j に遷移して y_t を出力する確率

る. なお, $\alpha(i,t)$ の漸化式を**前向き計算**, $\beta(i,t)$ の漸化式を**後向き計算**, 併せて**前向き後向き算法** (forward-backward algorithm)」ともいう.

(3) 状態遷移系列の推定 (ビタビ (Viterbi) 算法)[29]

HMM では, 状態遷移系列を直接観測することはできないが, 推定することはできる. 信号系列 $Y = y_1 y_2 \cdots y_T$ が与えられて, それを出力する可能性が最も高い状態遷移系列 (最適パス) とその確率評価値 P' は, 前向き確率 $\alpha(i,t)$ の漸化式を変形して, 次のように求めることができる (離散分布 HMM の場合で記述するが, 連続分布 HMM でも同様).

$$\alpha'(1,0) = 1, \quad \alpha'(j,0) = 0 \quad (j = 2, 3, \cdots, N) \tag{7.4.9}$$

$$\alpha'(j,t) = \max_i \alpha'(i, t-1) p_{ij} q_{ij}(y_t) \tag{7.4.10}$$

$$(t = 1, 2, \cdots, T; \ j = 1, 2, \cdots, N)$$

$$P' = \alpha'(N, T) \tag{7.4.11}$$

ここで, 各 $\alpha'(j,t)$ ごとに max を与えた i を保存しておいて, P' を求めた後で, 終端 $i_T = N$ から逆時間方向にたどって, $i_T, i_{T-1}, \cdots, i_0$ を求めれば, 最適パスの状態遷移系列が $S_{i_0} S_{i_1} \cdots S_{i_T}$ として求まる. 図 7.10 の HMM が aab を出力する例では, **図 7.17** のように, 最適パス $S_1 S_1 S_2 S_3$ とその評価値 $P' = 0.036$ が求まる.

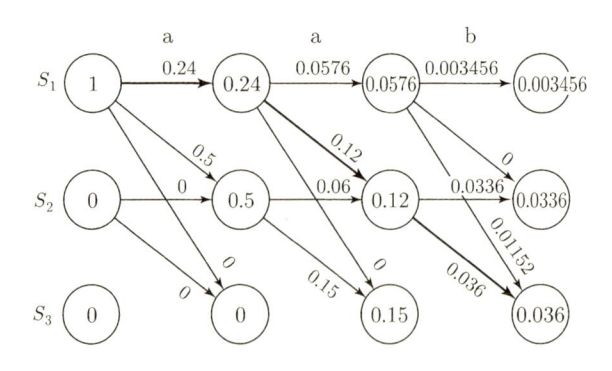

図 **7.17** ビタビ算法の適用例 (図 7.10 の HMM がラベル系列 aab を出力する場合)

$P(Y|M)$ の近似として P' を用いることも多い．また，モデルのパラメータ再推定に関しても，ビタビ算法で求めた最適パス上の遷移およびその際の出力が起こりやすいとして，それらの確率を大きくするという再推定法が用いられることもある．

なお，HMM の状態数を単語長 (フレーム数に相当する信号系列長) に近くとり，遷移確率 p_{ij} を $j-1$ のみで決まるように共通化してビタビ算法を適用すると，従来の DP マッチングと同等のアルゴリズムになる．

7.4.3 連続分布 HMM

連続分布 HMM は，特徴ベクトルの出力確率を，連続的な多次元確率密度分布として扱うが，制約のない一般的な多次元連続分布のままだと，確率密度分布を推定するのは困難である．多次元正規分布または複数の多次元正規分布の線形結合 (混合分布) の場合は，それらのパラメータを再推定による反復計算で求める方法が知られている．

(1) 単一正規分布の場合

状態 S_i から状態 S_j に遷移する際に，特徴ベクトル y を出力する確率の密度関数 $q_{ij}(y)$ が，n 次元正規分布 $N(\mu_{ij}, \Sigma_{ij})$ に従う場合，

$$q_{ij}(y) = \frac{1}{(2\pi)^{n/2}|\Sigma_{ij}|^{1/2}} \exp\left\{-\frac{1}{2}(y-\mu_{ij})^t \Sigma_{ij}^{-1}(y-\mu_{ij})\right\} \quad (7.4.12)$$

で与えられる．ここで，t は転置，-1 は逆行列を示す．

ここで，モデル M の観測ベクトル系列 $Y = y_1 y_2 \cdots y_T$ が与えられたとき，離散分布 HMM の場合と同様に，前向き確率 $\alpha(i, t)$，後向き確率 $\beta(i, t)$ を導入して，時刻 t に状態 S_i から状態 S_j に遷移する確率の期待値に相当する

$$\gamma(i, j, t) = \frac{\alpha(i, t-1) p_{ij} q_{ij}(y_t) \beta(j, t)}{P(Y|M)} \tag{7.4.13}$$

を用いれば，(7.4.12) の平均ベクトル μ_{ij} と共分散行列 Σ_{ij} の再推定式は，以下のように求まる．

$$\hat{\mu}_{ij} = \frac{\sum_t \gamma(i, j, t) y_t}{\sum_t \gamma(i, j, t)} \tag{7.4.14}$$

$$\hat{\Sigma}_{ij} = \frac{\sum_t \gamma(i, j, t)(y_t - \mu_{ij})(y_t - \mu_{ij})^t}{\sum_t \gamma(i, j, t)} \tag{7.4.15}$$

ただし，このまま，共分散行列 Σ_{ij} を推定するには，パラメータ数が多く，必要とする学習データや計算時間が膨大になるので，共分散行列を対角行列にして (つまり，各次元相互の独立性を仮定して)，パラメータ数を少なくして学習することが多い．

(2) 混合正規分布の場合

実際の特徴ベクトルの出現は単一ピークの正規分布では近似できないことも多いが，複数ピークの分布も，複数の多次元正規分布の加重和で表される混合正規分布によってより良く近似できる (**図 7.18** 参照)．

状態 S_i から状態 S_j に遷移する際に特徴ベクトル y を出力する確率の密度関数 $q_{ij}(y)$ は，M 個の正規分布の加重和として次式で表現される．

$$q_{ij}(y) = \sum_{m=1}^{M} \lambda_m q_{ijm}(y) \tag{7.4.16}$$

ここで，$q_{ijm}(y)$ は m 番目の正規分布，λ_m はそれに対する加重で，次の条件を満たす．

$$\sum_{m=1}^{M} \lambda_m = 1 \tag{7.4.17}$$

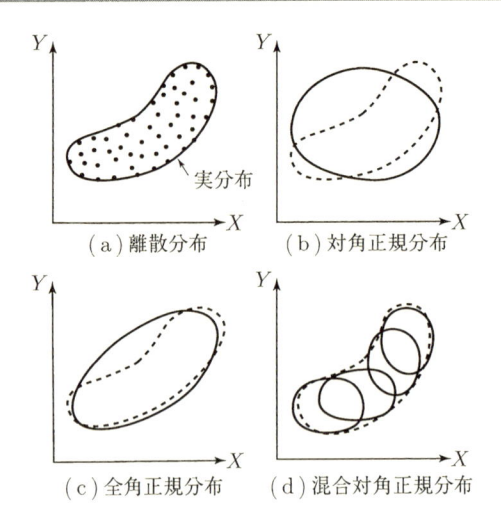

図 **7.18** HMM の出力分布の型の概念図

(a) 離散分布
(b) 対角正規分布
(c) 全角正規分布
(d) 混合対角正規分布

出力確率が混合正規分布の HMM は，以下のように，等価な単一正規分布の HMM に変換できる (加重 λ_m は遷移確率に変換される). HMM の中の状態 S_i から状態 S_j への遷移だけに着目し，その遷移確率が p_{ij} で，出力確率の密度関数が (7.4.16) の混合正規分布で与えられる場合 (図 **7.19**(a)) を考えると，図 7.19(b) のように，状態 S_i から仮想の状態に確率 p_{ij} でナル遷移 (出力せずに遷移) したあと，M 個の異なる分岐で状態 S_j に遷移する構造で，m 番目の分岐を通る確率 (遷移確率) が λ_m で，その分岐上の出力確率が単一正規分布 $q_{ijm}(y)$ である場合と等価になる．したがって，混合正規分布のパラメータ (λ_m も含む) の学習も，等価変換して考えれば，単一正規分布の場合と同様に扱える．

7.4.4 HMM の基礎的改善

(1) 出力確率分布の共通化

　HMM は統計的な手法なので，パラメータ数が多いと，その値を限られた学習データで精度よく推定することが困難になる．その対処の一つとして，同じ音声に対応すると見なせる複数の状態遷移に対して，それらの出力確率分布を同一と仮定することにより，パラメータ数を減らし，パラメータ推定精度を上

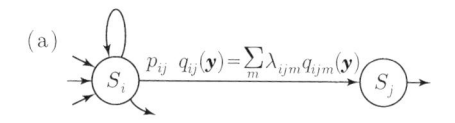

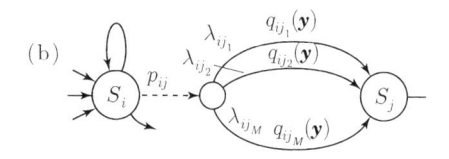

図 **7.19** 混合正規分布 HMM(a) と等価な単一正規分布 HMM(b)

げる方法がよく使われる．出力確率分布を共通にする遷移を，**タイド・アーク** (tied arc) という．タイド・アークは，同一 HMM 内に限らず，複数の HMM にまたがっても適用できる．なお，一つの状態から出るすべての遷移をタイド・アークにすることは，出力確率分布を，遷移に対してではなく，その状態に対応させて定義するのと同等である．したがって，出力確率分布を状態自体に対応させる HMM の定式化は，出力確率分布を状態遷移に対応させる HMM (本書での定式化) でタイド・アークを適用した場合に変換できる．

(2) 状態継続時間分布の反映

図 7.12 のような HMM 構造を用いた場合，「イチ」の発声を「トリツギ」と誤認識するような，意外な誤認識を生じることがある．これは，/toricugi/ の音韻の中に，/ici/ の音韻がこの順に含まれていて，図 **7.20** のように，対応する状態の自己ループを選んで高い確率評価になったためと解釈できる [30]．このようなことが生じるのは，音声の時間構造が十分に反映されていないためである．例えば，母音のような定常音では，継続時間が長く，類似したラベル (または特徴ベクトル) がいくつも続くが，これは，図 7.12 のような HMM では，一つの状態での自己ループで表現される．しかし，状態 S_i を m 回通過する確率は，$p_{ii}^{m-1}(1-p_{ii})$ となり，$m > 1$ で指数関数的に減少するので，音声の継続時間のモデルとしては適切でない．

時間構造をよりよく反映する方法としては，①HMM を従来方法で評価した後で，各状態の継続時間で再評価する方法，②問題を起こしやすい自己ループ等の遷移を制限する方法，③各状態の継続時間の分布を，一様分布やポアソン

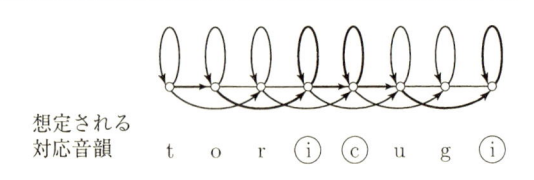

図 7.20 誤認識「イチ」→「トリツギ」の解釈[30]

分布などに仮定して，その分布パラメータを学習や認識に直接用いる方法[31]，④分布系を仮定しないで一般的に扱う方法，⑤各状態の継続時間を等しいとして扱う方法などがある．

(3) 相互情報量最大化によるパラメータ推定[32]

7.4.2(2) で述べた最尤推定による HMM のパラメータ推定法は，与えられた学習データ $Y = y_1 y_2 \cdots y_T$ に対して，モデル M がそれを生起する確率 $P(Y|M)$ を最大にするようにモデルのパラメータを推定する方法であった．それに対し，最大相互情報量推定は，正しい学習データに対する生起確率が誤った学習データに対する生起確率よりも大きくなるようにパラメータを推定する方法である．これは，音声認識の目的が，正解の候補をあやまった候補と区別することであるから，より望ましい推定法になると期待される．計算量が多いが，小語彙で類似単語が多い場合に特に有効な方法である．ただし，大語彙になると，最尤推定による方法と比べた優位性は明確ではない．

7.5 言語処理

音声認識で利用される言語知識には，単語辞書検索といった低次のレベルから，意味やドメイン固有の知識といった高次のレベルまで様々なものがある．ここでは最初に音形規則・単語辞書，構文情報，および意味情報を音声認識に利用する方法について説明する．続いて，近年，音声言語コーパスの整備とコンピュータの発達により可能になった統計的言語モデルの利用を紹介する．なお，音声の利用価値が今後高まると考えられている対話システムでは，利用者とシステムが交互に対話しながら目的を達成するのが普通であろう．このような対話環境では，照応 (代名詞の使用) の多用のほか，省略，助詞落ち・倒置といっ

た話し言葉のゆらぎ，さらにあいづちや言い淀みなど自由発話に特有な音声現象が現れるため，これらの課題解決に向けた研究が現在精力的に行われている．

7.5.1 音形規則・単語辞書の利用

(1) 音形規則

　日本語の音素・モーラ・音節などについては第2章で述べた．これらの音形単位が結合して単語を構成するが，その結合は全く自由ではなくいくつかの制約がある．例えば，日本語では原則として子音同士は結合できない．このような制約を一般に音形規則と呼んでいる．モーラや音節は2〜3音素結合の中で，日本語の音形規則を満たすものと考えることができる．モーラや音節は音素に比べれば結合はかなり自由である．音響レベルでの識別結果があいまいで，判定結果にいくつかの候補がある場合，上述の情報を利用することによって，よりもっともらしい音素等を推定することができる．

　音形に関する統計量としては二つの音素(またはモーラ，音節)の結合出現頻度，3音素組の出現頻度等がある．また音響的処理によってある音形単位がどのような音形単位として識別され易いかを行列の形で表したものを**混同行列**(confusion matrix)と呼んでいる．これも音形間の混同しやすさの一種の統計的表現である．混同行列と次に述べる単語辞書を併用することにより，識別の誤りをある程度訂正することができる [33]．

(2) 単語辞書

　音素結合の中で，実際に意味のある単語として使用されるものを集めたものが単語辞書である．日本語の高頻度6,000語の調査によれば，4モーラ以下の単語が全体の93.5％を占める．4モーラ以下からなる可能なモーラ系列Nは，モーラの種類が110であることから次のようになる．

$$N = \sum_{n=1}^{4} 110^n = 1.4 \times 10^8 \tag{7.5.1}$$

一方，標準的な成人の語彙を約5万語とすると，単語の冗長度Rは次式で表される．

$$R = 1 - \log 5 \times 10^4 / \left(\log 1.4 \times 10^8\right) = 1 - 0.58 = 0.42 \tag{7.5.2}$$

本来は 5 モーラ以上のモーラ系列も考える必要があるので，R の値はさらに大きくなり，単語 (辞書) の冗長度は非常に大きいことが分かる．この性質を利用して，あいまいな音素を含んだ単語候補を辞書と比較することにより，単語中の不明な音素を相当程度推定できることが分かっている [34]．

7.5.2 構文情報の利用

単語候補列に構文規則を適用して，文法的に正しい系列だけを出力することができる．構文規則としては**有限オートマン** (finite state automaton: FSA) と**文脈自由文法** (context free grammar: CFG) が利用されている．FSA は自然言語に現れる全ての構文規則をカバーできないが，簡単な構造のため適用範囲を狭めれば利用し易い [35]．CFG は FSA に対して再帰性が加えられ，音声言語処理にも良く利用される [36]．音声認識システムに構文規則を含む様々な知識を組み込む方法としては，これまでにネットワークモデル，階層モデル，LR パーザを利用した方法などが試みられた．

(1) ネットワークモデル

このモデルは，全ての言語知識をネットワークに埋め込む．CMU の HARPY システム [37] の中で用いられた例を以下に示す．

① 単語のネットワークを (構文規則を用いて) 生成する．
② 単語ごとの音韻ネットワークを (音韻辞書を用いて) 生成する．
③ 単語結合時の音韻変形を (結合規則を用いて) 生成する．1011 単語からなる情報検索のタスクでは，15,000 の状態をもつネットワークが生成された．ネットワークから最適単語列を探索する場合は，音韻の累積尤度が一定のしきい値を超えるパスを枝刈りしながら終端まで進む (ビームサーチ法)．

(2) 階層モデル

ネットワークモデルは，タスクへの依存度が大きいため，複雑なタスクでは労力が大きすぎる．階層モデルは，低次の処理 (音響分析・音韻認識) と高次の処理 (言語処理) を順に繰り返し適用し，この "仮説–検証" の繰返しから正しい文 (単語列) を認識する．BBN の HWIM システム [38] で使用された文 (単語

列) 認識の手順を以下に示す.

① 入力音声から音声記号列 (セグメント・ラティス) を得る.
② 認識対象の単語を表現したグラフとの間で, 整合 (木探索による) をとりながら, 確からしい単語 (列) を「島 (island)」として抽出し, 同時に得点を計算する.
③ 「島」の単語を, 得点の高い順に検証する. 検証では, 規則合成により参照パターンを生成して入力音声との距離を計算する.
④ 候補単語列に対して ATN (Augmented Transition Network: 拡張遷移ネットワーク) を用いた構文解析を行う. 指定された島 (単語列は文の途中から始まっているかもしれない) の左右に, 構文で許される単語 (例えば, ある箇所の名詞の前には形容詞または冠詞しか来ないなど) を予測する. ここで, 単語列が文法的に正しくなければ③へ戻る. 予測された単語は, ②へ戻って (前後の単語を考慮し) 得点を計算する.

(3) 拡張 LR パーザの利用

LR パーザ (Left-to-right Rightmost-derivation parser: LR parser) は, 計算機言語のコンパイラに使用された構文解析法で, バックトラックなしに決定的に解析を進めることができる. LR パーザは移動–還元表を参照しながら解析を進める. 移動–還元表は, 現在の状態 s と入力記号 a から, パーザが次に取るべき動作 (action: 移動, 還元, 受理, 誤り) を決定するのに使用される. 移動 (shift) 操作では, 入力文 (例えば At the station, she ...) の文頭から文末に向け (left-to-right), 単語列を非終端記号 A (例では P(前置詞)- D(定冠詞)- N(名詞)-...) に置換えながらスタックに積む. 表中, 還元 (reduce) 操作が指定された箇所に達すると, 処理を中断し, スタック上の非終端記号列を構文規則 (例では PP(前置詞句) → P-NN(名詞句) など) を参照しながら, 部分解析木にまとめあげる. 還元操作の中で, 非終端記号列は最右端から順に書換えられていく (これを右導出 (Rightmost-derivation) と呼ぶ). 文の終端で解析が終了する (移動–還元表中, 受理が指定された箇所に達する) と, 文全体の構文解析結果が解析木の形で与えられる.

拡張 LR パーザ (Generalized LR parser: GLR parser) は, 移動–還元表の各欄に複数の動作を記述することを許すことで, 曖昧性をもつ構文規則を LR

構文解析法の中で取り扱うことができるようにしたものである[39].

7.5.3 意味情報の利用

構文的には正しくても，意味的に正しくない単語列がある．そこで意味情報から単語列を検証し，正解単語列を絞り込むことができる．

(1) セマンティック・マーカ (semantic marker: 意味標識)[40]

単語に意味上の標識(例えば「カモメ」なら，鳥名，動物名，生物名，...)を付しておき，その単語がどのような単語(単語グループ，品詞，...)と結合するかを構文規則として表現する．この方法は簡単ではあるが，性能を向上するために意味標識の種類を増やすと，単語の辞書設計における労力が増え，同時に構文規則の規模も大きくなる．また，意味標識だけでは単語列の検証はできても，文の意味内容まで把握することはできない．

(2) 意味ネット [40][41]

意味ネット (semantic net) は節点と枝からなるグラフ表現で与えられる．節点間を結ぶ枝は包含関係 (IS-A 関係: 犬–動物など)，属性 (HAS-A 関係: 鳥–羽など) といった対象間の二項関係を表す．意味ネット上に一つの文(例えば「私は鳥を見た」)を表すと，枝(この例では: 主体–私，行為–見た，対象–鳥)を通して関連をみることになり，文の意味内容を得ることができる．

(3) 格構造 [41]

一つの概念や事実は動詞を中心にして表現されると考え，それが一つの文として表されるためには，動詞がどのような単語や句と結びつくのかを表現したものを格構造 (case frame) という．例えば動詞「見る」には主体，行為，対象などの格がある．格構造に格と共に構文的構造も記述しておくと，入力単語列が構文解析されたとき，これと意味表現からの構造を比較して正しい単語列を選ぶことができる．

7.5.4 統計的言語モデル

構文解析・意味解析を適用することにより文音声認識の性能は向上するが，実用化までは至らなかった．この反省から，近年は大量の音声言語テキスト・コーパスを使用した統計的アプローチが多く採用されるようになった．

統計的言語モデルの中では，以下の N-gram モデルが最も多く利用される．文を構成する単語の数を K 個とすると，文中 N 個の単語からなる系列 $W_K = w_1 w_2 \ldots w_K$ の生成確率は次式で与えられる．

$$P(W_K) = \prod_{i=1}^{K} P(w_i | w_{i-N+1}, \cdots, w_{i-2}, w_{i-1}) \tag{7.5.3}$$

N 個の単語連鎖に対する条件付き確率 $P(w_i| w_{i-N+1}, \cdots, w_{i-1})$ は，以下のように単語列の相対的出現頻度 F から推定できる．

$$\begin{aligned} & P(w_i | w_{i-N+1}, \cdots, w_{i-2}, w_{i-1}) \\ & = \frac{F(w_{i-N+1}, \cdots, w_{i-1}, w_i)}{F(w_{i-N+1}, \cdots, w_{i-2}, w_{i-1})} \end{aligned} \tag{7.5.4}$$

F は学習コーパス中でその単語列が出現した数である．したがって，N-gram の推定精度を高めるには厖大な規模の学習コーパスが必要になる．例えば語彙が 10,000 のとき，3 単語 (trigram) の可能な単語列の数は $10,000^3 = 10^{12} = 1$ 兆にもなる．単語列によっては当然，学習コーパス中の出現回数が 0 のものも出てくる．そこで trigram モデルを trigram，bigram，unigram の三つを使用して平滑する方法が考えられた [42]．

$$P(w_3|w_1, w_2) = \lambda_1 P(w_3|w_1, w_2) + \lambda_2 P(w_2|w_1) + \lambda_3 P(w_1)$$

$$= \lambda_1 F(w_1, w_2, w_3) / F(w_1, w_2) + \lambda_2 F(w_1, w_2) / F(w_1)$$

$$+ \lambda_3 F(w_1) / \Sigma F(w_i) \tag{7.5.5}$$

ここで重み係数は $\lambda_1 + \lambda_2 + \lambda_3 = 1$ を満たす．また $\Sigma F(w_i)$ は学習コーパスの大きさに相当する．λ_i の計算には以下に説明する**削除補間法** (deleted interpolation) が利用される．

① コーパスを m 個に分割する (λ_i には初期値を与えておく)．
② 一つを除き他の $m-1$ 個のセットから，(7.5.5) により N-gram を計算する．

③ ②で除いたセットに対して推定値 λ'_i を求める.具体的には②で求めた N-gram に対して出現回数をカウントし全数で正規化する.
④ ②,③を m 個のセット全てについて繰り返した後,λ'_i の平均を求め新しい λ_i とする.
⑤ λ_i が収束するまで②~④を繰り返す.

コーパスに出現しない N-gram については,バックオフ・スムージング (back-off smoothing) を適用する [43]. この方法は,出現回数ゼロもしくは少ない N-gram に対して $(N-1)$-gram の値に応じて確率値を分配する.分配される確率値は出現回数の多い N-gram 値を減じることになる.

N-gram モデルは構文情報・意味情報,さらにドメイン知識までの情報を含み,強力な言語処理法であるが,タスク毎に大規模学習コーパスを収集する必要がある.なお,現在の標準的連続音声認識システムでは,HMM の音響モデルが出力する音響的な尤度 L_A と,N-gram の言語的な尤度 (確率値の対数)L_L の双方を用いて認識結果を得る.例えば,n 単語からなる文の尤度 L は次式で評価され,L の値が小さい経路を除くこと (枝刈り) で効率良い単語探索を行う.

$$L = L_A + \alpha L_L + n \times \text{penalty} \quad (7.5.6)$$

ここで,$\alpha\ (>0)$ は言語モデル重み,penalty $(\leqq 0)$ は単語挿入ペナルティと呼ばれる.

7.5.5 統計的言語モデルの比較・評価

音声認識システムの言語モデルは,認識対象 (タスク) で許容される文集合を生成する.タスクや言語モデルが異なるシステムの性能を比較するには,これらの違いを反映する測度が必要である.

言語 L における単語列 (または音節列,音素列)$W_k = w_1\, w_2\, \ldots\, w_k$ の出現確率を $P(w_k)$ とすると,言語 L の**エントロピー**は次式から計算される.

$$H_0(L) = -\sum_k P(W_k) \log_2 P(W_k) \quad (7.5.7)$$

また,1 単語当たりのエントロピーは次式で与えられる.

$$H(L) = -\sum_k (1/k)\, P(W_k) \log_2 P(W_k) \quad (7.5.8)$$

上式を情報理論から解釈すると，後続単語を yes/no で回答してもらうとき，単語を特定できるまでに，この言語は平均 $H(L)$ 回質問しなければならないということが分かる．すなわち，$2^{H(L)}$ 個の単語の中から 1 単語を決定することになる (各単語は等出現確率とした)．これは，ある単語に接続する**動的平均分岐数**(dynamic averaged- branching-factor) に相当し，**パープレキシティ** (perplexity) と呼ばれる [44]．これを $F_p(L)$ と書くことにすれば次式が得られる．

$$F_p(L) = 2^{H(L)} \tag{7.5.9}$$

パープレキシティは等価な言語を生成する文法については，その記述法に依存しないという優れた性質をもっている．しかし，これを計算するためには各文法規則の適用確率が与えられていなければならない．そこで，音声認識システムを評価するために用意された文の集合を用いて，上式からパープレキシティを計算することが行われる (テストセット・パープレキシティ(test-set perplexity))．

7.6 大語彙連続音声認識システム

7.6.1 大語彙音声認識の流れ

大語彙連続音声認識の研究は，音声対話を目指す「音声理解」と口述筆記を目指す「ディクテーション」の二つの方向から進められてきた．

(1) 音声理解

音声理解の研究は，1971 年から 5 年間行われた米国の DARPA の「音声理解システム」プロジェクトに，カーネギー・メロン大学 (CMU) などの大学や研究機関が参加して盛んになった．特に，CMU は，HEARSAY-I, DRAGON[45]，HEARSAY-II, HARPY の各システムを開発し，DARPA プロジェクトが目標とした「語彙 1000 単語で意味誤り 10 ％以下」を実現した．これらの研究成果は，音声理解システムの実用化には至らなかったが，音響，言語，タスクなどの各種知識源の情報の統合方法などが，人工知能研究に大きな影響を与えた．特に，HEARSAY-II [46] のブラックボード・モデル (各種知識源による仮説と検定をネットワーク表現によって扱う) は有名である．

(2) 英語のディクテーション

ディクテーションの研究は，IBM の一連の研究が代表的である [47][48][49][50]．1972 年頃から，HMM による語彙 250 単語の限定構文の文章認識の研究が始められ，1978 年頃から，語彙 1000 単語の限定タスク（レーザー特許）の連続文章認識に取り組み，大型コンピュータで実時間の数百倍というバッチ処理で実現した．このシステムは，HMM による音声モデルと単語 N-gram の言語モデルを用いて情報理論的に扱っており，現在主流になっているディクテーションシステムの原型になっている．その後，処理の軽い離散単語発声に変えて語彙サイズを 2 万語に拡大し，1992 年にワークステーション用に製品化された．さらにパソコンの処理能力の大幅な向上によって，連続発声の大語彙のディクテーションもパソコン上で実用化されている．

(3) 日本語のディクテーション

日本語のディクテーションの研究は，仮名漢字変換によるワープロの実用化を契機に 1980 年頃から始められた．当初は，仮名漢字変換の仮名入力を単音節音声認識に置き換える形でシステムが作られたが，認識精度の課題（音響情報と言語情報を統合した認識が困難なことなどによる）だけでなく，単音節発声は疲れやすいなどの人間工学的な課題があり，実用化に至らなかった．その後，欧米語で離散単語発声のディクテーション (HMM による音声モデルと単語 N-gram の言語モデルを適用) が実現した頃，その日本語版への期待も高まったが，日本語は，単語が分かち書きされず単語区切り発声は安定していないので，本格的な実用化には，さらにコンピュータの処理能力が向上して，大語彙の連続音声認識の実時間処理によって，発声単位を気にせずに使えるようになるまで待たざるをえなかった．

7.6.2 サブワード HMM の結合による音声認識

各単語に一つの HMM を対応させる方法は，小語彙ではよく使われるが，単語毎に HMM を学習しなければならないので，大語彙では，学習の手間がかかるだけでなく，記憶域や計算量も単語数に比例して増大するので，効果的な方法とはいえない．この問題に対しては，単語より小さい音節・音韻等の音声単位 (総称して，**サブワード**という) ごとに HMM を作成し，各単語はサブワー

ドHMMの結合として合成して認識に用いる方法が，広く使われている．サブワードHMMは単語HMMよりもパラメータが少なくてすみ，その総数も単語数によらずほぼ一定ですむので，大語彙の場合でも学習が容易である．

各単語をサブワードHMMの結合としてどのように合成するかを，その単語の**基本型**(ベースフォーム)という．サブワードHMMを線型に結合する場合が多いが，発声の揺らぎが大きい場合にはネットワーク型の結合にする場合もある．また，音韻の音声が前後のコンテキストの影響を受ける(調音結合)ので，ベースフォーム中のサブワードHMMとして何を使うかは，コンテキストに依存する．コンテキスト依存の代表的な音韻HMMとして，各音韻のHMMを前後の各音韻によって使い分ける**トライフォン (triphone) モデル**[51]がある．また，広く音韻環境を反映するため，前後各1音韻だけでなく，前後各数音韻まで考慮して使い分けることも行われている．ただし，単純に，広く音韻環境を反映して使い分けると，モデルの数が膨大になる(音韻数Nに対するトライフォンモデルの場合で，最大N^3個)ので，音韻環境依存性をクラスタリングして共通化する(音韻環境による変化の少ない音韻にはモデル数を少なくする)こともよく行われる．

7.6.3　単語系列の探索法

大語彙連続音声認識では，入力音声に対する候補は，一般に，サブワード候補の連結による単語候補や，単語候補の連結による文候補などが，組み合わされた木構造で構成され，入力音声に対して最大の尤度を与える枝(パス)が探される．ただし，すべての可能性を調べるのは，計算量が膨大になるので，探す枝に優先度をつけたり，探さない枝を除去(枝刈り: pruning)しながら，最善の枝が探される．代表的な探索法を，以下に紹介する．

(1) ベスト・ファースト・サーチ (best first search)

各時点で，探索途中の単語候補系列(パス)の中で最も高い評価値のパスに対して，次の単語候補を展開することを繰り返す．最適なパスが求まることが保証される「A^*(Aスター) アルゴリズム」となるためには，未探索部分の評価推測を加えて長さの異なるパスの対比ができるとともに，未探索部分の評価推測が実際の評価より悪くならないことが必要である．

(2) ビーム・サーチ (beam search)

パスの長さ(単語系列の長さまたは，入力フレームの位置)に同期して，最善の一定の候補数(ビーム幅)だけ，パスを進展する．ベスト・ファースト・サーチに比べて，各時点での処理量が一定していて，実時間処理に向いている．

(3) スタック・デコーディング (stack decoding)

スタック・デコーディングは，ベスト・ファースト・サーチの一種であり，その基本は，デコーディングの途中の単語系列候補(パス)を，長さの異なるパスも含めて，常に可能性の高い順に並べたリスト(これをスタックと呼ぶ)で管理し，可能性の高い順に探すことである．その基本アルゴリズムは，次のようになる．

① 最初の単語の各候補の確率を計算し，可能性の高い順に並べたリスト(スタック)を作る．
② スタック中の最善パスが，終了条件(文末に達するなど)を満たせば終了．
③ そうでなければ，最善パスの次の単語候補の確率を計算してパスを1単語分延ばし，スタックの確率評価順の位置に入れ直す．
④ ステップ②に戻る．

ただし，確率評価では，パスが長くなるほどその評価は下がっていくので，長さの異なるパスを比べるためには，パス評価がパスの長さに依存しないように補正係数で正規化しながら，スタックを管理する必要がある．補正係数としては，単語の平均確率評価や，単位時間当たりの平均確率評価などが使われる．

7.7 ロバストな音声認識

1970年代に本格化した音声認識の研究では，前節までに説明した種々の音声認識手法が提案されてきた．しかし，本格的な実用化は，21世紀の今日でも十分に進んでいるとはいえない．この原因としては，コストの問題，音声認識の利用技術すなわちインタフェース技術の未熟さなどがあるが，実際の使用環境では予想された性能が得られないということが大きな原因のひとつになっている．音声認識では想定された音声に対して実際の入力音声が予期せぬ変動をする，つ

まり認識装置の音声モデル・言語モデルに対して入力の**ミスマッチ** (mismatch) が生じるのである．このミスマッチにより誤認識が生じ，実用性能が得られない場合が多いのである．図 **7.21** に音声認識における入力音声の変動の要因を示す．

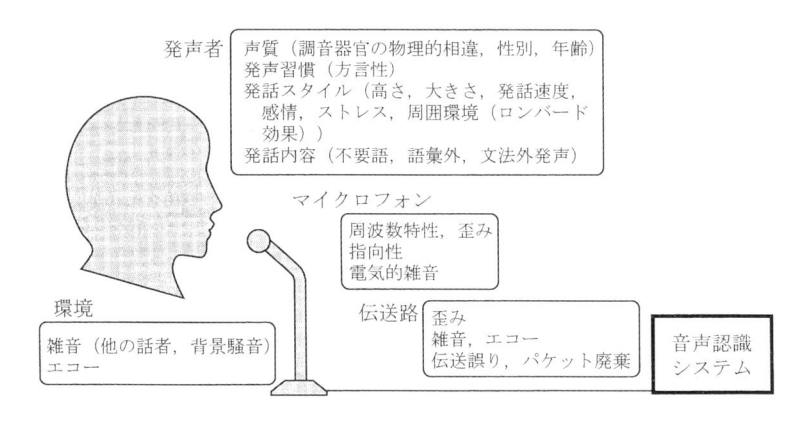

```
発声者    声質（調音器官の物理的相違，性別，年齢）
          発声習慣（方言性）
          発話スタイル（高さ，大きさ，発話速度，
            感情，ストレス，周囲環境（ロンバード
            効果））
          発話内容（不要語，語彙外，文法外発声）

          マイクロフォン
              周波数特性，歪み
              指向性
              電気的雑音

環境                 伝送路   歪み
雑音（他の話者，背景騒音）    雑音，エコー          音声認識
エコー                      伝送誤り，パケット廃棄  システム
```

図 **7.21** 音声認識における入力音声の変動要因

音声認識の性能を実用上十分に高いものとするには，これらの変動に対して認識率を低下させないことが必要である．これを音声認識の**ロバストネス** (robustness: **頑健性**) といい，**ロバスト**(robust) な認識アルゴリズムの実現は音声認識の重要な課題である．

この節では，特に変動要因として重要な**個人性** (発声者の性質の相違)，**環境騒音**をとりあげ，それらに対してのロバストな認識方式について説明する．

7.7.1 不特定話者への対処と話者適応

音声認識における変動において最も重要な要因の一つが，話者による発声変動である．これは，話者により

1) 調音器官 (物理的な相違)
2) 発声習慣 (調音器官の動作の相違，言語的習慣 (方言))

が異なるために生じるもので，**不特定話者音声認識**(speaker independent speech recognition) の問題として，音声認識の中心課題の一つである．この変動に対

してロバストな認識方式の課題は，

a) 話者による変動が少ない音響特徴パラメータ
b) 話者による変動に影響を受けにくい距離尺度
c) 不特定話者の音声の特徴を表現する音韻モデル

に大別できる．初期のパターンマッチングによる音声認識手法では参照パターンが一つの発声しか表現できないため，a)，b) の研究が重要であったが，隠れマルコフモデルに代表される統計的な方法では，話者による発声の変動も，同一話者の発声ごとの変動も同じ観測パラメータの確率現象としてモデルが表現できるため，適切な規模の話者の音声データがあれば，不特定話者でも高い認識率が得られるようになってきている．しかし，尤度最大化基準での方法は，確率的に低い現象に対しては，モデルの表現性が著しく劣化することになりかねない．つまり，大多数の話者には高い認識率が得られるものの，著しく認識率が低下する話者が生じうる．したがって，話者による変動の問題は，特にモデルに合わない話者に対してシステムがいかに適応するかという，**話者適応化** (speaker adaptation) の問題として検討されるようになった．

(1) 話者適応化の分類

話者に対する適応化は，認識システムが有している音声のモデルに対して，入力話者の音声のミスマッチを，入力話者の音声でモデルを変更することで避けようとするものである．これを利用者からみた方法として分類すると，

- **教師つき (supervised) 学習**： あらかじめ決められた言葉を発声し学習をする方法，適応化では，学習用の音声の音韻系列が既知として扱う．
- **教師なし (unsupervised) 学習**： 任意の音声を発声する，あるいはシステム利用時の発声を適応化に用いる方法，学習用音声の音韻系列は未知．

に分けられる．また，学習の処理とシステムの利用形態について着目すると

- **オンライン (online) 型学習**： システム利用時に学習が進められる．
- **バッチ (batch) 型学習**： 一定の学習音声が入力された後，システムの動作と切り分けて学習が進められる．

に分類できる．また，適応化手法については，以下に大別できる．

a) モデルパラメータの推定： ある話者のモデルのパラメータを，不特定話者のモデルと，学習用の音声データから推定する方法
b) **写像法**： ある話者の特徴パラメータと別の話者の特徴パラメータとの関係を特徴ベクトル空間の写像としてとらえ，その写像関係を求め，学習データに現れないパラメータの推定を行う方法

以下に代表的な方法を示す．

(2) モデルパラメータの統計的推定法：最大事後確率 (MAP) 推定法

この方法は，事前に得られている知識 (事前知識) を効果的に用いてパラメータを事後確率 (Maximum A Posteriori (probability): MAP) 最大基準で推定しようというもので，信頼性が高いが現在の話者にあっていないモデルと，少量データから得られる信頼性が低い現在の話者のモデルとの組み合わせを行い，信頼性が高く話者にあったモデルをつくる方法である [52]．

(3) 写像法

(a) 補間と平滑化による方法

初期モデルのパラメータと適応話者モデルのパラメータの特徴ベクトル空間における写像関係を求め，適応話者モデルを推定する方法である．隠れマルコフモデルの未学習平均ベクトルを近傍の移動ベクトルから補間する**スペクトル内挿法**[53]，補間推定した後平滑化を行う**移動ベクトル場平滑化法 (VFS)**[54] 等が検討されており，VFS の移動ベクトルの推定を前記の MAP 推定で行う MAP/VFS[55] などが提案されている．

(b) 重回帰写像モデル

隠れマルコフモデルの平均ベクトル μ (n 次元) を，

$$\mu' = A\mu + b, \quad A: n \times n \text{ 行列}, \quad b: n \text{ 次元のベクトル}$$

により μ' に変換するものである．基本的に演算量が少なく，また学習データから A, b を求めるときに実験的に考慮するパラメータがないことから扱いやすい方法であり，最尤推定により回帰係数を推定する方法 (Maximum Likelihood Linear Regression: **MLLR**)[56] 等が提案されている．

7.7.2 環境騒音への対処

音声認識を実際に利用する場合には，騒音の問題が重要である．特に，音声認識への期待が高い自動車内の音声認識や，携帯情報端末や携帯電話などでは，高騒音下での性能が要求される．雑音は，

- マイクロフォンが検出する発声者の発話以外の信号：外部騒音
- 発声者の音声が壁などに反射するエコー
- 利用したマイクロフォンの特性，電気的雑音
- マイクロフォンから音声認識システムへの伝送路で生じる歪，電気的雑音 (アナログ伝送路)
- 伝送路で生じる，符号化ノイズ，伝送誤り

などが考えられる．これらを単純化すると，**図 7.22** に示すように，外部騒音に代表される信号に対して加算される雑音 (**加法性雑音**) と，伝送歪，マイクロフォンの特性に代表される畳み込みで考えられる雑音 (**乗算性雑音**) により雑音は表現できる．

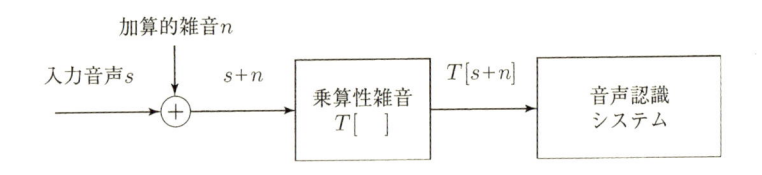

図 7.22 音声認識システム対する雑音

雑音に対する対処法としては，大きく，

a) 入力音声と雑音の音源の方向の違いを利用し，マイクロフォンにより目標とする音声信号だけを収集する方法，マイクロフォンアレー [57] など．
b) 信号処理により重畳した雑音を低減する方法．適応フィルタ (adaptive filter) による雑音除去 [58]．アクティブノイズキャンセラー (ANC: Active Noise Canceller) など．
c) 雑音に対して強い分析，特徴パラメータを用いる方法．知覚に基づく線形予測分析 (**PLP**: perceptual linear prediction) [59]，時間変化に着目し定常騒音の影響を低減する **RASTA**(RelAtive SpecTrA)[60] など．

d) 雑音が重畳した音声，あるいは特徴パラメータから，雑音がないときの音声，特徴パラメータを推定する方法

e) 認識システムが保有している音声のモデルから，雑音が重畳したときのモデルを推定する方法．観測ノイズをモデルに加算する手法や，話者適応化と同様の手法で適応化する手法など [61]．

に分類される．このうち，効果が高い d) の代表的な手法に，平均ケプストラムを観測ケプストラムから引き去る方法 (Cepstral Mean Normalization: **CMN**) と，スペクトルサブトラクション法がある．

CMN はケプストラムの時間平均値を，数 100 ms から数秒にわたり求め，この平均値を差し引く方法である．ケプストラム領域の引き算は，スペクトル領域では除算であり，逆フィルタリングに相当する．すなわち，CMN では，平均的な特性の逆フィルタリングが行われ，マイクや伝送路の特性を除去できることになる．この方法は単純であるが，効果の高い方法であるため，実際の認識装置にも広く利用されている．

一方，スペクトルサブトラクション (Spectral Subtraction: **SS**) は，加法性雑音が重畳して観測された信号 $y(k)$ から，特徴パラメータ領域で，音声信号 $s(k)$ を推定しようとする方法である．今雑音を $n(k)$ とすると，

$$y(k) = s(k) + n(k)$$

と表現される．一般に，$s(k)$ と $n(k)$ は長時間区間では，独立と考えられるため，周波数領域では

$$S(f) = Y(f) - N(f)$$

と表される．すなわち，単純に観測信号のスペクトル $Y(f)$ から雑音スペクトル $N(f)$ を引き去ることで，原信号の $S(f)$ が求められるというものである．

SS は処理が簡単で，結果的によい結果が得られるために，高騒音下認識の手法として広く用いられている [62]．

第7章の参考文献

[1] Fukunaga, K.: "Introduction to Statistical Pattern Recognition, Academic Press, New York (1972)
[2] Furui, S.: "Speaker independent isolated word recognition using dynamic features speech spectrum", IEEE Trans. ASSp-34, No.1 pp.52-59 (1986)
[3] Oka, R.: "A method of recognizing phonemes in continuous speech using vector field feature", Bulltin of Electrotechnical Laboratory Vol.50, No.2, pp.55-58 (1983)
[4] Tanaka, K.: "A Parametric representation and a clustering method for phoneme recognition",IEEE Trans. ASSP Vol.29, No.6, pp.1117-1127 (1981)
[5] Vidal, J. Masgrau, E., Moreno, A., Fonollosa, J.A.R.: "Speech analysis using higher-order statistics", in Visual Representations of Speech Analysis, Ed. M. Cooke et al, John Wiley & Sons, pp.346-354 (1993)
[6] 中川聖一: "確率モデルによる音声認識", 電子情報通信学会 (1988)
[7] 高良, 今井: "マハラノビス距離を用いるDPマッチングによる単語音声認識", 信学論 (A), J66-A, pp.64-70 (1983.1)
[8] 井出, 牧野, 城戸: "時間-周波数パターンを用いた無声破裂音の認識", 音響学会誌,39, 5, pp.321-329 (1983-5)
[9] 二矢田, 藤井, 森井: "不特定話者を対象とした音声認識のための特徴パラメータと距離尺度に関する考察", 信学論 (A), pp.628-636 (1986.5)
[10] A. Waibel, T. Hanazawa, G. Hinton, K. Shikano, and K. Lang: "Phoneme Recognition Using Time-Delay Neural Networks", IEEE Transs. Acoust., Speech, and Signal Processing, ASSP-37, 3, pp.328-339 (1989)
[11] 浮田, 新田, 渡辺: "統計的単語同定法を用いた不特定話者連続音声認識", 信学論 (D), J68-D, pp.284-291 (1985.3)
[12] L. R. Rabiner, S. E. Levinson, A. E. Rosenberg, and J. G. Wilpon: "Speaker- independent recognition of isolated words using clustering techniques", IEEE ASSP-27, 4, pp.336-349 (1979.8)
[13] J. G. Wilpon and L. R. Rabiner: "A moditied K-means clustering algorithm for use in isolated word recognition", IEEE ASSP-33, 3, pp.587-594 (1985.6)

[14] E. McDermott and S. Katagiri: "Shift-invariant, multi-category phoneme recognition using Kohonen's LVQ2", IEEE, ICASSP88, pp.81-84 (1986)

[15] B.-H. Juang and S. Katagiri: "Discriminant learning for minimum error classification", IEEE Trans. Signal Processing, Vol. SP-40, No. 12, pp.3043-3054 (1992)

[16] R. Bellman: "Dynamic programming", Princeton Univ. Press (1953)

[17] T. K. Vintsyuku: "Speech recognition by dynamic programming", Kibernetika, Vol.4, No.1, pp.81-88 (1968)

[18] 迫江, 千葉: "動的計画法による音声パターンの類似度評価", 電子通信学会 総合全国大会講演論文集, p.136 (1970)

[19] 迫江, 亘理: "クロック同期伝搬 DP 法による連続音声認識の検討", 音響学会音声研究会資料, S81-65 (1981)

[20] J. S. Bridle et. al.: "An algorithm for connected word recognition", Proc. Int. Conf. Acoust., Speech, Signal Processing, vol.2, pp.899-902 (1982)

[21] T. K. Vintsyuku: "Element-wise recognition of continuous speech composed of words from a specified dictionary", Kibernetika, vol.2, pp.133-143 (1971)

[22] 迫江, 千葉: "動的計画法を利用した音声の時間正規化に基づく連続単語認識", 日本音響学会誌, Vol.27, No.9, pp.483-490 (1971)

[23] H. Sakoe and S. Chiba: "Dynamic programming algorithm optimization for spoken word recognitio", IEEE Trans. Acoust., Speech, Signal Processing, ASSP-26, No.1, pp.43-49 (1978)

[24] H. Sakoe: "Two-level DP matching - a dynamic programming-based pattern matching algorithm for connected word recognition", IEEE Trans. Acoust., Speech, Signal Processing, ASSP-27, No.6, pp.588-595 (1979)

[25] 大河内正明: 「Hidden Markov Model に基づいた音声認識」, 日本音響学会誌, Vol.42, No.12, pp.936-941 (1986).

[26] L.R.Rabiner and B.H.Juamg: "An Introduction to Hidden Markov Models", IEEE ASSP Mag., pp.4-16 (1986).

[27] 大河内正明: 「マルコフモデルによる音声認識」, 電子情報通信学会話, Vol.70, No.4, pp.352-358 (1987).

[28] L.E.Brown, T.Petrie, G.Soules and N.Weiss.: "A Maximization Technique Occurringin the Statistical Analysis of Probabilistic Function of Markov Chains", Ann. Math. Stat. Vol.41, pp.164-171 (1970).

[29] G.D.Forney, Jr.: "The Viterbi Algorithm, "Proc. IEEE Vol.61, pp.268-278 (1973).

[30] 大河内, 西村: 「状態の継続時間分布を反映したマルコフ・モデルによる音声認識」, 情報処理学会秋季全国大会予詩集, 3N-3 (1985).

[31] M.Russeland R.Moore: "Explicit Modeling of State Occupancy in Hidden Markov Models for Automatic Speech Recognition", Proc. ICASP85, pp: 5-8 (1985).

[32] L.R.Bahl, P.F.Brown, RV de Souza and R.L.Mercer: "Maximum Mutual Information Estimation of Hidden Markov Model Parameters for Speech Recognition, Proc.ICASP86, pp.49-52 (1986).

[33] 新津, 三輪, 牧野, 城戸: "単語音声自動認識における言語情報の一利用法", 信学論 J62-D,1,24-31 (1979)

[34] S.Itahashi, H.Suzuki and K.Kido, "Several statistics of Japanese words with applications to word recognition", Proc. 6th ICA.Paper B-4-2, pp.B-115-B-118 (1968)

[35] L.R. Bahl, J.K. Baker, P.S. Cohen, A.G. Cole, F. Jelinek, B.L. Lewis and R.L. Mercer: "Automatic Recognition of Continuously Spoken Sentences from a Finite State Grammar", Proc. IEEE ICASSP'78, pp.418-421 (1978.4)

[36] Y.L. Chow, M. O. Dunham, O. A. Kimball, M. A. Krasner, G. F. Kubala, J. Makhoul, P. J. Price, S. Roucus, and R. M. Schwartz: "BYBLOS: the BBN continuous speech recognition system", Proc. IEEE ICASSP'87, pp.89-92 (1987.4)

[37] B.T. Lowerre: "The HARPY speech recognition system", Ph.D. thesis, Carnegie Mellon Univ. (1976)

[38] W. A. Woods: "Motivation and Overview of SPEECHLIS: An Experimental Prototype for Speech Understanding Research", IEEE Trans. Acoust. Speech Signal Process, ASSP-23, 1, pp.2-10 (1975.2)

[39] M. Tomita : "Efficient Parsing for Natural Language", Kluwer Academic Publishers (1986)

[40] E. Charniak and Y. Wilks: "Computational Semantics", North-Holland (1976)

[41] B. Nash-Webber: "Semantic support for a speech understanding system", IEEE Trans. ASSP-23, 1, pp.124-129 (1975.2)

[42] F. Jelinek and R.L. Mercer: "Interpolated Estimation of Markov Source Parameters from Sparse Data", in E. S. Gelsema and L.N. Kanal (Ed.) "Pattern Recognition in Practice", North-Holland Pub. Co., pp.381-397 (1980).

[43] S. M. Katz: "Estimation of Probabilities from Sparse Data for the Language Model Component of a Speech Recognizer", IEEE Transactions on Acoustics, Speech, and Signal Processing, Vol. ASSP-35, No. 3, pp.400-401 (1987).

[44] M.M.Sondhi and S.E.Levinson: "Computing relative redundancy to measure grammatical constraint in speech recognition tasks", Proc. ICASSP78, pp.409-412 (1978)

[45] J.K.Baker: "The DRAGON system — an Overview, "IEEE Trans. Acoustic Speech and Signal Processing, Vol.ASSP-23, No.1, pp.24-29 (1975).

[46] V.R.Lesser, et al.: "Organization of the HEARSAYII speech understanding system, " IEEE Trans.Acoustic Speech and Signal Processing, Vol.ASSP-23, No.1, pp.11-23 (1975).

[47] F.Jelinek: "Continuous speech recognition by statistical methods", ProceedingsoftheIEEE, Vol.64, No.4, pp.532-556 (1976).

[48] L.R.Bahl, F.Jelinek, R.L.Mercer: "A Maximum Likelihood Approach to Continuous Speech Recognition", IEEE Trans., PAMI-5,2, pp.179-190 (1983).

[49] A.Averbuck, et al.: "Experiments with the TANGORA 20,000 word speech recognizer", Proc.ICASSP-87, pp.701-704 (1987).

[50] J.R.Bellegarda and D.Nahamoo: "Tied Mixture Continuous Parameter Models for Large Vocabulary Isolated Speech Recognition", Proc.ICASSP89, pp.13-16 (1989).

[51] X.D.Huang, K-F.Lee, H-W.Hon, and M-Y.Hwang: "Improved Acoustic Modeling with the SPHINX Speech Recognition System", Proc.ICASSP 91, pp.345-348 (1991).

[52] C.H.Lee, C.H.Lin and B.H.Juang: "A Study on Speaker Adaptation of the Parameters of Continuous Density Hidden Markov Models", IEEE Trans. on Signal Processing, Vol.39, No.4, pp.806-814 (1991)

[53] J.L.Gauvian and C.H.Lee: "Speaker Adaptation Based on MAP Estimation of HMM Parameters", Proc. of ICASSP 93, pp.558-561 (1993)

[54] K.Ohkura, M.Sugiyama and S.Sagayama: "Speaker Adaptation Based on Transfer Vector Field Smoothing with Continuous Mixture Density HMMs", Proc. of ICSLP98, pp.369-372 (1992)

[55] J.Takahashi nad S.Sagayama: "Telephone Line Characteristic Adaptation Using Vector Field Smoothing Technique", Proc.of ICSLP 94, pp.991-993 (1994)

[56] C.L.Leggetter and P.C.Woodland: "Maximum Likelihood Linear Regression for Speaker Adaptation of Continuous Density Hidden Markov Models", Computer Speech and Language, Vol.9, pp.1133-1136 (1996)

[57] 金田: "騒音化音声認識のためのマイクロホンアレー技術", 日本音響学会誌, Vol.53, No.11, pp.872-876 (1997)

[58] 辻井重男 他編: 「適応信号処理」昭晃堂 (1995)

[59] J.-C.Junqua, and J.P.Haton: "Robustness in Automatic Speech Recognition", Kluwer Academic Pub., Dordrecht (1993)

[60] H.Hermansky and H.Morgan: "RASTA Processing of Speech", IEEE Trans. Speech Audio Process.2, pp.578-589 (1994)

[61] M.J.F.Gales and S.J. Young: "Robust continuous Speech Recognition using Parallel Model Combination", IEEE Trans. Speech Audio Process, 4, pp.352-359 (1996)

[62] P.Lockwood and J.Boudy: "Experiments with a Nonlinear Spectral Subtracter (NSS), Hidden Markov Models and the Projection, for Robust Speech Recognition in Cars", Speech Communi, 11, pp.215-228 (1992)

演習問題 7

7.1 次元数 2 の二つのクラス A, B があり，それらの平均ベクトルと共分散行列は以下に示すように与えられている．このとき，パターン $X = (2, 4)$ が A, B どちらに属すかを，マハラノビス距離から判定せよ．

$$\mu_A = (1, 2), \quad \Sigma_A = \begin{pmatrix} 1 & 0 \\ 0 & 2 \end{pmatrix} \quad \mu_B = (4, 5), \quad \Sigma_B = \begin{pmatrix} 2 & 0 \\ 0 & 2 \end{pmatrix}$$

7.2 入力単語音声 $x(i)$ と，ある単語 $r(j)$ との距離 $d(i, j)$ が図に示すように与えられている．

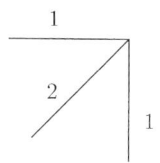

このときの最適マッチングパスを図上に示すとともに、累積距離 $D(x,r)$ を求めよ。ただし、時間伸縮マッチングは次の漸化式を使用するものとする。

(1) 初期条件 $g(0,0) = 0$, $g(0,j) = 100$, $g(i,0) = 100$
(2) $i = 1, 2, \ldots, I(=6), j = 1, 2, \ldots, J(=5)$ について次式を実行。

$$g(i,j) = \min \begin{cases} g(i-1, j) + d(i,j) \\ g(i-1, j-1) + 2d(i,j) \\ g(i, j-1) + d(i,j) \end{cases}$$

(3) $D(x,r) = g(I,J)/(I+J)$

参照 j							
5	100	8	9	15	9	10	**3**
4	100	10	6	9	5	5	5
3	100	7	4	7	3	2	9
2	100	4	2	4	7	11	15
1	100	3	3	4	6	8	11
0	**0**	100	100	100	100	100	100
	0	1	2	3	4	5	6　入力 i

7.3 4 語からなる文の簡単な例として 4 桁数字を考える。各桁を構成する数字が等確率で生起するとしたときのエントロピーとパープレキシティを求めよ。次に、4 桁数字を西暦 1950 年から 100 年間、すなわち 2049 年までの年の数字に限定したときのエントロピーとパープレキシティを求め比較せよ。

7.4 通常のサイコロ (1 から 6 までが等確率で出る) と次のように 2 色に色分けされた 3 種の色サイコロ (6 面は等確率で出る) がある。

　　色サイコロ R：赤が 4 面，白が 2 面
　　色サイコロ N：赤が 3 面，白が 3 面
　　色サイコロ W：赤が 2 面，白が 4 面

ここで、A さんと B さんの 2 人が，以下の手順で通常サイコロと色サイコロを振り、色サイコロで出た色を C さんに報告し，C さんは報告された色だけを順番に記録する。

A さんの番から始め、通常サイコロで偶数が出たら，色サイコロ N を振って次

はBさんの番とする．通常サイコロで奇数が出たら，色サイコロRを振って，Aさんの番を繰り返す．

Bさんは，通常サイコロで偶数が出たら，色サイコロNを振って次はAさんの番とする．通常サイコロで3または5が出たら，色サイコロWを振って，Bさんの番を繰り返す．通常サイコロで1が出たら，この手順を終了する．

(1) 上記の問題設定をHMMに対応づけた場合，状態，初期状態，終了状態，状態遷移確率，出力記号，出力確率は，それぞれ何に対応するかを示せ．

(2) 以上の手順において，以下の確率を有効数字3桁まで求めよ．

① 色系列が {赤, 赤, 赤} で終了する場合において，AさんとBさんの順番としてありうるすべての系列を示し，それぞれの順番系列で上記の色系列になる確率を求めよ．

② すべての可能性を考慮して，色系列が {赤, 赤, 赤} で終わる確率を求めよ．

③ 色系列が {赤, 赤, 赤} で終了する場合において，2番目の順番がBさんであった確率を求めよ．

演習問題解答

演習問題 2

2.1 音声の基本周波数 (ピッチ, F_0) が有効である．平均基本周波数がほぼ 250 Hz 以下なら男声，それ以上なら女声である．

2.2 /kazeŋa tsuyoidesuŋa as(i)tawa ak(i)taniikimas(u)/

2.3 音声の長時間スペクトルは 800 Hz 以下ではほぼ平坦で，それ以上では右下がり (−10 dB/oct) となっているため，音声の識別等に重要な情報をもつ 0 から 4〜8 kHz の帯域の範囲内で大きなレベル差が生じる．このようなスペクトル包絡を表現するには，平坦な場合よりも多くの情報量が必要になり，そのため分析の計算量が増したり，計算精度の低下を招いて計算が不安定になることがある．これを避けるために，6 dB/oct 程度の高域強調を行ってダイナミックレンジを減らすことが行われる．

2.4 (1) 秋刀魚，(2) 産婆，(3) 散髪
音素表記/saNma, saNba, saNpatsu/
音声表記 [samma, samba, sampatsu]

2.5 (1) 無声音，(2) 有声音，(3) 破裂 (閉鎖) 音，(4) 鼻 (子) 音，
(5) 両唇音，(6) 歯茎音，(7) 軟口蓋音

演習問題 3

3.1 メル尺度は音の高さの心理的尺度であり，内耳にある基底膜上の共振点の蝸牛頂からの距離と良く対応することが知られている．また，バーク尺度は臨界帯域幅に基づいており，臨界帯域は聴覚の仮想フィルターと考えることができて，いずれも聴覚機構と密接に関連している．この両者はほぼ一致する (3.1.3 項参照)．

3.2 $m = 1000 \log_2(1 + f/1000)$ の逆関数 $f = 1000(2^{(m/1000)} - 1)$ を用いる．それぞれ 414, 1000, 3000, 4000 Hz となる．

3.3 初めの場合は 1200 Hz の音だけが聞えて 1600 Hz の音は聞えないが，後の場合

は 1200 Hz と 800 Hz の両方が聞える．この現象はマスキングと呼ばれて純音だけでなく雑音でも起こり，臨界帯域幅と関連している (図 3.8 参照)．

3.4 ホンは音のラウドネスレベルを表すが比率尺度ではないため，異なるラウドネスレベルの音の間の大きさの比較はできない．ソンは音のラウドネスの単位であり，比率尺度であるため大きさの比較に用いることができる．詳細は 3.1.2 項参照．

演習問題 4

4.1 この正弦波の平均パワー (x^2 の平均) は $1/2$, (4.1.2) から $\Delta = 2^{-B+1}$. (4.1.3) に代入して，$S/N = 10\log_{10}(3 \times 2^{2B-1})$

4.2 フーリエ変換の定義式 (4.2.1) に代入して計算する．

4.3 伝達関数は次式のようになる．
$$F(z) = 1/(1+\varepsilon z^{-1})^2 = 1/(1 + 2\varepsilon z^{-1} + \varepsilon^2 z^{-2})$$
したがって，入力信号波形 x_t との最小 2 乗推定を行うと，まず誤差 (残差) 関数が次式のようになる．
$$e_t = x_t + 2\varepsilon x_{t-1} + \varepsilon^2 x_{t-2}$$
$$E(e_t^2) = \frac{1}{N}\sum_{t=1}^{N}(x_t + 2\varepsilon x_{t-1} + \varepsilon^2 x_{t-2})^2$$
これを ε で偏微分して，$\partial E/\partial \varepsilon = 0$ より
$$\sum x_t x_{t-1} + \left(2\sum x_{t-1}^2 + \sum x_t x_{t-2}\right)\varepsilon$$
$$+ 3\sum x_{t-1}x_{t-2}\cdot\varepsilon^2 + \sum x_{t-2}^2 \cdot \varepsilon^3 = 0$$
共分散行列を用いると
$$c_{01} + (2c_{11} + c_{02})\varepsilon + 3c_{12}\varepsilon^2 + c_{22}\varepsilon^3 = 0$$
この 3 次方程式の実数解を求めればよい．

4.4 ① 与えられた (FFT や LPC などで計算された周波数軸が線形な) パワースペクトルから，周波数軸方向についてメル尺度に従った間隔でサンプリングした値を求める．
②これをフーリエ逆変換して，相関関数に相当するベクトルを求める．
③これを LPC における相関法の解法である (4.5.14) の相関関数とみなして，解を求める．
④この解である α に (4.7.11) を使えば，メル尺度化された LPC ケプストラムを求められる．

演習問題 5

5.1 ある周波数帯域内の信号の量子化歪が他の帯域の信号に影響を及ぼさない．振幅の大きい帯域や聴覚的に重要な帯域（明瞭度など主観的品質への貢献の大きい帯域）に多くの情報を割り当てることにより，情報圧縮ができる．人間の聴覚特性に対応したノイズシェイピングを容易に適用することができる．

5.2 CELP 方式をはじめとするハイブリッド符号化方式．

演習問題 6

6.1 単語単独では区別がつかないが，単語の後に助詞などを接続すると違いがはっきりする．例えば，図 6.2 の例で，星 (0 型) と花 (2 型) の後に助詞「が」をつけて発音してみると，「星が」では，「ほし」の「し」と「が」が同じ高さに聞こえるのに対して，「花が」では，「はな」の「な」よりも「が」が低く聞える．

6.2 /CV/ や /VCV/ では 2〜3 音素が結合しているため，母音と子音の間の調音結合が取りこまれているので，音素単位よりも合成品質が良くなることが期待できる．その点では単語の方がさらに有利であるが単語になると，その種類が多くなってしまう．日本語では CV が 100 種類，VCV で 800 種類程度あればよいのに対して，単語では数万の語彙を用意する必要があるので，記憶容量が増えて検索時間も増すこと等が上げられる．

6.3 両者の特徴は次の通りである．

スペクトル模擬型

    1) 音声生成過程は電気回路で表現することができ，さらにそれを計算機でシミュレーションすることが容易にできる．

    2) 音声スペクトルの観測は容易なので，生成モデルを作ることも容易にできる．

    3) これまでの音声スペクトルデータの蓄積を生かすことができる．

    4) ホルマントの調音結合モデルも提案されている．

    5) 音質が比較的良い．

声道模擬型

    1) 人間の音声生成機構を模擬するので，直感的に理解しやすい．

    2) 音声生成過程を模擬しているので，調音結合を取り入れるのが容易である．

    3) 声帯の 2 質量モデルと組み合わせることにより，実体モデルとして実現

できる.
4) 人間の音声生成機構の特に時間的変化の様子を観測する手段が確立されていないので，生成モデルを作ることが難しい.
5) 今のところ音質がそれほど良くはない.

演習問題 7

7.1 パターン X とクラス A とのマハラノビス距離は，次式で与えられる.
$$M(C_A) = (X - \mu_A)^T \Sigma_A^{-1}(X - \mu_A)$$
ここで，
$$X - \mu_A = (2-1,\ 4-2) = (1,\ 2),\ \Sigma_A^{-1} = \begin{pmatrix} 1 & 0 \\ 0 & 1/2 \end{pmatrix}$$
であるから，
$$M(C_A) = (1,\ 2)\begin{pmatrix} 1 & 0 \\ 0 & 1/2 \end{pmatrix}\begin{pmatrix} 1 \\ 2 \end{pmatrix} = (1,\ 1)\begin{pmatrix} 1 \\ 2 \end{pmatrix} = 3$$
同様にして
$$M(C_B) = (-2,\ -1)\begin{pmatrix} 1/2 & 0 \\ 0 & 1/2 \end{pmatrix}\begin{pmatrix} -2 \\ -1 \end{pmatrix} = (-1,\ -1/2)\begin{pmatrix} -2 \\ -1 \end{pmatrix} = 2.5$$
すなわち $\arg\min_{A,B}\{M(C_A), M(C_B)\} = B$.

7.2 $D(x, r) = g(I, J)/(I + J) = (6+4+4+6+2+5+6)/(6+5) = 33/11 = 3$

参照 j								
5	100	8	9	15	9	10	**3**	
4	100	10	6	9	5	5	5	
3	100	7	4	7	3	2	9	
2	100	4	2	4	7	11	15	
1	100	3	3	4	6	8	11	
0	**0**	100	100	100	100	100	100	
	0	1	2	3	4	5	6	入力 i

7.3 各桁の数字の生起確率 $P(w_k)$ は $1/10$ であるから，エントロピー $H(L)$ は
$$H(L) = -(1/4)\{(1/10)\log_2(1/10)\} \times 10 - (1/4)\{(1/10)\log_2(1/10)\} \times 10$$
$$- (1/4)\{(1/10)\log_2(1/10)\} \times 10 - (1/4)\{(1/10)\log_2(1/10)\} \times 10$$
$$= -\log_2(1/10) = \log_2 10 = 3.322$$
また，パープレキシティ $Fp(L)$ は，

$$Fp(L) = 2^{\log 10}$$

両辺の対数をとると $\log_2 Fp(L) = \log_2 2^{\log 10} = \log_2 10$.
したがって，パープレキシティは 10 となる．
次に，1950 年から 2049 年までの年に限定すると，

1 桁目： 1 の生起確率は 1/2，2 の生起確率は 1/2
2 桁目： 9 の生起確率は 1/2，0 の生起確率は 1/2．ただし，1 桁目と 2 桁目の組合せは 1–9 と 2–0 に固定されており，エントロピーは 0 である．
3 桁目： 19，20 に続く数字は等確率 1/5 で生起
4 桁目： 全ての数字が等確率 1/10 で生起

以上からエントロピー $H(L)$ は

$$H(L) = -(1/4)\{(1/2)\log_2(1/2)\} \times 2 - (1/4)(\log_2 1)$$
$$\quad - (1/4)\{(1/5)\log_2(1/5)\} \times 5 - (1/4)\{(1/10)\log_2(1/10)\} \times 10$$
$$= (1/4)\log_2 2 + 0 + (1/4)\log_2 5 + (1/4)\log_2 10$$
$$= (1/4)(\log_2 2 + \log_2 5 + \log_2 10) = (1/4)\log_2 100 = 1.661$$

また，パープレキシティ $Fp(L)$ は以下になる．

$$Fp(L) = 2^{1.661} = 3.162$$

7.4 (1) この問題は，次の HMM に相当している．
状態：{A さんの番，B さんの番，終了} の 3 状態
初期状態：「A さんの番」，終了状態：「終了」
状態遷移確率：通常サイコロの目の出方による順番変更の確率
出力記号：色サイコロの {赤，白} の 2 色
出力確率：色サイコロで各色の出る確率
(なお，B さんが通常サイコロで 1 を出して終了する際は，色サイコロを振らないので，ナル遷移に相当する)．

(2) ① 色系列 {赤，赤，赤} が得られる順番系列は，次の 4 通りあり，それぞれの確率は以下のようになる．

A さん ⇒A さん ⇒A さん ⇒B さん ⇒(終了)
$(1/2) \times (2/3) \times (1/2) \times (2/3) \times (1/2) \times (1/2) \times (1/6) = 1/216 \fallingdotseq 0.00463$
A さん ⇒A さん ⇒B さん ⇒B さん ⇒(終了)
$(1/2) \times (2/3) \times (1/2) \times (1/2) \times (1/3) \times (1/3) \times (1/6) = 1/648 \fallingdotseq 0.00154$
A さん ⇒B さん ⇒A さん ⇒B さん ⇒(終了)
$(1/2) \times (1/2) \times (1/2) \times (1/2) \times (1/2) \times (1/2) \times (1/6) = 1/384 \fallingdotseq 0.00260$
A さん ⇒B さん ⇒B さん ⇒B さん ⇒(終了)

$(1/2)\times(1/2)\times(1/3)\times(1/3)\times(1/3)\times(1/3)\times(1/6) = 1/1944 ≒ 0.000514$
② 上記の 4 通りの場合の確率の合計として，0.00928 が求まる．
③ 上記の 4 通りの順番系列のうち 2 番目の順番が B さんであるのは，第 3 と第 4 の順番系列の場合であり，それらの確率の合計 $0.00260 + 0.000514 ≒ 0.003114$ が，4 通りすべての場合の確率 0.00928((2) の答え) に占める割合 $0.003114 / 0.00928 ≒ 0.335$ が，求める確率になる．

なお，色系列の情報が全く未知の場合に，2 番目の順番が B さんである確率は，1 番目の A さんが通常サイコロで偶数を出す確率 (0.5) と等しいが，観測系列 (色系列) が与えられた場合の確率が，それとは異なることに注意が必要 (それぞれ，事前確率と事後確率に相当する)．

索　引

[英文索引]

ADPCM　　151
AD 変換　　78
AMDF 法　　106
APCM　　126
AbS　　61, 116
CHATR　　169
CMN　　179, 225
COC 法　　165
CV　　163
CVC　　164
DA 変換　　78
DFT　　81, 83
diphone　　163
DP マッチング　　194, 201
dyad　　164
FFT　　83
HMM　　154, 166, 173, 197
LBG アルゴリズム　　130
LPC ケプストラム　　112
LR パーザ　　213
LSP　　140, 151, 181
LVCSR　　179
MAP　　223
MLLR　　223
MPEG　　135
MRI 画像　　168
PARCOR　　139, 151
PCM　　151
PICOLA　　171
PLP　　224

PSOLA　　169
RASTA　　224
Rate-Distortion 理論　　129
SS　　225
TD-PSOLA　　169
TDHS　　171
VCV　　164
VFS　　223
VOT　　53
z 変換　　79

[和文索引]

あ 行

アクセント核　　157
アクセント型　　157
アクセント句　　157
アクセント結合規則　　158
アクセント結合様式　　158
アクセント成分　　59, 160
アクセントの設定　　156
圧縮・符号化　　2
後向き確率　　204
後向き計算　　205
後向き適応方式　　126
アブミ骨　　39
アンチホルマント　　23
異音　　7
位相スペクトル　　82
1 次全域通過フィルタ　　114
移動平均過程　　91
移動ベクトル場平滑化法　　223
意味ネット　　214

イントネーション　158
韻律　58
ウィーナ-ヒンチンの定理　82
うなり　46
運動指令説　50
円筒モデル　66
エントロピー　216
応答野　42
折り返し歪　77
音圧レベル　19
音韻継続時間　158
音韻時間長の制御　61
音韻変調　156
音韻連鎖型　164
音響管　63
音響特徴量　180
音形規則　211
音源　14
音声器官　14
音声記号　7
音声合成　1, 151
音声合成単位　152
音声合成フィルタ　138
音声情報処理　1
音声認識　1
音声符号化　125
音声モーフィング　173
音声理解　217
音節　7, 163
音節明瞭度　51
音素　6, 163
音素型　163
音素記号　6
声道アナログモデル　65
オンライン型学習　222

か　行

回帰木　159
外耳　39

階層モデル　212
蓋膜　41
蝸牛　39
格構造　214
学習　222
学習ベクトル量子化　189
拡張 LR パーザ　213
隠れマルコフモデル　197
画像符号化　125
カテゴリー知覚　53
カテゴリー判断　50
過度応答型　43
加法性雑音　224
環境騒音　221
頑健性　221
記述的モデル　55
規則合成　152
気息性雑音源　14
基底膜　40
キヌタ骨　39
起伏型　157
基本周波数　18, 181
共起関係　156
教師つき学習　222
教師なし学習　222
共分散法　95
極零モデル　91
許容限界　162
継時マスキング　47
形態素解析　154
結合アクセント価　158
ケプストラム　86
ケフレンシー　87
ケリーの声道モデル　98
合成単位　162
合成単位の自動生成　165
合成による分析　50, 116
高速フーリエ変換　83

高能率符号化　125
興奮性　42
呼気流　12
鼓室　39
個人性　221
ことばの鎖　12
コードブック　130, 172
コーパスベースの音声合成　165
コルチ器　40
コレスキーの方法　95
混合分布　186
混合正規分布　207
混同行列　211

さ　行

最小可聴限　44
最大事後確率推定法　223
最長一致法　154
最尤推定　203
削除補間法　215
雑音　224
サブバンド符号化　133
サブワード　218
残差波形　93
子音　6
時間長補償　159
時間窓　84
軸索　42
事後確率　185
自己回帰移動平均過程　91
自己回帰過程　91
自己相関関数　89, 181
自己相関法　93, 104
支持細胞　40
字種変化　154
事前確率　186
持続時間制御　159
実体モデル　55
シナプス　42

写像法　223
重回帰写像モデル　223
重畳型モデル　160
周波数スペクトル　82
周波数変化　43
出力確率　198
準同形法　141
乗算性雑音　224
状態継続時間分布　209
状態遷移系列　205
序数詞　155
神経指令　12
信号対振幅相関雑音比　145
振幅の制御　162
振幅変化　43
数詞　155
数量化 I 類　159
スカラ量子化　127
スタック・デコーディング　220
スペクトル内挿法　223
スペクトル密度関数　92
スペクトル模擬型　166
正規分布　206
声道の伝達特性　91
声質変換　171, 172
声帯　14
声道　15
声道断面積関数　181
声道模擬型　168
声門　14
セグメンタル SNR　146
セグメント特徴　182
セマンティック・マーカ　214
零交叉数　89, 181
零交叉波　89
遷移確率　198
全極型モデル　91
線形パルス符号化　124

線形予測係数　138
線形予測残差　169
線形予測符号化　122, 150
線形予測法　90
線形量子化　125
潜時　47
線スペクトル対　140
全零型モデル　91
選択的線形予測法　114
促音　155
側抑制機構　43
ゾーン　44

た　行

ダービンの解法　94
ターミナルアナログ方式　166
縮退　67
対数圧伸 PCM　126
対数振幅近似フィルタ法　141
対数尤度　187
タイド・アーク　209
ダイナミックレンジ　20
高さアクセント　10
濁音　155
脱落誤り　197
単一正規分布　206
単音　7
単音明瞭度　51
単語辞書　211
短時間フーリエ分析　82
遅延演算子　80
知覚単位と文脈　52
置換誤り　197
中耳　39
中性化　67
調音　14
調音位置　8
調音器官　14
調音結合　10, 162

調音参照説　50
調音点　8
調音モデル　65
調音様式　8
調音領域での処理　70
聴覚神経　41
超分節音素　11
超分節情報　178
ツチ骨　39
強さアクセント　10
ディクテーション　217
ディジタル信号　76
適応差分符号化　132
適応変換符号化　135
適応予測符号化　131
適応量子化　126
テキスト音声合成　153
テキスト音声変換　153
デルタケプストラム　182
点ピッチ　160
点ピッチモデル　160
同化　10
等感曲線　44
同形異義語　156
同時マスキング　47
動的計画法　191
動的時間伸縮　191
動的平均分岐数　217
等ラウドネス曲線　44
特徴パラメータ　1
特定話者音声認識方式　179
トライフォンモデル　219

な　行

ナイキスト速度　77
内耳　39
ナル遷移　198
2 質量モデル　55
2 文節最長一致　154

索引 **243**

ニューロン 42
ネットワークモデル 212

は 行
拍 (モーラ) 10
バーク 50
波形の振幅 180
波形編集型 169
破擦音 8
パターン間類似度 185
パターンマッチング 183
発音 13
発音記号の導出 155
発声 13, 14
発声器官 14
バッチ型学習 222
パープレキシティ 217
ハミング窓 85
パラ言語情報 11
パラメータ推定 210
パラメータ編集方式 151
破裂音 7, 27
破裂音源 55
パワースペクトル 82
パワースペクトル包絡 108, 181
半母音 6, 26
ピークピッキング法 116
ビーム・サーチ 219
鼻音 7
鼻音化 10, 156
ピーク係数 20
鼻子音 30
ビタビ算法 205
ピッチ 10, 18
ピッチ同期波形重畳法 169
ピッチマーク 169
標準化方式 132
標本化 76
標本化周期 76

標本化周波数 76
標本化定理 76
品詞二つ組モデル 154
フィルタバンク 108
付加誤り 197
複合音声単位 164
複合型 164
副モーラ 9
付属語 157
不特定話者音声認識 179, 221
フーリエ逆変換 81
フーリエ変換 81
フレーズ境界 158
フレーズ成分 59, 160
フレッチャー・マンソン 44
ブロック符号化 127
分割数最小法 154
分析 1
分析合成型 168
分析合成方式 136
分節音素 11
分節情報 178
文節数最小法 154
文脈自由文法 212
平均オピニオン値 145
閉鎖音 7
ベイズ決定則 186
平板型 157
閉ループ学習 165
べき乗法則 44
ベクトル加算励振線形予測法 144
ベクトル量子化 127, 172
ベスト・ファースト・サーチ 219
ベースフォーム 219
変換符号化 134
変形 K-平均アルゴリズム 189
変形自己相関法 105
弁別素性 8

方形窓　84
母音　6
母音型音声　91
ボコーダ　136
ポーズ　158
ホルマント　23, 181
ホルマント合成　167
ホルマント周波数　23
ホルマント帯域幅　23
ホン　44

ま 行

前向き後向き算法　205
前向き確率　202
前向き計算　205
前向き適応方式　126
摩擦音　31
摩擦性雑音源　14
マスカー　46
マスキー　46
マスキング　46
マッチングパス　193
マッピングコードブック　172
窓関数　84
マハラノビス距離　187
ミスマッチ　221
無声音　7
無声化　10, 156
明瞭度　51
明瞭度等価減衰量　145
メルケプストラム　114
メル尺度　45, 114
モデルの学習　203
モデルパラメータの統計的推定法　223
モーメント法　116
モーラ (拍)　159
モーラ音素　9

や 行

有声音源　55
ユークリッド距離　184
有限オートマン　212
有声音　7
尤度評価　202
歪評価尺度　129
ユール-ウォーカの方程式　93
抑制性　42
予測係数　90
予測符号化　131

ら 行

ラ行音　32
ラプラス変換　79
乱流雑音源　55
乱流生成モデル　57
離散フーリエ変換　81
離散フーリエ変換対　83
リフタリング　110
了解度　51
量子化　76, 124
臨界帯域　49
レイノルズ数　58
連続単語認識　194
連濁　155
録音編集方式　151
ロバストネス　221
ロビンソン-ダドソンの等感曲線　44

わ 行

話者適応化　222
話者適応型音声認識方式　179
話者認識　1
話者のレベル　19
話速変換　171

編著者略歴

板橋秀一（いたばし・しゅういち）　工学博士

- 1970 年　東北大学 大学院 工学研究科博士課程 単位取得退学
  東北大学 電気通信研究所 助手
- 1972 年　工業技術院 電子技術総合研究所 技官
- 1974 年　同 主任研究官
- 1977〜1978 年　ストックホルム王立工科大学 客員研究員
- 1982 年　筑波大学 電子・情報工学系 助教授
- 1987 年　同 教授
- 2004 年　筑波大学 大学院システム情報工学研究科 教授
- 2005 年　筑波大学 名誉教授

印刷・製本　大日本印刷株式会社

音声工学　　　　　　　　　　　　　　　　　　　©板橋秀一（代表）*2005*

2005 年 2 月 15 日　第 1 版第 1 刷発行	【本書の無断転載を禁ず】
2023 年 2 月 20 日　第 1 版第 6 刷発行	

編著者　板橋秀一
発行者　森北博巳
発行所　森北出版株式会社
　　　　東京都千代田区富士見 1-4-11（〒102-0071）
　　　　電話 03-3265-8341／FAX 03-3264-8709
　　　　https://www.morikita.co.jp/
　　　　日本書籍出版協会・自然科学書協会　会員
　　　　JCOPY <(一社)出版者著作権管理機構　委託出版物>

落丁・乱丁本はお取替えいたします
Printed in Japan／ISBN978-4-627-82811-7